T0155860

Forschungsinstitute für Zahlentheorie in Indien

Purabi Mukherji

Forschungsinstitute für Zahlentheorie in Indien

Im 20. Jahrhundert

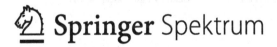 Springer Spektrum

Purabi Mukherji
Gokhale Memorial Girls' College
Kalkutta, West Bengal, Indien

ISBN 978-981-99-9991-0   ISBN 978-981-99-9992-7   (eBook)
https://doi.org/10.1007/978-981-99-9992-7

Die Deutsche Nationalbibliothek verzeichnet diese Publikation in der Deutschen Nationalbibliografie; detaillierte bibliografische Daten sind im Internet über https://portal.dnb.de abrufbar.

Übersetzung der englischen Ausgabe: „Research Schools on Number Theory in India" von Purabi Mukherji, © The Editor(s) (if applicable) and The Author(s), under exclusive license to Springer Nature Singapore Pte Ltd. 2020. Veröffentlicht durch Springer Nature Singapore. Alle Rechte vorbehalten.

Dieses Buch ist eine Übersetzung des Originals in Englisch „Research Schools on Number Theory in India" von Mukherji, Purabi, publiziert durch Springer Nature Singapore Pte Ltd. im Jahr 2020. Die Übersetzung erfolgte mit Hilfe von künstlicher Intelligenz (maschinelle Übersetzung). Eine anschließende Überarbeitung im Satzbetrieb erfolgte vor allem in inhaltlicher Hinsicht, so dass sich das Buch stilistisch anders lesen wird als eine herkömmliche Übersetzung. Springer Nature arbeitet kontinuierlich an der Weiterentwicklung von Werkzeugen für die Produktion von Büchern und an den damit verbundenen Technologien zur Unterstützung der Autoren.

Planung/Lektorat: Shamim Ahmad
Springer Spektrum ist ein Imprint der eingetragenen Gesellschaft Springer Nature Singapore Pte Ltd. und ist ein Teil von Springer Nature.
Die Anschrift der Gesellschaft ist: 152 Beach Road, #21-01/04 Gateway East, Singapore 189721, Singapore

Das Papier dieses Produkts ist recycelbar.

Ich widme dieses Buch dem Andenken an meinen Vater
Der verstorbene Sushil Kumar Banerji
und meine Mutter
Später Ranu Banerji

Geleitwort

Es ist mir eine große Freude, dieses Vorwort für das Buch *Forschungsschulen zur Zahlentheorie in Indien im 20. Jahrhundert* von Dr. Purabi Mukherji zu schreiben. Da meine Expertise weder in der Zahlentheorie noch in der Wissenschaftsgeschichte liegt, war ich ziemlich besorgt, als Dr. Mukherji anrief, um mich zu fragen, ob ich bereit wäre, ein Vorwort für ihr Buch zu schreiben. Nach ein wenig Protest habe ich jedoch zugestimmt.

Ich traf Dr. Mukherji zum ersten Mal auf der Nationalen Konferenz der Calcutta Mathematical Society im Dezember 2015. Bei diesem ersten Treffen erzählte sie mir, dass sie an einem von der Indian National Science Academy (INSA) gesponserten Projekt arbeitete, und wir sprachen ein wenig über die Natur dieses Projekts. Es war der Beginn einer wertvollen Freundschaft und wir haben seitdem viel miteinander gesprochen und uns gegenseitig davon zu überzeugen versucht, dass die Welt um uns herum vielleicht eines Tages viel besser werden wird und wir vielleicht sogar lange genug leben, um es zu erleben!

Dies ist nicht das erste Buch, das Dr. Mukherji verfasst hat. Gemeinsam mit Dr. Atri Mukhopadhyay verfasste sie bereits den Titel History of the Calcutta School of Physical Sciences. Ich konnte eine Kopie dieses Buches ergattern, sobald es veröffentlicht worden war, und habe die Lektüre sehr genossen. Da ich über kein wirkliches Geschichtsverständnis von Wissenschaft oder irgendetwas anderem verfüge, fand ich diese Lektüre besonders aufschlussreich. Dr. Mukherji hatte mich vor einiger Zeit angerufen und mir mitgeteilt, dass sie für das INSA-Projekt einen Bericht über die in Indien im 20. Jahrhundert erfolgte Forschung zur Zahlentheorie vorbereitete. Ich war sehr erfreut zu erfahren, dass dieses wichtige Projekt in den Händen einer solch kompetenten und sachkundigen Person lag.

Wie ich bereits mehrmals in vielen öffentlichen Foren gesagt habe, war die Forschung in der Zahlentheorie in Indien immer von sehr hoher Qualität. Ich glaube, dies ist der Grund dafür, dass sich eine sehr große Anzahl von begabten jungen Studenten[1] entschieden hat, in diesem Bereich zu arbeiten. Viele von ihnen zählen heute zu den führenden Kapazitäten auf diesem Feld. Leider gab es bislang keine ernsthafte Darstellung der großen Menge an Forschung im Bereich der Zahlentheorie während des 20. Jahrhunderts aus ganz Indien. Aus diesem Grund halte ich das aus dem INSA-Projekt hervorgegangene vorliegende Buch als eine ebenso zeitgemäße wie dringend benötigte Ergänzung unserer Literatur zu diesem Thema.

Zurück zum Buch selbst – es war eine faszinierende und durchweg fesselnde Lektüre. Die inhaltliche Strukturierung, von Süden nach Norden und dann von Osten nach Westen, ist sehr ansprechend. Ich war angenehm überrascht festzustellen, dass es auch ein Kapitel über die Anwendungen der Zahlentheorie in anderen Bereichen gibt. Es enthält eine vollständige Liste aller während dieser Periode verfassten Forschungsarbeiten, die, da bin ich mir sicher, für Studenten, die in diesem Fach forschen, sich als äußerst nützlich erweisen wird. Schließlich ist das Buch, wie die Autorin sagt – und ich kann das nur bestätigen – ohne zu viel mathematischen Fachjargon geschrieben, um es einem allgemeinen Publikum zugänglich zu machen.

Zweifellos werde ich auf dieses Buch immer mal wieder zurückkommen. Und ich bin mir sicher, dass jeder, der ein gewisses Interesse an der Geschichte der mathematischen Forschung in Indien hat, dieses Buch genauso genießen wird wie ich.

May 2020   Gadadhar Misra FNA, FNASc, FASc
                                                          Professor and Chairman
                                                     Department of Mathematics
                                                    Indian Institute of Science
                                                            Bangalore, Indien

                                                 J. C. Bose Fellow and Vice-President
                                                     Publications and Informatics
                                                          INSA, Neu-Delhi, Indien

---

[1] Anmerkung zur Übersetzung: Bei der Übersetzung von im Englischen nicht nach Geschlecht differenzierten Personenbezeichnungen wie „students" u. Ä. wurde im Deutschen meistens die männliche Form „Studenten" verwendet, um den Text kürzer und besser lesbar zu machen. Selbstverständlich sind damit Personen jeden Geschlechts gemeint.

Vorwort

Der große deutsche Mathematiker Felix Klein prägte den Satz „Gott ist ein Geometer". Jacobi änderte dies in „Gott ist ein Arithmetiker". Dann kam Kronecker und lieferte den denkwürdigen Kommentar: „Gott schuf die natürlichen Zahlen und alles andere ist das Werk des Menschen." Die Zahlentheorie, oder die Theorie der Zahlen, hat immer eine besondere und einzigartige Rolle in der Welt der Mathematik eingenommen. Ihrer grundlegenden Bedeutung in der Disziplin verdankt sie den Beinamen „Königin der Mathematik".

Indien hatte seit der Antike eine lange Tradition in der Forschung zur Zahlentheorie. Berühmte und herausragende indische Mathematiker wie Brahmagupta, Bhaskaracharya, Jayadeva und andere leisteten bemerkenswerte Beiträge in diesem Bereich. Auch in der westlichen Welt haben die großen Mathematiker wie Euler, Gauß, Lagrange, Jacobi und viele andere bemerkenswerte Beiträge in diesem Bereich geleistet.

In Indien begann die Forschung zur Zahlentheorie in der Neuzeit mit dem Aufkommen des ikonischen Genies Srinivasa Ramanujan. Seine Theorien, Vermutungen und Fragen zu verschiedenen Themen der Zahlentheorie inspirierten Mathematiker sowohl im Inland als auch im Ausland. Ab dem frühen 20. Jahrhundert wurde unter dem Einfluss von Ramanujan bemerkenswerte Forschung in Südindien und Punjab betrieben. Die Gründung des Tata Institute of Fundamental Research (TIFR) in Bombay (jetzt Mumbai) war ein Meilenstein in den Forschungsaktivitäten im Zusammenhang mit der Zahlentheorie im indischen Kontext.

In diesem Buch wurde versucht, die allmähliche Entwicklung der bedeutenden Forschungsschulen zur Zahlentheorie in Südindien, Punjab, TIFR und den kleineren Schulen von Bengal und Bihar zu beschreiben. Eine umfassende Bibliografie der bedeutenden Zahlentheoretiker Indiens während des 20. Jahrhunderts wurde sorgfältig zusammengestellt. Dabei sind Forschungsbeiträge, die einige von ihnen nach ihrer endgültigen Abreise aus Indien geleistet haben, bewusst nicht einbezogen.

Ein Kapitel ist dem Einfluss der von indischen Zahlentheoretikern national und international durchgeführten Forschung gewidmet. Schließlich werden

Anwendungen einiger von den einheimischen Zahlentheoretikern ent-
wickelter Ergebnisse in praktischen Bereichen diskutiert. Im abschließenden
Kapitel wird die Bedeutung der Zahlentheorie in der modernen Welt der
Mathematik kurz erörtert. Ein ganzes Kapitel ist zudem den Bibliografien der
Zahlentheoretiker gewidmet, deren Arbeiten im Text diskutiert wurden. Das
erscheint nicht nur wertvoll aus der Sicht der historischen Dokumentation,
sondern dürfte auch Forschern auf dem Gebiet der Zahlentheorie zur Literatur-
übersicht dienen.

Da das Buch aus der Sicht der „Wissenschaftsgeschichte" geschrieben ist,
wurden mathematische Ausdrücke und technische Fachtermini, soweit möglich,
vermieden. Die Sprache wurde so gewählt, dass allgemeine Leser mit Interesse an
den wissenschaftlichen Entwicklungen in Indien die Darstellung leicht verstehen
können.

Kalkutta, Indien   Purabi Mukherji
Januar 2020

Danksagung

Ich möchte meine Anerkennung aussprechen und meinen herzlichen Dank an die Indian National Science Academy (INSA), Neu-Delhi, übermitteln, denn dieses Buch ist das Ergebnis des Projekts mit dem Titel „Die Entwicklung der Forschungsschule zur Zahlentheorie in Indien im 20. Jahrhundert", das unter der Schirmherrschaft der Indian National Commission für „Geschichte der Wissenschaft", einer Abteilung der INSA, abgeschlossen wurde. Ich möchte auch meinen aufrichtigen Dank an das Redaktionskomitee des Journals der INSA, dem *Indian Journal of History of Science* (IJHS), aussprechen für die Erlaubnis, bestimmte Teile meines Artikels zur Zahlentheorie, der in der Juni-Ausgabe des Journals 2019 veröffentlicht wurde, zu reproduzieren.

Ich möchte Prof. M. S. Raghunathan, FRS, aufrichtig dafür danken, dass er mir freundlicherweise die Fotos geschickt und mir auch während des Schreibens Ratschläge gegeben hat. Mein herzlicher Dank gilt Prof. R. Balasubramanian, Prof. Sanoli Gun und Prof. S. Ashok (IMSc, Chennai), Prof. A. Sankaranarayanan und Prof. C. S. Rajan (TIFR, Mumbai), Prof. S. D. Adhikari, Prof. R. Thangadurai und Prof. D. Surya Ramana (HRI, Allahabad), Prof. Pradipta Bandyopadhyay (ISI, Kalkutta), Prof. Parthasarathi Mukhopadhyay (RKM Residential College, Kalkutta) und Prof. Pradip Majumdar (RBU, Kalkutta) für ihre freundliche Hilfe in verschiedenen Angelegenheiten, die das Buch betreffen.

Schließlich möchte ich den Bibliothekaren und dem Bibliothekspersonal des Institute of Mathematical Sciences (IMSc), Chennai, Harish Chandra Research Institute (HRI), Allahabad, Tata Institute of Fundamental Research (TIFR), Mumbai, Indian Statistical Institute (ISI), Kalkutta, Indian Association for the Cultivation of Science (IACS), Kalkutta, und der Calcutta Mathematical Society (CMS) dafür danken, dass sie mich freundlicherweise unterstützt und mir geholfen haben, wann immer ich Bücher und Zeitschriften konsultieren musste. Ich möchte meiner ehemaligen Schülerin Frau Parama Paul meinen aufrichtigen Dank für ihre Hilfe beim Korrekturlesen und bei den Korrekturen aussprechen.

Inhaltsverzeichnis

Kapitel 1
Historische Einleitung und Einführung

Seit Beginn der aufgezeichneten Geschichte haben Zahlen den menschlichen Geist
fasziniert. In jeder bekannten Zivilisation wurde Mathematik im Zusammenhang
mit Zahlen praktiziert. Im alten Ägypten wurde der berühmte *Papyrus Rhind* von
Ahmes um 1700–1600 v. Chr. geschrieben. Es wird im British Museum in London aufbewahrt. Informationen über die Art der Mathematik, die im alten Ägypten praktiziert wurde, finden sich darin. Es befasst sich mit Zahlen, wie sie von
den alten ägyptischen Mathematikern ausgedrückt wurden. Keilschrifttafeln, die
aus Mesopotamien geborgen wurden, liefern Beweise für die dort am Ende des
3. Jahrtausends v. Chr. praktizierte Mathematik. Es bestätigt, dass die Arithmetik
zu dieser Zeit ziemlich weit entwickelt war. In China wurde die Mathematik bis
zum 11. Jahrhundert v. Chr. unabhängig entwickelt. Dort hatte man Zahlenmengen
entwickelt, die sehr große und negative Zahlen, Dezimalzahlen und Binärsysteme
sowie viele weitere wichtige Theorien und Techniken umfassten. Die Chinesen
waren auch sehr geübt im Berechnen des Wertes von Pi (oder π), der Division und
Wurzelextraktion. Pascals Dreieck, wie es in der westlichen Welt bekannt ist, war
den Chinesen mindestens drei Jahrhunderte vor Pascals Geburt (1303 n. Chr.) vertraut. Es wird in der Arbeit von Chu Shih-Cheih erwähnt.

Eine weitere bedeutende Zivilisation war die alte indische Zivilisation, die um
das Indus-Tal in Indien herum erblühte. Hier hat die Mathematik eine sehr reiche
Geschichte, die bis mindestens 3000 v. Chr. zurückreicht. Diese Tradition setzte
sich über Jahrhunderte fort. Das Konzept der Null als eigene Zahl, wie es heute
international allgemein akzeptiert ist, wurde zuerst in Indien entwickelt. Dies war
ein bahnbrechender Beitrag. Es sollte besonders darauf hingewiesen werden, dass
die Transformation der Null von einem einfachen Platzhalter zu einer eigenen Zahl
die Überzeugung stärkt, dass gerade auf dem Subkontinent eine weit verbreitete,

P. Mukherji, *Forschungsinstitute für Zahlentheorie in Indien*,
https://doi.org/10.1007/978-981-99-9992-7_1

hoch entwickelte mathematische Kultur herrschte. Abgesehen davon sind auch die indischen Beiträge auf den Gebieten der Arithmetik, der negativen Zahlen, der Geometrie, der Trigonometrie und der Astronomie bemerkenswert.

In Indien, während der vedischen Periode (ungefähr 1200 v. Chr.), gibt es genügend dokumentarische Beweise dafür, dass die Mathematiker dieser Zeit stark darin waren, arithmetische Probleme verschiedener Art zu behandeln. Sie waren in der Lage, mit Bruchrechnung und Wurzeln umzugehen, und fanden gute rationale Annäherungen an irrationale Zahlen wie $\sqrt{2}$. In vedischen Texten wurden Zahlen normalerweise als Kombinationen von Zehnerpotenzen ausgedrückt.

Die *Shulba Sutras*, die 800 v. Chr. geschrieben wurden, sind die ältesten geometrischen Abhandlungen, die auf dem Subkontinent verfügbar sind. Ihr arithmetische Inhalt besteht aus Regeln zur Findung von pythagoreischen Tripeln wie (3, 4, 5), (5, 12, 13), (8, 15, 17) und (12, 35, 37). Tatsächlich gab Baudhayana eine Aussage in Bezug auf Seiten und Diagonalen eines Rechtecks ab, die später die griechischen Mathematiker als *Pythagoreischen Satz* vorstellten. Die oben genannten Tripel entstanden aus einem religiösen Ritual, bei dem in jedem Hindu-Haus drei Feuer an drei verschiedenen Altären von quadratischer, kreisförmiger und halbkreisförmiger Form brennen mussten, die die gleiche Fläche hatten. Diese Bedingungen führten zu bestimmten Arten von „diophantischen" Problemen.

Um das 2. Jahrhundert v. Chr. waren sich die Mathematiker Indiens des „Binärsystems" bewusst, wie man es in *Pingalas Chanda Sutra* sehen kann. Das Konzept des modernen Pascalschen Dreiecks findet sich auch in *Pingalas Chanda Sutra* 1500 Jahre vor der chinesischen Erfindung. Später leisteten viele Hindu- und Jaina-Mathematiker über die Jahrhunderte hinweg bemerkenswerte Beiträge auf dem Gebiet der Arithmetik.

Aryabhata I (476–550 n. Chr.) berechnete den Wert von π korrekt auf vier Dezimalstellen. Er stellte auch klar fest, dass es sich dabei nur um einen ungefähren Wert handelte. Er befasste sich auch mit Kettenbrüchen und entdeckte Algorithmen zur Findung von ungefähren Quadrat- und Kubikwurzeln. Der sogenannte verallgemeinerte euklidische Algorithmus in Bezug auf g. c. d. ist tatsächlich auf ihn zurückzuführen.

Der berühmte Hindu-Mathematiker Brahmagupta (7. Jahrhundert n. Chr.) initiierte in *Brahmasphutasiddhanta* Regeln für die Arbeit mit negativen Zahlen. Die Regeln für die vier grundlegenden arithmetischen Operationen, nämlich Addition, Subtraktion, Multiplikation und Division, wurden von ihm eingeführt. Er war der erste Mathematiker, der formell feststellte, dass jede Zahl, die zu ihrem eigenen Negativ addiert wird, zu null führt. Die Lösungsmethode der sogenannten Pellschen Gleichung wird nun international Brahmagupta und seinem berühmten Prinzip der *Bhavana* zugeschrieben, das später in Europa von Euler wiederentdeckt wurde.

Mahavira Acharya (800–870 n. Chr.) und Virasena (8. Jahrhundert n. Chr.) waren Jaina-Mathematiker, die sich mit 2-adischen Ordnungen befassten. Sridhara (870–930 n. Chr.), der in Westbengalen lebte, verfasste eine Abhandlung namens *Pati-ganita*. Dort befasste er sich mit Brüchen und gab acht Regeln für Operationen mit null. Er initiierte auch Methoden zur Summation verschiedener arithmetischer und geometrischer Reihen.

Aryabhata II (920–1000 n. Chr.) diskutierte in seiner astronomischen Abhandlung namens *Maha-Siddhanta* ausführlich die Methoden der numerischen Mathematik *(ankganit)* und Lösung von unbestimmten Gleichungen *(kuttaka)*.

Bhaskara II (1114–1185 n. Chr.) leistete erhebliche Beiträge zu arithmetischen und geometrischen Reihen. Er nannte einen Bruch, dessen Nenner null ist, *khahara* und lieferte eine allegorische Beschreibung dieser Entität als vergleichbar mit dem unendlichen unveränderlichen Gott, aus dem alles, ohne ihn zu reduzieren, geschaffen wird, während alles nach der Zerstörung in ihm verschmilzt, aber ohne ihn zu erhöhen. In der modernen mathematischen Terminologie entspricht dies „Division durch Null ist Unendlichkeit". Er war auch mit einer positiven Zahl vertraut, die zwei Quadratwurzeln hatte. Er arbeitete mit Wurzeln und entwickelte Methoden zur Lösung verschiedener Arten von Gleichungen. Seine Technik zur Lösung der allgemeinen Form der „Pellschen Gleichung" und der allgemeinen unbestimmten quadratischen Gleichung mit der *chakravala*-Methode (ursprünglich von Jayadeva etwa 200 Jahre zuvor entwickelt) wird hoch geschätzt. Er leistete auch bemerkenswerte Arbeit an unbestimmten kubischen, unbestimmten quartischen und unbestimmten höhergradigen Polynomgleichungen. Ihm gelang die Berechnung des Wertes von π korrekt auf fünf Dezimalstellen.

Es ist also offensichtlich, dass indische Mathematiker von der Antike bis zum 12. Jahrhundert eine ununterbrochene Tradition der Arbeit mit Zahlen und verwandten Problemen aufwiesen. Diese Tradition wurde erfolgreich fortgesetzt und von der Kerala School of Madhava of Sangamagrama vom 14. bis 17. Jahrhundert weiterentwickelt.

Wenn wir zu den jüngeren Zeiten aller Zweige der Mathematik kommen, bezeichnete das größte mathematische Genie des 19. Jahrhunderts, Carl Friedrich Gauß (1777–1855), die „Zahlentheorie" als die Königin der Mathematik. Die natürliche und relevante Frage wäre, warum dieser spezielle Zweig der Mathematik so hoch gelobt wird. Wahrscheinlich liegt der Grund darin, dass es in diesem speziellen Zweig der Mathematik möglich ist, Fragen in sehr einfachen Begriffen zu stellen: leicht verständlich für jeden, aber nicht so leicht beantwortbar für alle. Im Gegensatz dazu ist in jedem anderen Zweig der Mathematik, um eine wirklich bedeutungsvolle, nichttriviale Frage zu stellen, eine lange Liste von Definitionen eine obligatorische Voraussetzung.

Die „Theorie der Zahlen" (oder Zahlentheorie) ist ein Zweig der Mathematik, der sich mit den Eigenschaften und Beziehungen von Zahlen befasst, insbesondere den positiven Ganzzahlen. Die Zahlentheorie kann grob in „analytisch" und „algebraisch" klassifiziert werden. Die „analytische Zahlentheorie" ist ein Zweig der Zahlentheorie, der Methoden und Theorien aus der mathematischen Analyse verwendet, um Probleme über die Ganzzahlen zu lösen. Andererseits untersucht die „algebraische Zahlentheorie" algebraische Strukturen, die mit algebraischen Ganzzahlen zusammenhängen.

Aus globaler Sicht hat das 20. Jahrhundert einen Boom an Forschungsarbeiten im Zusammenhang mit der Zahlentheorie erlebt. Neben der klassischen und analytischen Zahlentheorie begannen Wissenschaftler spezialisierte Teilgebiete zu erforschen, wie die algebraische Zahlentheorie, die geometrische Zahlentheorie und die kombinatorische Zahlentheorie.

Einige der größten mathematischen Köpfe der Neuzeit, wie Leonhard Euler (1707–1783), Carl F. Gauß (1777–1855), J. L. Lagrange (1736–1813), P. de Fermat (1601–1665), C. G. J. Jacobi (1804–1851), E. Waring (1734–1778), S. Ramanujan (1887–1920), P. Erdös (1913–1996) und viele andere haben an verschiedenen Problemen im Zusammenhang mit der Zahlentheorie gearbeitet.

Da dieses Buch der Entwicklung der „Forschungsschulen" zur Zahlentheorie in Indien im 20. Jahrhundert gewidmet ist, wird der Schwerpunkt auf der Diskussion über indische Zahlentheoretiker der Zeit und ihren Beiträgen zur Entwicklung solcher Forschungszentren auf diesem Gebiet liegen.

Kapitel 2
Indische Forschungsschulen zur Zahlentheorie

Die Entwicklung, die im 20. Jahrhundert in Indien in den Forschungsaktivitäten zur Zahlentheorie stattgefunden hat, ist ziemlich umfangreich und eine chronologische Darstellung angezeigt, die hier nun folgt. Die verschiedenen Forschungsschulen, die sich in diesem Zeitraum entwickelten, werden identifiziert und detaillierte Diskussionen über die bemerkenswerten Beiträge berühmter Zahlentheoretiker Indiens durchgeführt. Die Forschungsschulen, die sich in der ersten Hälfte des 20. Jahrhunderts entwickelten, werden zuerst behandelt. Diejenigen, die ungefähr in der zweiten Hälfte dieses Jahrhunderts entstanden, werden später diskutiert.

Die beiden großen Schulen, die in der ersten Hälfte des 20. Jahrhunderts entwickelt wurden, sind die Südindische Schule und die Punjab-Schule der Forschung zur Zahlentheorie. Eine kleine Gruppe von Forschern aus Bengalen und Bihar führte auch einige Forschungen in der genannten Disziplin zu dieser Zeit durch. Es wäre natürlich angebracht, gleich zu Beginn zuzugeben, dass im Vergleich zur Südindischen bzw. Punjab-Schule der Forschung zur Zahlentheorie der Beitrag der Bengal-Bihar-Schulen ziemlich gering war. Aber aus historischen Gründen sind Letztere von einiger Relevanz.

In der zweiten Hälfte des 20. Jahrhunderts blühte die Punjab-Schule weiter. Aber das herausragendste Forschungszentrum zur Zahlentheorie wurde im neu gegründeten Tata Institute of Fundamental Research (TIFR) in Mumbai eingerichtet. Detaillierte Diskussionen über all diese Zentren wurden durchgeführt und sie bilden den Hauptkorpus des Buches. Die Analyse erfolgt auf chronologischer Basis, um die historische Bedeutung im Ganzen darzulegen.

© Der/die Autor(en), exklusiv lizenziert an Springer Nature Singapore Pte Ltd. 2024
P. Mukherji, *Forschungsinstitute für Zahlentheorie in Indien*,
https://doi.org/10.1007/978-981-99-9992-7_2

2.1 Südindische Schule der Forschung zur Zahlentheorie (1910–1950)

Hier geht es um die Entwicklung der Forschungsarbeit zur Zahlentheorie, die zum ersten Mal von indischen Mathematikern, die im südlichen Teil Indiens geboren wurden, initiiert wurde. Die erste Hälfte des 20. Jahrhunderts war Zeuge eines enormen Wachstums auf diesem Gebiet, und kurze Diskussionen über die wichtigsten Denker auf diesem Gebiet werden unten vorgestellt.

2.1.1 Srinivasa Ramanujan (1887–1920)

Jede Diskussion im Zusammenhang mit der Zahlentheorie muss mit Srinivasa Ramanujan beginnen. Er war einer der weltweit besten Mathematiker und seine Beiträge zur Zahlentheorie machen ihn eindeutig zum größten Zahlentheoretiker der Welt. Er war die Inspirationsquelle für Generationen von Mathematikern in Indien sowie in der gesamten Welt. Er gilt als Schlüsselfigur, die Zahlentheoretiker sowohl national als auch international dazu gebracht hat, seine Vermutungen und Theoreme zu beweisen und Probleme zu lösen, die von ihm direkt oder indirekt mit der Zahlentheorie verbunden waren. Auch allgemein hatte S. Ramanujan einen großen Einfluss auf den Bereich der wissenschaftlichen Forschung in Indien im frühen 20. Jahrhundert. Eine Bemerkung des Nobelpreisträgers S. Chandrasekhar in diesem Zusammenhang ist sehr relevant. Er schrieb:

> Lassen Sie mich auf die Rolle von Ramanujan in der Entwicklung der Wissenschaft in Indien in den frühen Jahren dieses Jahrhunderts [20. Jahrhundert] eingehen. Vielleicht kann ich Ihnen am besten ein Gefühl dafür vermitteln, was Ramanujan für die jungen Männer, die in den Jahren 1915 bis 1930 zur Schule gingen und studierten, bedeutete, indem ich daran erinnere, wie ich zum ersten Mal von seinem Namen erfuhr …

Dann erzählte er, wie er von Ramanujans vorzeitigem Tod und seinen großen Leistungen während seines Aufenthalts in Cambridge erfuhr. Was Chandrasekhar am meisten beeindruckte, war, dass Ramanujan, obwohl in äußerster Armut und einer nichtwissenschaftlich Umgebung aufgewachsen, es geschafft hatte, alle Widrigkeiten zu überwinden und sich als einer der originellsten Mathematiker des Jahrhunderts zu etablieren. Chandrasekhar fühlte, dass diese Tatsachen mehr als genug waren, um junge indische Studenten zu ermutigen, die Fesseln ihrer intellektuellen Beschränkungen zu durchbrechen und sich auf einer spektakulären Höhe zu etablieren, wie es Ramanujan getan hatte. Chandrasekhar kommentierte weiter:

> Die zwanziger und dreißiger Jahre waren eine Zeit, in der junge Inder durch die Männer, die sie unter ihresgleichen sahen, zu Leistung und Erfolg inspiriert wurden.

Abb. 2.1 Srinivasa
Ramanujan (1887–1920)

Die Lebensgeschichte von Srinivasa Ramanujan ist der wissenschaftlichen Gemeinschaft in Indien ziemlich gut bekannt. Dennoch wird für die Vollständigkeit
der historischen Fakten eine kurze Übersicht über die Lebensgeschichte dieses
ikonischen indischen Mathematikers gegeben.

Ramanujan (Abb. 2.1) wurde am 22. Dezember 1887 in Erode in Tamil Nadu
als Kind einer Brahmanenfamilie geboren. Seine Eltern gehörten zur finanziell
schwächeren Schicht der Gesellschaft und mussten hart arbeiten. Im Alter von sieben Jahren wurde er an eine Grundschule in der Stadt Kumbakonam geschickt.
Er belegte den ersten Platz in der Tanjore-Bezirksgrundschulprüfung, die 1897 ab-
gehalten wurde. Dies half ihm, ein zur Hälfte kostenfreies Stipendium in der Town
High School in Kumbakonam zu bekommen. Er studierte dort von 1898 bis 1903.
Im Jahr 1904 bestand er die Abschlussprüfung, die von der Universität Madras
durchgeführt wurde.

Schon in seinen Schultagen zeigte Ramanujan außergewöhnliche Intuition
und erstaunliche Fähigkeiten in verschiedenen Bereichen der Mathematik wie
Arithmetik, Algebra, Geometrie, Zahlentheorie und Trigonometrie. Der leitende
Mathematiklehrer der Schule war so überzeugt von Ramanujans mathematischem
Können, dass er ihm jedes Jahr die Aufgabe anvertraute, einen konfliktfreien
Stundenplan für die ganze Schule zu erstellen. Schon in der vierten Klasse beherrschte Ramanujan Loneys *Trigonometrie* (Teil II). Während der Schulzeit gewann Ramanujan viele Preise für seine herausragenden Leistungen in der Mathe-
matik.

Um das karge Familieneinkommen aufzubessern, nahm Ramanujans Mutter
jedes Jahr einige Studenten als Pensionsgäste auf. Diese Studenten bemerkten die

ungewöhnliche Faszination des jungen Jungen für Mathematik und gaben ihm aus freundschaftlicher Verbundenheit eine elementare Einführung in alle Bereiche der Mathematik. Im Jahr 1903 konnte Ramanujan mithilfe von Freunden aus dem örtlichen Government College G. S. Carrs *A Synopsis of Elementary Results*, ein Buch über reine Mathematik, erwerben. Das Buch, das 1896 veröffentlicht wurde, enthielt Aussagen, Formeln und Methoden der mathematischen Analyse mit kurzen Hinweisen. Ramanujan begann unermüdlich daran zu arbeiten, die in dem Buch gegebenen Probleme zu lösen. Je mehr er arbeitete, desto intensiver beschäftigte er sich mit Mathematik. Ein Biograf von Ramanujan, Prof. P. V. Seshu Aiyar, hat festgestellt:

> Es war dieses Buch, das sein Genie weckte. Er setzte sich daran, die darin gegebenen Formeln zu beweisen. Da er ohne die Hilfe anderer Bücher auskommen musste, war jede Lösung für ihn ein Stück Forschung.[1]

Tatsache ist, dass Ramanujan während des Beweisens von Formeln aus Carrs Buch viele neue entdeckte. Das autodidaktische Genie legte somit selbst die Grundlagen für das Studium der höheren Mathematik. Von 1904 bis 1907 begann er auch, die neuen Formeln in seinem heute berühmten *Notebook* zu notieren. Nach Abschluss seiner Schulausbildung gewann Ramanujan ein Junior-Stipendium für seine Fähigkeiten in Mathematik und Englisch. Dies ermöglichte es ihm, den Kurs First Examination in Arts (FA) am Government Arts College in Kumbakonam zu besuchen. Aufgrund seiner obsessiven Beschäftigung mit Mathematik vernachlässigte er die anderen Fächer des Kurses und fiel durch. Infolgedessen verlor er sein Stipendium und wurde auch nicht in die Senior-FA-Klasse befördert. Im nächsten Jahr, 1906, verließ Ramanujan zum ersten Mal seine Heimatstadt und zog nach Madras, um dort das FA fortzusetzen. Aufgrund von Krankheit musste er sein Studium abbrechen. 1907 trat er dann als Privatkandidat zur FA-Prüfung an. Obwohl er in Mathematik die volle Punktzahl erzielte, fiel er in den anderen Fächern durch. Das war das Ende seiner formellen Ausbildung.

Trotz endloser Kämpfe in bitterer Armut behielt Ramanujan dennoch sein unerschütterliches Engagement für die Mathematik bei. Das waren Jahre großer Not für ihn. Trotz der Belastungen und Anspannungen des Alltags notierte Ramanujan weiterhin in *Notizbüchern* die mathematischen Ergebnisse, die er vermutete oder entdeckte. Jahre später, als Ramanujan nicht mehr war, hat sein Mentor und Freund Prof. G. H. Hardy (1877–1947) dies bedauert:

> Die Jahre zwischen 18 und 25 sind die kritischen Jahre in der Karriere eines Mathematikers [...] Während seiner fünf unglücklichen Jahre (1907–1912) wurde sein Genie fehlgeleitet, abgelenkt und bis zu einem gewissen Grad verzerrt.[2]

---

[1] G. H. Hardy, P. V. Seshu Aiyer und B. M. Wilson (Hrsg.). *Collected Papers by Srinivasa Ramanujan*. New York: Chelsea. 1962.

[2] G. H. Hardy. *Ramanujan: Twelve Lectures on Subjects Suggested by His Life and Works*. New York: Chelsea, 1940.

Schließlich nahmen ab 1910 einige Liebhaber der Mathematik in Madras (heute Chennai) Notiz von diesem außergewöhnlich talentierten Mathematiker. Die frühesten Beiträge von Ramanujan wurden von Prof. Seshu Aiyar in Form von „Fragen" an das Journal of the Indian Mathematical Society kommuniziert. Sie wurden 1911 veröffentlicht. Ramanujans erste Forschungsarbeit zur Zahlentheorie erschien ebenfalls in derselben Ausgabe der Zeitschrift und trug den Titel „*Some Properties of Bernoulli Numbers*" [Abschn. I, (SR. 1)]. In der Arbeit stellte er acht Theoreme über die arithmetischen Eigenschaften der Bernoulli-Zahlen auf, von denen er drei bewies, zwei als Korollare darstellte und drei nur Vermutungen waren. 1912, auf Anraten von Prof. Seshu Aiyer, kommunizierte Ramanujan einige seiner mathematischen Ergebnisse an G. H. Hardy, der der Cayley Lecturer in Mathematik an der University of Cambridge war. Hardy war ein weltbekannter Mathematiker und Fellow der Royal Society of London. Dieser erste Brief von Ramanujan an Hardy vom 16. Januar 1913 ist historisch sehr bedeutend. Nach anfänglichem Zögern entschied sich Hardy schließlich, Ramanujan nach Cambridge einzuladen. Hardys Antwort vom 8. Februar 1913 war der Beginn der Anerkennung Ramanujans durch die Mathematiker der westlichen Welt.

Mit finanzieller Unterstützung der Universität Madras und Hilfe von Freunden und Wohltätern erreichte Ramanujan schließlich am 14. April 1914 London. Am 18. April kam er in Cambridge an und wurde bald von Prof. Hardy am Trinity College aufgenommen. Obwohl Ramanujan nicht viel formale Bildung besaß und nur Zugang zu Carrs Synopsis und vielleicht zu einem Buch über Jacobis elliptische Funktionen hatte, sagt der Historiker J. R. Newman:

> Er kam in England gleichauf mit und oft vor dem zeitgenössischen mathematischen Wissen an. So gelang es ihm in einem einsamen gewaltigen Schwung, sein Fachgebiet durch seine eigenen ungeformten Kräfte und damit ein reiches halbes Jahrhundert der europäischen Mathematik neu zu erschaffen. Man darf bezweifeln, ob eine so gewaltige Leistung jemals zuvor in der Geschichte des Denkens vollbracht wurde.[3]

Dann begann Ramanujans kurze, aber brillante Forschungskarriere, und er leistete wertvolle Beiträge zu verschiedenen Bereichen der Mathematik, einschließlich der Zahlentheorie. Ramanujan war, wie bereits erwähnt, praktisch ein autodidaktisches Naturgenie. G. H. Hardy, der renommierte britische Mathematiker, der ihn entdeckte und dafür verantwortlich war, ihn nach Cambridge geholt zu haben, schrieb:

> Er arbeitete weit mehr als die Mehrheit der modernen Mathematiker durch Induktion aus numerischen Beispielen; all seine Kongruenzeigenschaften von Partitionen zum Beispiel wurden auf diese Weise entdeckt. Aber mit seinem Gedächtnis, seiner Geduld und seiner Rechenkraft verband er eine Fähigkeit zur Verallgemeinerung, ein Gefühl für Form und

---

[3] J. R. Newman: Artikel mit dem Titel „Srinivasa Ramanujan" in dem Buch *Mathematics in the Modern World*, W. H. Freeman & Company, 1968.

eine Fähigkeit zur schnellen Modifikation seiner Hypothesen, die oft verblüffend waren und ihn auf seinem eigenen Feld konkurrenzlos in seiner Zeit machten.[4]

Professor Hardy fügte weiter hinzu:

Ich denke jetzt nicht, dass diese extrem starke Sprache übertrieben ist. Es ist möglich, dass die großen Tage der Formel vorbei sind und dass Ramanujan vor 100 Jahren hätte geboren werden sollen; aber er war der größte Formalist seiner Zeit.

Die obigen Aussagen zeigen deutlich, warum Ramanujan immer noch als eine ikonische Inspirationsquelle für Forscher nicht nur in Indien, sondern auf der ganzen Welt gilt. Seine Arbeit zur Zahlentheorie ist von sehr großer Ausdehnung. Er hat bemerkenswerte Beiträge zu verschiedenen Themen wie modulare Gleichungen, Theorie der Partitionen, hoch zusammengesetzte Zahlen, diophantische Gleichungen, probabilistische Zahlentheorie und Mock-Theta-Funktionen geliefert. Im indischen Kontext darf man konstatieren, dass die meisten Mathematiker, die in den drei oder vier Jahrzehnten nach Ramanujan Auszeichnungen erhielten, direkt oder indirekt durch sein Beispiel inspiriert und beeinflusst wurden.

Es wird versucht, seine wichtigsten Arbeiten zu Theta-Funktionen, elliptischen Funktionen, modularen Gleichungen und modularen Formen sowie deren Verbindung mit der Zahlentheorie kurz zu diskutieren. Besonderes Augenmerk wird auf bestimmte arithmetische Funktionen gelegt, zu denen Ramanujan sehr wertvolle Beiträge geleistet hat. Dies sind Partitionierungsfunktionen $p(n)$ und Ramanujans Tau-Funktion, $\tau(n)$. Die meisten dieser Arbeiten finden sich in Ramanujans veröffentlichten Arbeiten zu $p(n)$ und $\tau(n)$ [Abschn. 2.1, (SR. 10, 20, 22, 23)]. Ursprünglich hatte er sie in den späteren Kapiteln seines zweiten *Notebook* notiert. Es ist allgemein bekannt, dass Ramanujan in seinen „Notizbüchern", einschließlich dem *Lost Notebook*, nur sehr wenige Beweise für die Vermutungen hinterließ, die er darin niederschrieb.

Man kann sicher sagen, dass die meisten wichtige Forschungsarbeiten von Ramanujan zur Zahlentheorie aus q-Reihen [1] und Theta-Funktionen [2] hervorgegangen sind. Theta-Funktionen sind die fundamentalen Grundlagen in der Theorie der elliptischen Funktionen [3]. Die gewöhnliche Definition von elliptischen Funktionen in sehr einfacher Terminologie kann als meromorphe [4] Funktionen mit zwei linear unabhängigen Perioden über den reellen Zahlen angegeben werden. Aber Ramanujan hat nie das Konzept der doppelten Periodizität verwendet. In den *Notebooks* 1 und 2 hat Ramanujan 70 % des Raums verwendet, um Formeln der elliptischen Funktion zu entwickeln. Nirgendwo in den *Notebooks* wird die doppelte Periodizität dieser Funktionen erwähnt. Tatsächlich hat er sie sogar nicht berücksichtigt, wenn eine Funktion in seinen Notizen doppelte Periodizität aufwies.

In den *Notebooks* hat Ramanujan seine eigene besondere Notation verwendet und die Theta-Funktion von Jacobi im Detail entwickelt. Aber der berühmte Parameter q fehlt völlig im *Notebook*. Obwohl Ramanujan in seinen Notizen viele Bei-

---

[4] G. H. Hardy. *Ramanujan.* Cambridge University Press, (1940), 14.

spiele für modulare Gleichungen verschiedener Grade gegeben hat, fehlt dort der Begriff „modulare Gleichung".

In der modernen höheren Mathematik hat man gesehen, dass elliptische Funktionen als inverse Funktionen von elliptischen Integralen ausgedrückt werden können. Jacobi hat 1829 ursprünglich die Theorie der Theta-Funktionen entwickelt. Theta-Funktionen sind eine wichtige Klasse von Funktionen, die eng mit elliptischen Funktionen zusammenhängen. Experten für Ramanujan sind der Meinung, dass der Inder, da er vor seinem Gang nach Cambridge kein Standardbuch über elliptische Funktionen gesehen hatte, seine eigene Notation verwendet hat und sich der grundlegenden Eigenschaft der doppelten Periodizität der genannten Funktionen nicht bewusst war.

Es sei hier angemerkt, dass in Kapitel 16 von Ramanujans zweitem *Notebook*, das 1957 vom Tata Institute of Fundamental Research, Bombay, veröffentlicht wurde, der ikonische Mathematiker eine vollständige Liste von Identitäten zu Theta-Funktionen und verwandten q-Reihen gegeben hat. Bei der Entwicklung der Theorie der Theta-Funktionen begann er auch mit dem Studium der elliptischen Funktionen. In dem genannten Kapitel enthalten die ersten 17 Abschnitte hauptsächlich seine Studien zu q-Reihen, während die späteren 22 Abschnitte einer gründlichen Entwicklung der Theorie der Theta-Funktionen gewidmet sind. Insgesamt gibt laut dem bekannten Zahlentheoretiker Prof. R. P. Agarwal in diesem speziellen *Notebook* 135 Theoreme, Korollarien und Beispiele,

welche dieses Kapitel bilden und eine der elegantesten Illustrationen darstellen, [das] war die wesentliche Schönheit und Perfektion der klassischen Analyse par excellence.

1985 veröffentlichte die American Mathematical Society eine *Memoir* über Ramanujan.[5] In dieser Publikation gaben C. Adiga, B. C. Berndt, S. Bhargava und G. N. Watson einen kurzen Überblick über Kapitel 16, das im vorherigen Absatz besprochen wurde. Sie haben erfolgreich alle 135 Identitäten zu Theta-Funktionen und q-Reihen bewiesen, wie sie von Ramanujan gegeben wurden. Es wäre hier angebracht zu erwähnen, dass Ramanujan in seinem *Lost Notebook* weitaus bedeutendere und tiefgreifendere Ergebnisse zu Theta-Funktionen ohne Beweise angegeben hat. Diese Identitäten könnten im Kontext von grundlegenden hypergeometrischen Reihen [5] weiter verallgemeinert und auf verwandte Bereiche ausgeweitet werden. Die von diesen Mathematikern durchgeführten Studien eröffneten neue Forschungswege in diesen Bereichen.

Ramanujans *Lost Notebook*

In den letzten Monaten seines Lebens im Jahr 1920 war Ramanujan in Madras bettlägerig. In diesem Zustand schrieb er viele Formeln nieder. Nach seinem Tod sammelte seine Frau Janaki Ammal diese Blätter und schickte sie über Mr. Dewsbury, den Rektor der Universität Madras, an Prof. Hardy in Cambridge. Professor Hardy bat Prof. G. N. Watson (1886–1965), dieses letzte Manuskript von Rama-

---

[5] American Mathematical Society, Vol. 53, No. 315.

nujan zu sortieren. Hardy fühlte, dass die Arbeit eher von der Art war, die Watson praktizierte. Leider starb Watson, bevor er die ihm zugewiesene Aufgabe beenden konnte.

1976 machte der amerikanische Mathematiker G. E. Andrews, der damals als junger Gastprofessor an der University of Wisconsin auf dem Weg zu einer einwöchigen Konferenz in Frankreich war, einen Abstecher nach Cambridge. Auf Anraten eines Kollegen hatte er beschlossen, einige von Prof. G. N. Watson hinterlassene Papiere durchzuschauen.

Professor Watson war ein Fellow der Royal Society. Nach seinem Tod bat die Royal Society J. M. Whittaker, den Sohn eines von Watsons Mitarbeitern, seinen Nachruf zu schreiben. Whittaker bat Mrs. Watson um Erlaubnis, die Papiere ihres verstorbenen Ehemannes einzusehen. Mrs. Watson lud ihn zum Mittagessen ein und führte ihn in das Studierzimmer ihres verstorbenen Mannes, wo Whittaker den Boden des recht großen Studierzimmers mit Papieren bedeckt fand, die etwa einen Fuß tief lagen, alle durcheinandergeworfen waren und in wenigen Tagen verbrannt werden sollten. Whittaker machte mehrere Tauchgänge in den Haufen und brachte durch einen außergewöhnlichen Glücksfall das Ramanujan-Material ans Tageslicht.

Dieses „Material", insgesamt etwa 140 Seiten, war Teil einer Reihe von Papieren, die Dewsbury 1923 an Hardy geschickt hatte. Whittaker sammelte die Papiere und leitete sie an Robert Rankin weiter. Dieser übergab sie 1968 an das Trinity College in Cambridge.

Andrews fand nun bei seinem Besuch in der Bibliothek des Trinity College zufällig die Kiste mit mehr als 100 Papieren in Ramanujans eigener Handschrift, die unediert herumlagen. Innerhalb weniger Minuten stellte er fest, dass es Notizen in Bezug auf Schein-Theta-Funktionen gab. Offensichtlich waren sie im letzten Jahr von Ramanujans Lebens in Indien entstanden. Er bat die Bibliotheksbehörden, sie zu fotokopieren und ihm in die USA zu schicken. Später, nach seiner Rückkehr in die USA, stellte er bei genauer und längerer Betrachtung fest, dass es über 600 Formeln gab, die nacheinander aufgelistet waren, ohne jegliche Beweise. Andrews studierte sie sorgfältig und lieferte Beweise für die erstaunlichsten darin enthaltenen Identitäten. Danach bezeichnete er diese Papiere sehr treffend als *Ramanujans Lost Notebook*. In einem Abschnitt darin befinden sich Formeln für Theta-Funktionen, falsche Theta-Funktionen und Schein-Theta-Funktionen.

Ramanujan und elliptische Funktionen

Es ist zu beachten, dass die Entwicklung der elliptischen Funktionen durch Ramanujan rein algebraisch ist. Er hat die Cauchy-Theorie nicht verwendet, das Fourier-Doppelintegral-Theorem nur gelegentlich. Es wäre hier relevant zu erwähnen, dass Jacobi und sein Schüler Borchardt die Details auf rein algebraische Weise entwickelt und etabliert haben. Aber ihre Methode war eher kompliziert, während die Methode, die Ramanujan verwendet hat, sehr einfach war.

In seinem zweiten *Notebook*, Kapitel 14, hat Ramanujan auf zufällige Weise eine Reihe von Formeln der Theorie der elliptischen Funktionen angegeben. Gleich zu Beginn stößt man auf die imaginäre Transformation der Dedekindschen η-Funktion und der Eisenstein-Funktionen. Es ist eher seltsam, dass in diesem Kapitel keine elliptische Funktion zu sehen ist. Vielleicht ist die einzige mögliche Erklärung für diese Art der Darstellung, dass Ramanujan, ein Experte für Fourier-Integral- und Mellin-Integraltransformationen, diese Meisterschaft nutzte, um imaginäre Transformationsformeln der elliptischen transzendentalen Funktion zu erhalten. Um diese Ansicht zu unterstützen, könnte es lohnenswert sein, einen Blick in Ramanujans Arbeit mit dem Titel „Some definite integrals" zu werfen.[6] In dieser Arbeit hat er gezeigt, wie effektiv er die klassischen Transformationen nutzen kann. Allerdings hat er in Kapitel 14 des zweiten *Notebook* sehr elementare Methoden verwendet. Er hat Kreisfunktionen wie cot z und cosec z entwickelt, bei denen die beteiligten Reihen absolut konvergieren. Im Beispiel 18 dieses Kapitels hat Ramanujan die von ihm verwendete Methode klar und vollständig erklärt. Im Beispiel 19 desselben Kapitels hat er die Expansion von $\pi^2 xy$ cot (πx) coth (πy) auf einfache Weise dargestellt, die er abgeleitet hat. Ramanujan selbst hat bemerkt, dass solche Expansionen auch durch die Methode der „Residuenrechnung" erhalten werden können. In diesem Zusammenhang scheinen die Kommentare von zwei herausragenden Zahlentheoretikern zitierenswert.

Was Ramanujans Arbeit an elliptischen und modularen Funktionen [6] betrifft, so kommentierte G. H. Hardy[7],

… dass sowohl die Tiefe als auch die Grenzen von Ramanujans Wissen deutlich hervortreten. Ramanujan hat nie behauptet, einen großen Fortschritt in der Theorie der elliptischen Funktionen gemacht zu haben, und es scheint, dass er die Grundlagen der Theorie, soweit er sich dafür interessierte, aus Büchern gelernt haben muss. Es gibt einen scharfen Kontrast zwischen dieser Haltung und seiner Haltung zur Theorie der Primzahlen, wo er sicherlich alle Ergebnisse als seine eigenen betrachtete. Er schreibt nie so, als hätte er Theta-Funktionen oder modulare Gleichungen erfunden, obwohl er eine ganze Theorie von ihnen in einer eigenen Sprache darstellt.

Hardy kommentierte zudem:

Und es gibt einige seiner Arbeiten, meist in der Theorie der elliptischen Funktionen, über die immer noch ein gewisses Geheimnis besteht; es ist nicht möglich, nach all der Arbeit von Watson und Mordell die Grenze zu ziehen zwischen dem, was er irgendwie aufgeschnappt haben könnte, und dem, was er selbst gefunden haben muss.

E. Littlewood bemerkte:

Ramanujan hat irgendwie ein effektives vollständiges Wissen über die formale Seite der elliptischen Funktionen erworben.

---

[6] *Journal Indian Mathematical Society*, 11, (1919), 81–87.

[7] *Ramanujan*. Cambridge University Press, (1940).

Eine Untersuchung von Ramanujans zweitem *Notebook* zeigt, dass er in den Kapiteln 16–21 Folgendes behandelt hat: q-Reihen und θ-Funktionen; die grundlegenden Eigenschaften von elliptischen Funktionen; Jacobis elliptische Funktionen; modulare Gleichungen mit den Graden 3, 5, 7 und zugehörige θ-Funktionsidentitäten; modulare Gleichungen höherer und zusammengesetzter Grade und Eisenstein-Reihen.

Ramanujans modulare Gleichungen

Spezielle Diskussionen sind in diesem Bereich notwendig, um Ramanujans Beiträge korrekt zu bewerten. Wenn man zu den frühesten Erscheinungen dieser Gleichungen zurückgeht, dann ist der erste Mathematiker, der einem in den Sinn kommt, A. M. Legendre (1752–1833). Im Jahr 1825 entwickelte er in seiner französischen Abhandlung mit dem Titel „Traile des fonctions elliptiques et des integrals euleriennes"[8] seine erste modulare Gleichung dritten Grades:

$$(\alpha\beta)^{1/4} + [(1 - \alpha)(1 - \beta)]^{1/4} = 1$$

Im folgenden Jahrhundert haben viele Mathematiker wie A. Cayley (1821–1895), A. Enneper (1830–1885), R. Fricke (1861–1930), C. G. J. Jacobi (1804–1851), F. Klein (1849–1925), G. N. Watson (1886–1965) und viele andere wichtige Ergänzungen zur langen Liste der modularen Gleichungen gemacht. Aber B. C. Berndt, ein berühmter Mathematiker und Ramanujan-Experte, behauptete mit Autorität:

> Der Mathematiker, der jedoch bei Weitem mehr modulare Gleichungen entdeckt hat als alle diese Mathematiker, war Ramanujan, der über 200 modulare Gleichungen konstruierte.

Bevor er nach England ging, hatte Ramanujan in Indien begonnen, an modularen Gleichungen zu arbeiten. Seine erste Arbeit in diesem Bereich mit dem Titel „Modular equations and approximation to π"[9] war zugleich die erste seiner Forschungsarbeiten, die während seines Aufenthalts in England veröffentlicht wurde. Auch in späteren Jahren hat er immer wieder an der gleichen Art von Mathematik gearbeitet. Leider sind die meisten von Ramanujans Arbeiten über modulare Gleichungen fragmentarisch, und viele von ihnen haben keine Beweise. Sie wurden mit seinem letzten *Notebook* veröffentlicht. Wie Ramanujan diese Gleichungen erhalten hat, wird immer ein Geheimnis bleiben. Mithilfe der Theorien der modularen Form haben moderne Mathematiker der Gegenwart einige von ihnen beweisen können.

In Kapitel 20 seines zweiten *Notebook*, das 1957 vom TIFR veröffentlicht wurde, ist zu sehen, dass Ramanujan dort eine andere Art von modularen Gleichungen aufgenommen hat, die als „gemischte modulare Gleichung" oder „modu-

---

[8] Paris, Huzard-Courciers (1825–1828) in drei Bänden. [Mikroform, Readex Microprint Corporation, New York, 1970].

[9] Abschn. 1 (SR. 4).

lare Gleichung zusammengesetzten Grades" bekannt ist. Eine gemischte modulare Gleichung kann wie folgt definiert werden.

Gemischte Modulgleichung

Wenn $K, K', L_1, L'_1, L_2, L'_2, L_3, L'_3$ vollständige elliptische Integrale der ersten Art bezeichnen, die paarweise mit den Moduli $\alpha^{1/2}, \beta^{1/2}, \gamma^{1/2}$ und $\delta^{1/2}$ und ihren komplementären Moduli verbunden sind, und wenn wiederum n_1, n_2 und n_3 positive Ganzzahlen sind, sodass $n_3 = n_1 n_2$, und es wird angenommen, dass die Gleichungen $n_1 K' / K = L'_1 / L_1$, $n_2 K' / K = L'_2 / L_2$ und $n_3 K' / K = L'_3 / L_3$ gelten, dann ist eine gemischte Modulgleichung eine Beziehung zwischen den Moduli $\alpha^{1/2}, \beta^{1/2}, \gamma^{1/2}$ und $\delta^{1/2}$, die durch die oben genannten Beziehungen induziert wird. In einer solchen Situation sind β, γ und δ von den Graden jeweils n_1, n_2 und n_3.

Es ist nun bekannt, dass Ramanujan „gemischte Modulgleichungen" für 20 verschiedene Tripel von positiven Ganzzahlen n_1, n_2 und n_3 angegeben hat. Laut Prof. Bruce Berndt hat niemand außer Ramanujan im Bereich der „gemischten Modulgleichungen" gearbeitet. Bemerkenswert ist die Weite von Ramanujans Erkenntnissen in der Theorie der Modulgleichungen. Für einige Werte von n hat Ramanujan mehr als zehn verschiedene Modulgleichungen angeboten. Tatsächlich ist die Erstellung von Modulgleichungen sehr komplex. Daher erscheint es bemerkenswert, dass es in der weiten Spanne von Ramanujans Beiträgen zu Modulgleichungen nur ein paar fehlerhafte gibt. Im Gegensatz zu den modernen anspruchsvollen Ansätzen zu Modulgleichungen waren Ramanujans Ansätze natürlicher. Dies erfordert sicherlich eine umfangreichere Studie und Forschung zu dem Thema, um Ramanujans Arbeit besser zu verstehen und zu schätzen.

Neben ihren theoretischen Aspekten haben Modulgleichungen auch eine sehr wichtige Anwendbarkeit. D. H. Lehmar leitete in seinem Artikel mit dem Titel „Properties of the coefficients of the modular invariant $J(\tau)$"[10] Kongruenzeigenschaften der Fourier-Koeffizienten von $J(\tau)$ ab, indem er die Modulgleichungen von Kleins absolutem Invarianten $J(\tau)$ verwendete. Wiederum zeigte C. Hermite in seinen zwei in Französisch verfassten Forschungsarbeiten, die 1859[11] und 1908[12] veröffentlicht wurden, wie man mithilfe von Modulgleichungen der Grade 5 und 7 allgemeine Quintic- und Septic-Polynome lösen konnte.

In einer Hommage an Ramanujan schrieb der bekannte Zahlentheoretiker Prof. K. Alladi[13]:

Ramanujans Mathematik bleibt auch in der modernen Welt des Computers jugendlich. Seine Modulgleichungen wurden von den Kanadiern Jonathan und Peter Borwein verwendet, um π (das Verhältnis des Umfangs eines Kreises zu seinem Durchmesser)

---

[10] *American Journal of Mathematics*, 64, (1942), 488–502.

[11] *C. R. Acad. Sci.* (Paris), 48, (1859), 940–947, 1079–1084, 1095–1102: 49, (1859), 16–24, 110–118, 141–144.

[12] Tome II, Gauthier-Villars, (Paris), (1908), 5–12, 38–82.

[13] *Ramanujan's Place in the World of Mathematics*. Springer, Indien, (2013).

auf mehrere Millionen Dezimalstellen zu berechnen. Die Borweins zeigten, dass diese Modulgleichungen effiziente Algorithmen zur Gewinnung von Näherungen an π und andere Zahlen liefern. Kürzlich wurden Ramanujans Transformationen für elliptische Funktionen von David und Gregory Chudnovsky verwendet, um sehr schnell konvergierende Algorithmen zur Berechnung von π zu erzeugen; tatsächlich haben die Chudnovskys π nun auf etwa eine Milliarde Stellen berechnet!

Im Vergleich zu den gängigen älteren Methoden sind Ramanujans Modulgleichungen sehr elegant. In dieser Angelegenheit ist der Kommentar von G. N. Watson bemerkenswert. Er schrieb:

> Wenn man sich allgemein mit Ramanujans Modulgleichungen befasst, hat es sich mir immer so dargestellt, dass das Wissen über die Arbeit anderer Leute ein klarer Nachteil ist, da es dazu neigt, einen von dem kürzesten Weg abzubringen.

Ein weiterer Kommentar von Bruce Berndt ist in diesem Zusammenhang ebenfalls sehr relevant. Er schrieb:

> Ramanujan hat, soweit wir wissen, Schröters Formeln in keiner seiner veröffentlichten Arbeiten, Notizbüchern oder unveröffentlichten Manuskripten explizit angegeben. Aber es scheint klar aus der Theorie der Theta-Funktionen, die er entwickelt hat, dass Ramanujan sich dieser Formeln oder zumindest der Prinzipien, die die vielen speziellen Fälle ergeben, die er zweifellos verwendet hat, bewusst gewesen sein muss. Die Mehrheit von Ramanujans modularen Gleichungen scheinen jedoch keine Ergebnisse von Schröters Formeln zu sein. Wir vermuten, dass Ramanujan andere allgemeine Formeln kannte, die Theta-Funktionen beinhalten und die uns noch unbekannt sind und die er zur Ableitung weiterer modularer Gleichungen verwendet hat. Insbesondere glauben wir, dass Ramanujan eine unbekannte allgemeine Formel abgeleitet hat, die Quotienten von Theta-Funktionen beinhaltet.

G. N. Watson hat in seiner Arbeit mit dem Titel „Ramanujan's notebooks"[14] nachdrücklich behauptet:

> Eine langwierige Studie seiner modularen Gleichungen hat mich davon überzeugt, dass er im Besitz einer allgemeinen Formel war, mit deren Hilfe modulare Gleichungen in verblüffender Anzahl konstruiert werden können.

Watson war auch der Meinung, dass Ramanujans „allgemeine Formel" Schröters allgemeinste Formel ist. Es herrscht ein allgemein verbreitetes Gefühl unter den meisten Ramanujan-Experten, dass er wahrscheinlich andere Formeln oder analytische Techniken kannte, die ihrer Aufmerksamkeit entgangen sind.

In diesem Zusammenhang sollte erwähnt werden, dass Ramanujans „modulare Identitäten" tatsächlich Identitäten zwischen modularen Formen eines bestimmten Typs sind. Er hat sie systematisch in seinen „Notizbüchern", einschließlich des *Lost Notebook* (das bereits erwähnt und ausführlich besprochen wurde), niedergeschrieben. Diese Arten von Identitäten wurden in verschiedenen Bereichen angewendet, Kongruenzen für Partitionierungsfunktionen sind eine davon. Ein weiterer besonders zu beachtender Punkt ist, dass, obwohl Jacobi, Cayley und andere Mathematiker umfangreiche Studien über elliptische Integrale durchgeführt haben,

---

[14] *Journal London Math. Soc.*, 6, (1931), 137–153.

Ramanujan der Erste war, der konkrete elliptische Integrale in Verbindung mit modularen Kurven eines kleinen Leiters diskutierte. Eine weitere bemerkenswerte Tatsache ist, dass Ramanujan sich der Dichotomie zwischen elliptischen Integralen von elementaren und anderen schwierigen Typen lange vor Hecke bewusst war.

Ramanujans τ-Funktionen

Die nächste Arbeit, die Ramanujan nach seiner Ankunft in England veröffentlichte, trug den Titel „On certain arithmetical functions".[15] In dieser unspektakulär betitelten Arbeit führte Ramanujan das Konzept der τ-Funktion ein. Dies ist eine ganzzahlige Funktion auf natürlichen Zahlen. Sie wurde erstmals als Teil eines „Fehlerterms" bekannt, während man die Anzahl der Möglichkeiten zählte, wie eine Zahl als Summe von 24 Quadraten geschrieben werden kann. Ramanujan war jedoch überzeugt, dass die Funktion untersucht werden sollte, da sie von großer Bedeutung sei. Im Laufe des 20. Jahrhunderts ergab sich aus Ramanujans Überzeugung ein sehr bedeutendes Thema der Mathematik.

Die τ-Funktion ist definiert durch:

$$g(\mathrm{x}) = x\left[(1-x)\left(1-x^2\right)\left(1-x^3\right)\cdots\right]^{24} = \sigma_r(n)$$
$$= x\prod_{n=1}^{\infty}(1-x^n)^{24}$$
$$= \sum_{n=1}^{\infty}\tau(n)x^n$$

Ramanujan berechnete und tabellierte die Werte von $\tau(n)$ bis zu $n=30$ und zeigte, dass $\tau(p) \equiv 0 \pmod{p}$ für $p=2, 3, 5, 7, 23$. Für diese Primzahlen gilt $\tau(pn) \equiv 0 \pmod{p}$ für jedes n. Er war der erste Mathematiker, der interessante Kongruenzeigenschaften der τ-Funktion bemerkte wie $\tau(n) \equiv \sigma_r(n) \pmod{691}$, wobei $\sigma_r(n)$ die Summe über alle d ist, die n teilen. Die Primzahl 691 wird als *Ramanujan-Primzahl* bezeichnet.

Ramanujan hat in seiner oben erwähnten Forschungsarbeit einige grundlegende Vermutungen formuliert. Er stellte fest, dass

(i) $\tau(n)$ multiplikativ ist, was mathematisch bedeutet, dass
(ii) $\tau(m)\tau(n) = \tau(mn)$, wobei m und n positive ganze Zahlen und relativ prim sind.
(iii) Wenn p eine beliebige Primzahl und n eine beliebige ganze Zahl größer als 1 ist, dann $(n \geq 1)$.
(iv) $\tau(p^{n+1}) = \tau(p)\tau(p^n) - p\tau(p^{n-1})$
(v) Für jede Primzahl p, $\left|\tau(p)\right| \leq 2p^{11/2}$.

Allerdings lieferte Ramanujan keine Beweise für seine Vermutungen.

---

[15] Abschn. 1, (SR. 10).

Die ersten beiden Vermutungen wurden von L. J. Mordell in seinem berühmten Aufsatz „On Ramanujan's empirical expansion of modular functions" bewiesen.[16] E. Hecke hat diesen Beweis in seinen beiden auf Deutsch verfassten Aufsätzen weiter verallgemeinert.[17]

Ramanujans Vermutungen und diese Veröffentlichungen von Mordell und Hecke führten zum Beginn einer der wichtigsten Epochen in der Theorie der Modulformen. Ramanujan hatte die ersten Werte der τ-Funktionen berechnet, wie $\tau(1) = 1$, $\tau(2) = -24$ und $\tau(3) = 252$. Er hatte gezeigt, dass $|\tau(n)| \ll n^7$, und hatte die dritte Vermutung weiter verallgemeinert als $|\tau(n)| \leq d(n)n^{1/2}$, wo $d(n)$ die Anzahl der positiven Teiler von n bezeichnet. Dieses Ergebnis ist als *Ramanujans Vermutung* bekannt. Später wurde dies von G. H. Hardy als *Ramanujans Hypothese* bezeichnet. In dieser Hypothese hatte Ramanujan tatsächlich eine spezifische obere Grenze für die Tau-Funktion vermutet. Es war eine der bekanntesten unter seinen unbewiesenen Vermutungen. Im Jahr 1939 hatte Robert Rankin in einem Aufsatz, der in den *Proceedings of the Cambridge Philosophical Society* veröffentlicht wurde, eine obere Grenze für die Tau-Funktion ermittelt, die ziemlich nahe an Ramanujans Hypothese lag. Aber schließlich löste Pierre Deligne im Jahr 1970 mit ausgeklügelten Methoden der algebraischen Geometrie *Ramanujans Hypothese* vollständig. Seine detaillierte Ableitung wurde in dem Aufsatz „La conjecture de Weil I" veröffentlicht,[18] der auf Französisch verfasst war. Für diese bahnbrechende Arbeit wurde Deligne 1978 die Fields-Medaille verliehen. Es ist wahrscheinlich allgemein bekannt, dass die Fields-Medaille als Nobelpreis in der Mathematik gilt.

In diesem Zusammenhang ist die Aussage eines weiteren Fields-Medaillengewinners, Prof. Atle Selberg, erwähnenswert. Im Jahr 1988 sagte er während eines Vortrags am Tata Institute of Fundamental Research in Bombay:

> … dass eine glückliche, aber unbewiesene Vermutung von viel größerer Bedeutung sein kann als der Beweis von vielen respektablen Theoremen. Ramanujans Erkennen der multiplikativen Eigenschaften der Koeffizienten von Modulformen, die wir heute als Spitzenformen bezeichnen, und seine in diesem Zusammenhang formulierten Vermutungen sowie ihre spätere Verallgemeinerung haben eine zentralere Rolle in der heutigen Mathematik eingenommen und dienen als eine Art Aufmerksamkeitsfokus für eine ziemlich große Gruppe der besten Mathematiker unserer Zeit.[19]

Die Tagungsberichte der Hundertjahrfeier, die im Juni 1987 an der University of Illinois in Urbana-Champaign stattfand, wurden 1988 als *Ramanujan Revisited* von der Academic Press, San Diego, veröffentlicht. Der Band wurde von einer Reihe von Weltklasse-Mathematikern herausgegeben, die ebenfalls Experten für Ramanujans Arbeit waren: G. E. Andrews, R. A. Askey, B. C. Berndt, K. G. Ra-

---

[16] *Proceed. Camb. Philos. Soc.*, 19, (1917), 117–124.

[17] *Math. Annals.*, 114, (1937), 1–28 und 316–351.

[18] P. Deligne. *Publ. Maths.*, Institute Hautes Études Scientifiques (IHES), 43, (1974), 273–307.

[19] „Reflections around the Ramanujan centenary", Atle Selberg, reproduziert aus *Atle Selberg, Collected Papers*, Vol. 1. Springer, 1989, 695–701 in *Resonance*, Dezember 1996.

manathan und R. A. Rankin. In diesem Band schrieb R. A. Rankin in einem Artikel mit dem Titel „The Ramanujan τ-function":

> Die τ-Funktion ist ein gutes Beispiel für Ramanujans Einsicht und geniale Fähigkeit, neue interessante Fakten in Bereichen zu finden, die von anderen Mathematikern vernachlässigt wurden. In mehreren Fällen sind viele Jahre vergangen, bevor die von ihm begründeten Themen von anderen untersucht wurden und ihre Reichhaltigkeit und Bedeutung offenbart haben.

Auf derselben Konferenz bemerkte M. Ram Murty in seinem Artikel mit demselben Titel wie Rankins:

> Ramanujan war der Erste, der die arithmetische Bedeutung von $\tau(n)$ voraussah, denn er war der Erste, der die Teilbarkeitseigenschaften dieser Koeffizienten untersuchte. Aus den Arbeiten von Shimura, Serre und Deligne ist nun bekannt, dass die Zerlegungsgesetze von Primzahlen in bestimmten nichtauflösbaren Erweiterungen von Q durch Teilbarkeitskriterien für die τ-Funktion gegeben sind. Die ersten Anzeichen eines allgemeinen Reziprozitätsgesetzes und einer nicht-Abelschen Klassenkörpertheorie liegen in den Teilbarkeitseigenschaften der Fourier-Koeffizienten von Spitzenformen verborgen.

Ramanujans Beiträge zur Theorie der Partitionen und zur additiven Theorie der Zahlen

Die Idee von Zahlen und magischen Quadraten hatte Ramanujan von frühen Schülertagen an fasziniert. Seine Beschäftigung mit der Theorie der Partitionen ist wahrscheinlich eine natürliche Folge dieser Begeisterung. Technisch gesehen ist eine Partition einer ganzen Zahl n eine Aufteilung von n in eine beliebige Anzahl von positiven ganzen Teilen. Die Anzahl der uneingeschränkten Partitionen von n wird durch $p(n)$ bezeichnet. Ramanujan war auch der erste Mathematiker der Welt, der die Kongruenzeigenschaften von $p(n)$ entdeckte. Die ersten Beispiele für $p(n)$ sind wie folgt:

$P(1) = 1$ und $1 = 1$.
$P(2) = 2$ und $2 = 2, 1+1$.
$P(3) = 3$ und $3 = 3, 2+1, 1+1+1$.
$P(4) = 5$ und $4 = 4, 3+1, 2+2, 2+1+1, 1+1+1+1$.
$P(5) = 7$ und $5 = 5, 4+1, 3+2, 3+1+1, 2+2+1, 2+1+1+1, 1+1+1+1+1$.
$P(6) = 11$ und $6 = 6, 5+1, 4+2, 3+3, 4+1+1, 3+2+1, 3+1+1+1, 2+2+2, 2+2+1+1, 2+1+1+1+1, 1+1+1+1+1+1$.

Der Prozess geht weiter.

Im Fall von $p(5)$ ist zu beachten, dass $5, 4+1, 3+2$ die unterschiedlichen Teile von 5 und $3+1+1, 2+1+1+1$ und $1+1+1+1+1$ die ungeraden Teile von 5 sind. Übrigens hatte Euler fast zwei Jahrhunderte zuvor festgestellt:

> Die Anzahl der Partitionen einer ganzen Zahl in ungerade Teile entspricht der Anzahl der Partitionen dieser Zahl in unterschiedliche (nicht wiederholende) Teile.

Dies ist allgemein bekannt als *Eulers Theorem*. Das oben zitierte Beispiel entspricht dem berühmten Theorem. Euler entwickelte auch eine nützliche Rekurrenzrelation für Partitionen, indem er seinen bekannten *Pentagonalzahlensatz* verwendete.

So wurde mit der Grundlage von Euler und den genialen Methoden von Ramanujan die Theorie der Partitionen zu einem sehr wichtigen Bereich der modernen Forschung. Der ikonische indische Mathematiker brachte eine Vielzahl von neuen und schönen Ergebnissen hervor. Sie gaben Anstoß zu neuen Ideen und eröffneten bislang unbekannte Forschungswege in der Zahlentheorie.

In der Theorie der Partitionen haben Hardy und Ramanujan zusammengearbeitet und einen bemerkenswerten Satz beigetragen. Der historische Bericht über dieses Ereignis ist ziemlich interessant. In einem Brief, den Ramanujan 1913 an G. H. Hardy schrieb, schlug er vor, dass es eine genaue Formel für die Partitionsfunktion $p(n)$ in Bezug auf kontinuierliche Funktionen geben sollte. Hardy war von dieser Behauptung nicht überzeugt, dachte aber, dass es sicherlich möglich wäre, eine asymptotische (ähnlich einer ungefähren) Formel für $p(n)$ in Bezug auf kontinuierliche Funktionen zu entwickeln. Sie führten gemeinsam eine komplizierte und clever konstruierte Berechnung durch, die die Singularitäten der erzeugenden Funktion im Einheitskreis einbezog. Sie konnten erfolgreich eine asymptotische Formel erhalten. Sie testeten die Formel und waren zufrieden festzustellen, dass $p(200)$ nach der Hardy-Ramanujan-Formel identisch war mit dem, was mit der Eulerschen Rekurrenzformel berechnet wurde. Dieses Ergebnis wurde als gemeinsames Papier von S. Ramanujan und G. H. Hardy veröffentlicht und trug den Titel „Une formule asymptotique pour le nombre des partitions des n".[20]

Ein weiterer berühmter Zahlentheoretiker, Hans Rademacher, bemerkte später, dass die asymptotische Hardy-Ramanujan-Reihe einfach durch Ersetzen der Exponentialfunktionen durch hyperbolische Funktionen in eine Reihe umgewandelt werden konnte, die zu $p(n)$ konvergierte. Tatsächlich hatte Ramanujan laut dem bekannten Zahlentheoretiker K. Alladi in seinem Brief von 1913 an Hardy eine hyperbolische Funktion verwendet, um eine genaue Formel für ein verwandtes Problem zu behaupten. Daher lag Ramanujan richtig mit der Vermutung, dass eine ähnliche genaue Formel für $p(n)$ gefunden werden könnte. In den Worten von K. Alladi[21]:

> Ein Aspekt von Ramanujans Entdeckungen, der immer wieder auftaucht, ist die überraschende und unglaubliche Form der Ergebnisse. Die genaue Formel für $p(n)$, die Ramanujan vermutete, wurde von Hardy als unglaublich gut angesehen, der sich mit weniger zufrieden gab, nämlich einer asymptotischen Formel, und Ramanujan stimmte (laut Selberg) aus Respekt vor seinem Mentor zu. Auf jeden Fall führte die asymptotische Hardy-Ramanujan-Formel zu einer sehr leistungsfähigen analytischen Methode für die Auswertung der Koeffizienten von Reihen, die in einer breiten Klasse von Problemen in der additiven Zahlentheorie auftreten. Die *Kreismethode*, ursprünglich von Hardy und Rama-

---

[20] Abschn. 1, (SR. 12).

[21] *Ramanujan's Place in the World of Mathematics.* Springer India, 2013.

nujan, später von Hardy und Littlewood und anderen entwickelt, ist heute eine der am weitesten anwendbaren Methoden und wird auch in Zukunft ein wichtiges Werkzeug sein.

Professor Atle Selberg, der Fields-Medaillengewinner und einer der bedeutendsten modernen Mathematiker, äußerte sich auch in dieser Hinsicht[22]:

> Das Papier von Hardy und Ramanujan enthielt sicherlich ein Ergebnis, das an sich sehr bemerkenswert war; da $p(n)$ eine ganze Zahl ist, erlaubt es eine genaue Berechnung darauf. Aber es war keine genaue Formel, es war eine Formel mit einem Fehler, der gegen null tendiert, wenn n wächst, und daher, da $p(n)$ eine ganze Zahl ist, konnte man den genauen Wert finden.
>
> Wenn man sich Ramanujans ersten Brief an Hardy ansieht, gibt es dort eine Aussage, die in gewisser Weise mit seiner späteren Arbeit an der Partitionsfunktion zusammenhängt, nämlich über den Koeffizienten des Reziproken einer bestimmten Theta-Reihe – einer Potenzreihe mit quadratischen Exponenten und wechselnden Vorzeichen als Koeffizienten. Es gibt den führenden Term in dem, was er als ungefähren Ausdruck für den Koeffizienten behauptet. Wenn man sich diesen Ausdruck ansieht, erkennt man, dass dies ein genaues Analogon des führenden Terms in der Rademacher-Formel für $p(n)$ ist, was zeigt, dass Ramanujan, auf welche Weise auch immer er dies erreicht hat, zu dem korrekten Term dieses Ausdrucks geführt wurde. Bei der Arbeit an der Partitionsfunktion, beim Studium des Papiers, scheint es mir klar zu sein, dass es auf eine Weise Hardy war, der Ramanujans Einsicht und Intuition nicht vollständig vertraute, als er die anderen Formen der Terme in ihrem Ausdruck wählte, aus rein technischen Gründen, die man als nicht sehr relevant analysiert. Ich denke, wenn Hardy Ramanujan mehr vertraut hätte, hätten sie unweigerlich mit der Rademacher-Reihe enden müssen. Daran besteht wenig Zweifel.

In diesem Zusammenhang könnte es relevant sein zu bemerken, dass Ramanujan und Hardy in ihrem berühmten Papier mit dem Titel „Asymptotic formula in combinatory analysis"[23] die Methode zur Ableitung einer asymptotischen Formel für die Partitionen entwickelt haben. Nach Ramanujans frühem Tod entwickelten Hardy und Littlewood die Methode weiter. Sie wendeten sie auch auf klassische ungelöste Probleme an nämlich das Waringsche und das Goldbachsche Problem. Mit Blick auf die Partitionen einer natürlichen Zahl schrieben G. H. Hardy und E. M. Wright[24]:

> … trotz der Einfachheit der Definition von $p(n)$ ist nicht sehr viel über seine arithmetischen Eigenschaften bekannt.

Dies führt natürlich dazu, dass man über Ramanujans Arbeit in Bezug auf Kongruenzen [7] diskutiert.

Zunächst ist eine Definition von Kongruenz notwendig, um das Verständnis des verwandten Themas zu erleichtern. Angenommen, a, b sind ganze Zahlen und n ist eine natürliche Zahl. Mit $a \equiv b \pmod{n}$ meint man, dass n $(b - a)$ teilt, und es wird gesagt, dass a *kongruent zu* b *modulo* n ist. Zum Beispiel gilt $3 \equiv 24 \pmod 7$, da $(3 - 24) = -21 = (-3)\,7$ usw.

---

[22] Vortrag am TIFR, 1988.

[23] Abschn. 1 (SR. 17).

[24] *Introduction to the Theory of Numbers*, 5. Auflage. Oxford University Press, London, (1979).

Bezug nehmend auf die Bemerkungen von Hardy und Wright kann festgestellt werden, dass Ramanujan bemerkenswerte Beiträge in diesem Bereich geleistet hat, indem er seine drei Arbeiten veröffentlichte, die alle mit den Eigenschaften und insbesondere den Kongruenzeigenschaften der Partitionsfunktion $p(n)$ zusammenhängen. Man kann auf die drei Papiere verweisen, die zwischen 1919 und 1921 veröffentlicht wurden:

„Some properties of $p(n)$, the number of partitions of n" [Abschn. 2.1, (SR. 20)]
„Congruence properties of partitions" [Abschn. 2.1, (SR. 22)]
„Congruence properties of partitions" [Abschn. 2.1, (SR. 23)]

Neben diesen drei Arbeiten führten das natürliche Genie und der Einfallsreichtum von Ramanujan in Kombination mit der mathematischen Raffinesse von Hardy zu zwei weiteren berühmten Veröffentlichungen, die unten erwähnt werden:

G. H. Hardy und S. Ramanujan: „Asymptotic formulae for the distribution of integers of various types" [Abschn. 2.1, (SR. 15)]
G. H. Hardy und S. Ramanujan: „Asymptotic formulae in Combinatory analysis" [Abschn. 2.1, (SR. 14)]

Die letzte Arbeit wurde bereits ausführlich diskutiert. In diesem Zusammenhang verdient eine weitere historische Entwicklung Erwähnung. Hardy und Ramanujan wollten die Richtigkeit ihrer etablierten Formel numerisch testen. Zu dieser Zeit hatte ein anderer bekannter britischer Mathematiker, P. A. MacMahon, eine Rekurrenzformel von Euler verwendet, die die pentagonalen Zahlen beinhaltet, und die ersten 200 Werte der Partitionsfunktion berechnet. Daher dachte Hardy, dass die Verwendung von MacMahons Tabelle der Werte für $p(n)$ nützlich wäre, um die Richtigkeit der von ihm und Ramanujan abgeleiteten asymptotischen Formel zu überprüfen. Aber die Wirkung von MacMahons Tabelle auf Ramanujan war, gelinde gesagt, spektakulär. Sobald er die Tabelle zu Gesicht bekam, schrieb er drei Kongruenzeigenschaften von $p(n)$ auf. Seine erste Kongruenz besagte, dass

die Anzahl der Partitionen einer Ganzzahl der Form $(5m+4)$ immer ein Vielfaches von 5 ist.

Die zweite Kongruenz besagte, dass

die Anzahl der Partitionen von $(7m+5)$ ein Vielfaches von 7 ist.

Die dritte Kongruenz besagte, dass

die Anzahl der Partitionen von $(11m+6)$ ein Vielfaches von 11 ist.

Ramanujans Aussagen verblüfften Hardy. Professor K. Alladi hat das in seinem Buch[25] kommentiert:

---

[25] *Ramanujan's Place in the World of Mathematics.* Springer India, 2013.

> Was Hardy verblüffte, war, dass es Teilbarkeitseigenschaften von Partitionen gibt, die kombinatorische Objekte sind, die durch einen additiven Prozess definiert sind […] So hätte im Prinzip jeder, der auf den letzten Eintrag jeder Spalte starrt, Ramanujans erste Kongruenz beobachten können, aber man muss nach einer solchen Eigenschaft suchen, um sie zu beobachten. MacMahon erstellte die Tabelle und Hardy überprüfte sie, aber keiner von ihnen bemerkte die Kongruenz, weil sie nicht nach solchen überraschenden Verbindungen suchten! Ramanujan, der immer ein Auge für das Unerwartete hatte, schrieb die Kongruenz auf, als er die Tabelle sah.

Es sei darauf hingewiesen, dass auch in der heutigen mathematischen Welt die Untersuchung solcher Teilbarkeits- oder Kongruenzeigenschaften für Partitionsfunktionen und ähnliche Themen viele Mathematiker anzieht und dies immer noch ein sehr aktiver und lebendiger Forschungsbereich in der Zahlentheorie ist. Die Rolle der Modulformen, die einen abstrakten und schönen Bereich der Analyse, Algebra und Zahlentheorie umfassen, ist bei der Untersuchung solcher Kongruenzeigenschaften wirklich bemerkenswert.

In diesem Zusammenhang sei darauf hingewiesen, dass Ramanujan in einer Vermutung festgestellt hatte, dass, wenn $m \neq 5$, 7, 11, dann in jeder arithmetischen Progression unendlich viele Werte der Partitionsfunktion vorhanden wären, die keine Vielfachen von n sind. Professor Ken Ono aus den USA hat gezeigt, dass diese Vermutung falsch ist. Er hat bewiesen, dass es für jedes $m \geq 13$ arithmetische Progressionen mit sehr großen Moduli gibt, in denen die Werte von $p(n)$ immer Vielfache von m sind. Viele andere berühmte Zahlentheoretiker arbeiten immer noch in diesen Bereichen.

Ramanujans Beiträge in der Algebra (Hypergeometrische Reihen und Kettenbrüche)

In der Algebra betreffen die beiden Hauptbereiche von Ramanujans Arbeit hypergeometrische Reihen und Kettenbrüche. Dazu Prof. G. H. Hardy:

> Diese Themen passten genau zu ihm, und hier war er zweifellos einer der größten Meister.

In Ramanujans zweitem *Notebook* hat er in den Kapiteln 10 und 11 über hypergeometrische Reihen geschrieben. Laut Experten auf diesem Gebiet wie Hardy, R. P. Agarwal und anderen ist ein erheblicher Teil von Ramanujans Arbeit über gewöhnliche hypergeometrische Reihen mehr oder weniger eine Wiederentdeckung der Arbeit, die bereits von anderen Mathematikern in der Vergangenheit geleistet wurde. Ramanujan selbst leitete Drei-Term-Rekurrenzbeziehungen für die hypergeometrische Reihe ab. Er erhielt seine Ergebnisse über Kettenbrüche aus diesen Beziehungen. Er erarbeitete asymptotische Erweiterungen für hypergeometrische Reihen und verwandte Funktionen. Sein zweites *Notebook* enthält viele solche Beispiele. Er entdeckte viele klassische Ergebnisse über hypergeometrische Reihen und Kettenbrüche neu, die bereits früher von Euler, Gauß und Heine festgestellt worden waren. Aber er entdeckte auch viele neue Ergebnisse zu diesen Themen. In seinem *Lost Notebook* gibt es viele Ergebnisse, die sich auf Heines q-Reihe beziehen, und einige der q-Kettenbrüche sind mit Modulfunktionen verbunden. Detaillierte Diskussionen über diese Art von Ramanujans Arbeit wurden von R. Askey, B. Berndt, G. Watson und vielen anderen ausführlich geführt. Professor K. G. Ramanathan vom TIFR kommentierte:

> Die Ausnutzung der Beziehung zwischen Modulfunktionen und Kettenbrüchen ist einer der schönsten Aspekte von Ramanujans Arbeit an Kettenbrüchen.

Rogers-Ramanujan-Identitäten

Ramanujan, der einen unendlichen Kettenbruch studierte, fühlte sich vielleicht motiviert, Identitäten genauer zu betrachten. Die Geschichte, die sich mit den Roger-Ramanujan-Identitäten verbindet, ist tatsächlich ziemlich faszinierend. Nach allen verfügbaren Berichten wurden die Identitäten erstmals 1894 von Rogers entdeckt. Rogers war ein talentierter Mathematiker, erhielt jedoch nicht viel Anerkennung für seine Arbeit. Bevor er nach England ging, also während er noch in Madras war, hatte Ramanujan diese Identitäten irgendwann im Jahr 1913 wiederentdeckt. Allerdings hatte er keinen Beweis und konnte auch keinen liefern. Niemand in Hardys mathematischem Kreis konnte Ramanujans Ergebnisse beweisen. Als Ramanujan 1914 endlich in England ankam und sich in Cambridge niederließ, bat Hardy Ramanujan um die notwendigen Beweise, aber Ramanujan konnte diese nicht liefern. P. MacMahon hatte die Partitionsversion der Identitäten zusammengestellt und Ramanujan dazu nichts beigetragen. 1915, als der zweite Band von MacMahons Buch *Combinatory Analysis* veröffentlicht wurde, wurden diese Partitionstheoreme als kombinatorische Probleme dargestellt, die immer noch nicht gelöst waren.

Hardy schrieb in seinem Buch[26]:

> Ramanujan stieß beim Durchblättern alter Bände der London Mathematical Society zufällig auf Rogers' Arbeiten. Ich kann mich sehr gut an seine Überraschung und Bewunderung erinnern, die er für Rogers' Arbeit zum Ausdruck brachte. Eine Korrespondenz folgte, in deren Verlauf Rogers zu einer erheblichen Vereinfachung seines ursprünglichen Beweises geführt wurde.

1919 lieferte Ramanujan einen analytischeren Beweis für die Identitäten in seiner Arbeit mit dem Titel „Proof of certain identities in combinatory analysis".[27] Diese wunderschönen Identitäten erscheinen in Kapitel 16 von Ramanujans zweitem *Notebook*.

Dazu Prof. K. Srinivasa Rao:

> Die Rogers-Ramanujan-Identitäten treten in der Untersuchung von euklidischen Lie-Algebren auf, und die Suche nach einem Beweis für diese Identitäten in diesem Kontext führte zu einem tieferen Verständnis einiger Darstellungstheorien dieser Algebren. Diese Identitäten treten natürlich in R. J. Baxters Lösung des harten Hexagon-Modells in der statistischen Mechanik auf.[28]

---

[26] *Ramanujan: Twelve Lectures on Subjects Suggested by his Life and Works.* Chelsea, New York, 1978.

[27] Abschn. 1, (SR. 21).

[28] K. Srinivasa Rao. *Srinivasa Ramanujan*, überarbeitete Ausgabe. East-West Books. Madras, Dezember 2004.

ANMERKUNG: Die Aussage der ersten Identität lautet:

> Die Anzahl der Teilungen einer ganzen Zahl in Teile, die sich um mindestens 2 unterscheiden, ist gleich der Anzahl der Teilungen dieser ganzen Zahl in Teile, die bei der Division durch 5 den Rest 1 oder 4 ergeben.

Die Aussage der zweiten Identität ist ähnlich. Die analytische Form, in der Ramanujan die Identitäten 1913 in einem Brief an Hardy mitgeteilt hatte, wird unten zitiert:

> Die analytische Form der Identitäten ist die Gleichheit von zwei unendlichen Reihen und zwei unendlichen Produkten.

Die unendlichen Reihen repräsentieren die erzeugende Funktion der Partitionen, die Differenzbedingungen erfüllen. Die unendlichen Produkte sind die erzeugenden Funktionen für Partitionen, die Kongruenzbedingungen erfüllen.

Übrigens wäre es angebracht zu erwähnen, dass diese beiden bemerkenswerten Identitäten, die von Ramanujan entdeckt wurden, eindeutig mit den ersten beiden Kongruenzen in Verbindung stehen, die er in Partitionsfunktionen gemacht hat.

Hoch zusammengesetzte Zahlen

M. Ram Murty und V. Kumar Murty schreiben in ihrem Buch[29]:

> Die strukturellen Eigenschaften natürlicher Zahlen und ihre detaillierte Untersuchung bilden ein bedeutendes Kapitel in der analytischen Zahlentheorie. In seiner Abhandlung über hoch zusammengesetzte Zahlen leitete Ramanujan eine wichtige Methode zur Untersuchung allgemeiner arithmetischer Funktionen ein. Die Methode ist zu einem dominierenden Thema in der aktuellen Forschung geworden. Überraschenderweise führen uns diese Studien in verwandte Bereiche der transzendentalen Zahlentheorie und zu einer eingehenden Untersuchung der Riemannschen Zeta-Funktion.

Bevor wir weitermachen, wäre es notwendig, einige Definitionen zu geben.

Zusammengesetzte Zahl

Eine natürliche Zahl n wird als *zusammengesetzt* bezeichnet, wenn sie einen von 1 und sich selbst verschiedenen Teiler hat. Als Nächstes stellte Ramanujan die Frage: Wenn n eine zusammengesetzte Zahl ist, was macht sie dann hoch zusammengesetzt? Er gab folgende Definition für „hoch zusammengesetzte Zahlen":

Hoch zusammengesetzte Zahl

Eine natürliche Zahl n ist eine *hoch zusammengesetzte Zahl*, wenn $d(m)$ und $d(n)$ für alle $m < n$, wobei $d(r)$ die Anzahl der verschiedenen positiven Teiler von r bezeichnet.

Wenn man die Prim- und zusammengesetzten Zahlen in Z betrachtet, ist 1 ein Einheitselement und 2 eine Primzahl. Aber nach Ramanujans Definition werden beide zu hoch zusammengesetzten Zahlen.

---

[29] „Prime numbers and highly composite numbers", in: *The Mathematical Legacy of Srinivasa Ramanujan*. Springer India, 2013.

1915 veröffentlichte Ramanujan seine Arbeit mit dem Titel „Highly Composite Numbers".[30] In dieser Arbeit gab er eine vollständige Klassifikation von hoch zusammengesetzten und überlegenen hoch zusammengesetzten Zahlen. Ramanujan schrieb in der Einleitung zu dem Papier:

> Die Anzahl d(N) der Teiler von N variiert mit extremer Unregelmäßigkeit, wenn N gegen unendlich strebt, und tendiert selbst gegen unendlich oder bleibt klein, je nach Form von N. In dieser Arbeit beweise ich eine große Anzahl von Ergebnissen, die das Wissen über das Verhalten von d(N) erheblich erweitern.

Im abschließenden Teil der Einleitung schrieb Ramanujan:

> Ich beweise auch, dass zwei aufeinanderfolgende hoch zusammengesetzte Zahlen asymptotisch gleich sind, das heißt, dass das Verhältnis von zwei aufeinanderfolgenden solchen Zahlen gegen unendlich tendiert. Dies sind die auffälligsten Ergebnisse. Genauere findet man im Hauptteil der Arbeit. Diese Ergebnisse geben uns eine ziemlich genaue Vorstellung von der Struktur einer hoch zusammengesetzten Zahl. Ich wähle dann aus der allgemeinen Menge der hoch zusammengesetzten Zahlen eine spezielle Gruppe aus, die ich „überlegene hoch zusammengesetzte Zahlen" nenne. Ich bestimme vollständig die allgemeine Form aller solchen Zahlen und ich zeige, wie eine Kombination der Idee einer überlegenen hoch zusammengesetzten Zahl mit der Annahme der Wahrheit der Riemannschen Hypothese über die Wurzeln der ξ-Funktion zu noch präziseren Ergebnissen bezüglich der maximalen Ordnung von d(n) führt. Diese Ergebnisse unterscheiden sich natürlich von allen vorhergehenden dadurch, dass sie von der Wahrheit einer bisher unbewiesenen Hypothese abhängen.

Ramanujan hatte die ersten 102 zusammengesetzten Zahlen berechnet. Die ersten übergeordneten, von ihm ausgewählten zusammengesetzten Zahlen sind 2, 6, 12, 60, 120, 360, 2520, …, etc. Aufgrund seiner Arbeit wurde Ramanujan der B. A. in Forschung der University of Cambridge verliehen. Es sollte weiterhin angemerkt werden, dass Ramanujan in der diskutierten Arbeit $Q(x)$, die Anzahl der hoch zusammengesetzten Zahlen $\leq x$, ausführlich studierte. Er widmete dieser Untersuchung einen ganzen Abschnitt. Er untersuchte auch verwandte arithmetische Funktionen $d_k(n)$, die die Anzahl der Möglichkeiten zählen, n als Produkt von k Zahlen zu schreiben. Er untersuchte auch die verallgemeinerten Teilersummenfunktionen $\sigma_s(n)$, die Summe der sth-Potenzen der positiven Teiler von n. Seltsamerweise wurden in der endgültigen Veröffentlichung der London Mathematical Society die Abschnitte 53 bis 75 seiner Arbeit nicht gedruckt, wohl aufgrund der finanziellen Engpässe der Gesellschaft.

Glücklicherweise wurden die unveröffentlichten Abschnitte im *Lost Notebook*. geschrieben. Andernfalls wären sie für die Welt verloren gegangen. Seine drei bemerkenswerten, in der Arbeit genannten Theoreme sind weithin bekannt:

Theorem: Es gibt eine unendliche Anzahl von hoch zusammengesetzten Zahlen.
Theorem: Aufeinanderfolgende hoch zusammengesetzte Zahlen sind asymptotisch äquivalent.

---

[30] Abschn. 1, (SR. 8).

Theorem: Wenn Q.(x) die Anzahl der hoch zusammengesetzten Zahlen $\leq x$ ist, dann
  $\lim Q(x)/\log x = +\infty$.

Die Bestimmung von $Q(x)$ war für Ramanujan von großem Interesse.

Diophantische Gleichungen

Bestimmte algebraische Gleichungen in der Zahlentheorie, die Lösungen in ganzen Zahlen erfordern, werden *diophantische Gleichungen* genannt. In seinem zweiten *Notebook* hatte Ramanujan Lösungen für diophantische Gleichungen gegeben:

$$X^3 + Y^3 + Z^3 = U^3 \text{(Eulersche Gleichung)}$$

in rationalen Zahlen. Die Lösungen wurden gegeben als

$$X = m^7 - 3m^4(1+p) + m(2 + 6p + 3p^2),$$
$$Y = 2m^6 - 3m^3(1+2p) + 1 + 3p + 3p^2,$$
$$Z = m^6 - 1 - 3p - 3p^2,$$
$$U = m^7 - 3m^4p + m(3p^2 - 1),$$

wobei *m* und *p* beliebige Zahlen sind.

In diesem Zusammenhang ist es interessant, sich Hardys Kommentare in Erinnerung zu rufen. Er schrieb über Ramanujan:

Er konnte sich an die Eigenheiten von Zahlen auf fast unheimliche Weise erinnern. Es war Littlewood, der sagte, dass jede positive ganze Zahl einer von Ramanujans persönlichen Freunden war. Ich erinnere mich, ihn einmal besucht zu haben, als er krank in Putney lag. Ich war in einem Taxi mit der Nummer 1729 gefahren und bemerkte, dass die Zahl mir ziemlich langweilig erscheine und ich hoffe, dass sie kein schlechtes Omen war. „Nein", antwortete er. „Es ist eine sehr interessante Zahl; sie ist die kleinste Zahl, die als Summe von zwei Kuben auf zwei verschiedene Weisen ausgedrückt werden kann." Ich fragte ihn natürlich, ob er mir die Lösung des entsprechenden Problems für vierte Potenzen nennen könnte; und er antwortete nach einem Moment des Nachdenkens, dass er kein offensichtliches Beispiel wisse und vermute, dass die erste solche Zahl sehr groß sein müsse.

Tatsächlich ist $1729 = 1^3 + 12^3 = 9^3 + 10^3$. Die einfachste bekannte Lösung von $X^4 + Y^4 = Z^4 + t^4$ wurde jedoch von Euler als $59^4 + 158^4 = 133^4 + 134^4 = 635318657$ gegeben. Euler konnte jedoch keine allgemeine Lösung angeben. In seinem *Notebook* zeigte Ramanujan, dass wenn $\alpha^2 + \alpha\beta + \beta^2 = 3\lambda\gamma^2$, dann gilt $(\alpha + \lambda^2\gamma)^3 + (\alpha\beta + \gamma)^3 = (\lambda\alpha + \gamma)^3 + (\beta + \lambda^2\gamma)^3$. Es ist zu beachten, dass in der oben genannten Vier-Parameter-Lösung für Eulers Gleichung, wenn man $\alpha = 3$, $\beta = 0$, $\lambda = 3$ und $\gamma = 1$ einsetzt, man $12^3 + 1^3 = 10^3 + 9^3 = 1729$ erhält. Ramanujans natürliche Genialität spiegelt sich in der Spontaneität seiner Antwort wider.

Probabilistische Zahlentheorie

Während seines Aufenthalts in England schrieb Ramanujan in Zusammenarbeit mit Prof. Hardy sechs Forschungsarbeiten. Eine dieser Arbeiten trug den Titel „The normal number of prime factors of a number n".[31]

Was bedeutet übersetzt „die Anzahl der Primfaktoren einer ganzen Zahl n"? Es kann tatsächlich auf zwei Arten definiert werden: erstens als die Anzahl der „unterschiedlichen" Primfaktoren in der Primfaktorzerlegung von n. Dies wird symbolisch durch $\Omega(n)$ definiert. Zum Beispiel ist $\Omega(18) = \Omega(3^2, 2) = 2$. Zweitens, wenn es als die Gesamtzahl der Primfaktoren definiert wird, würde es die Anzahl der unterschiedlichen Primfaktoren bedeuten, die mit ihrer Vielfachheit gezählt werden, symbolisch dargestellt durch $\Omega(n)$, $\Omega(n) = \Omega(3^2, 2) = 3$. In dieser Arbeit haben Hardy und Ramanujan beide Funktionen ausführlich untersucht.

Hardy und Ramanujan untersuchten auch die Eigenschaften von „runden Zahlen". *Runde Zahlen* sind Zahlen, die deutlich mehr Primfaktoren haben. Es sei hier erwähnt, dass Primzahlen seit sehr alter Zeit in Griechenland sowie in Indien untersucht wurden. Aber Ramanujan und Hardy waren die ersten Mathematiker, die systematische Studien über die Anzahl der Primfaktoren unter den Ganzzahlen durchführten. Eines der bedeutenden Ergebnisse, die Hardy und Ramanujan in der oben genannten Arbeit zeigten, war, dass fast alle Ganzzahlen n log log n Primfaktoren haben.

In der genannten Arbeit führten Hardy und Ramanujan erstmals das Konzept der „normalen Ordnung" einer arithmetischen Funktion ein. Teilerfunktionen besitzen keine normale Ordnung. Aber wenn $\omega(n)$ als die Anzahl der Primfaktoren von n definiert ist, dann hat $\omega(n)$ eine normale Ordnung. Tatsächlich zeigten Hardy und Ramanujan in der oben genannten Arbeit, dass die normale Ordnung von $\omega(n)$ log log n ist.

Es ist zu beachten, dass in dieser speziellen Arbeit die involvierten Konzepte wie „normale Ordnung" und „fast alle Ganzzahlen" eindeutig einen probabilistischen Charakter aufweisen. Deshalb wird sie als Wegbereiterin für einen neuen Zweig der Zahlentheorie, nämlich der „probabilistischen Zahlentheorie", angesehen. Dieser Satz gilt als das erste Ergebnis in dieser neuen Disziplin.

Die wahre Bedeutung dieser Arbeit kam jedoch erst viele Jahre nach ihrer Veröffentlichung ans Licht. Im Jahr 1934 lieferte der ungarische Mathematiker Paul Turán einen schönen und einfachen Beweis für das Problem. Dieser Beweis deutete auf das Vorhandensein wichtiger probabilistischer Prinzipien im Kern des Hardy-Ramanujan-Ergebnisses hin. Dies führte zur Entdeckung eines neuen Zweiges der Mathematik, der als „probabilistische Zahlentheorie" bekannt ist. Wie diese Entdeckung in Princeton, USA, stattfand, hat K. Alladi in seinem Buch[32] dargestellt:

---

[31] Abschn. 1, (SR. 16).

[32] *Ramanujan's Place in the World of Mathematics*. Springer, Indien, 2013.

Im Jahr 1939 beschrieb der große Mathematiker Mark Kac während eines Vortrags in Princeton einige mögliche neue Anwendungen der Wahrscheinlichkeitstheorie, insbesondere für Probleme im Zusammenhang mit den Hardy-Ramanujan-Ergebnissen über die Anzahl der Primfaktoren. Aber um diese Ideen von Kac umzusetzen, waren verschiedene Hilfsergebnisse aus der Zahlentheorie erforderlich. Glücklicherweise befand sich Erdös im Publikum. Als Kac seinen Vortrag beendet hatte, ging Erdös zu ihm und zeigte, wie „Siebmethoden" aus der Zahlentheorie verwendet werden könnten, um das Argument von Kac zu vervollständigen. So wurde der berühmte Erdös-Kac-Satz bewiesen und damit die „probabilistische Zahlentheorie" geboren.

Die probabilistische Zahlentheorie ist ein sehr lebendiges Forschungsgebiet in der heutigen Zeit. Peter Elliott hat in seinem zweibändigen Werk detaillierte Diskussionen über die vielen bedeutenden Fortschritte in diesem Bereich seit der Arbeit von Hardy und Ramanujan geführt. P. Erdös und M. Kac, P. D. T. A. Elliot, A. Selberg, C. Spiro und viele andere leisteten wertvolle Beiträge zu diesem und verwandten Bereichen.

Mock-Theta-Funktionen
Von seinem Sterbebett in Madras aus dachte Ramanujan über seine letzte Entdeckung nach, schrieb darüber an Prof. Hardy und nannte sie „Mock-Theta-Funktionen". Nach seinem vorzeitigen Tod im Jahr 1920 und insbesondere nach der Entdeckung seines *Lost Notebook* studierten viele bedeutende Mathematiker wie G. N. Watson, A. Selberg und G. E. Andrews die Beispiele dieser letzten Entdeckung und lieferten Beweise für einige der Aussagen, die er gemacht hatte. Im Jahr 1988 bewies D. R. Hickerson in seinen beiden Arbeiten mit dem Titel „A proof of the mock theta functions"[33] und „On the seventh order mock theta function"[34] viele von Ramanujans Vermutungen in Bezug auf Mock-Theta-Funktionen. Allerdings ging aus diesen Arbeiten keine einheitliche Theorie hervor. Erst im Jahr 2002, als S. Zwegers seine Doktorarbeit unter D. Zagier abschloss, fand man darin eine intrinsische Charakterisierung von Mock-Theta-Funktionen. Später nutzten Bringmann und Ono diese Theorie, um mehrere offene Probleme in der Kombinatorik und der Theorie der q-Reihen zu lösen.

D. Zagier schrieb in „Ramanujan's mock theta functions and their applications" (nach Zwegers und Bringmann-Ono), Sem. Bourbaki 69 (2007), über Ramanujans Arbeit:

> Ramanujan benutzte das Wort „Theta-Funktion" dort, wo wir heute „modulare Form" sagen würden, sodass „Mock-Theta-Funktionen" etwas wie „Mock-modulare Formen" bedeuteten. Genauer gesagt ist eine Mock-Theta-Funktion eine Mock-modulare Form des Gewichts ½. Alle 17 Beispiele von Ramanujan sind von der Form
> $$\frac{A_{n+1}(q)}{An(q)} = R(q, q^n)$$
> wobei $A_n(q)$ in $Q(q)$ ist, für alle $n \geq 1$, und für eine festgelegte rationale Funktion. Solche Reihen werden *q-hypergeometrische Reihen* genannt.[35]

---

[33] *Invent. Math.*, 94, (1988), 639–660.

[34] *Invent. Math.*, 94, (1988), 661–677.

[35] M. Ram Murty und V. Kumar Murty. *The Mathematical Legacy of Srinivasa Ramanujan.* Springer, Indien, 2013.

Im Jahr 2001 entdeckte Zwegers in seiner Doktorarbeit die Beziehung zwischen nichtholomorphen modularen Formen, Lerch-Summen und unbestimmten Theta-Reihen. Er stellte fest, dass Mock-Theta-Funktionen tatsächlich die „holomorphen Teile" von reell-analytischen modularen Formen des Gewichts ½ waren. Diese letzte Entdeckung von Ramanujan ist immer noch ein sehr lebendiges und herausforderndes Forschungsgebiet in der Zahlentheorie. Die Arbeit daran erfolgt sowohl national als auch international. Dazu der bekannte Zahlentheoretiker K. Alladi:

> Es gibt viele, die die Mock-Theta-Funktionen als einen der tiefgründigsten Beiträge Ramanujans betrachten. (Sie wurden von Ramanujan in Indien nach seiner Rückkehr aus England wenige Monate vor seinem Tod entdeckt. In seinem letzten Brief an Hardy erklärt Ramanujan, dass er eine sehr bedeutende Entdeckung gemacht hat, nämlich die Mock-Theta-Funktionen der Ordnung 3 oder 5) […] Einige betrachten die Theta-Funktionen als die größte mathematische Entdeckung des 19. Jahrhunderts. Theta-Funktionen sind äußerst interessant, weil sie Transformationseigenschaften erfüllen. Die Mock-Theta-Funktionen ähneln den Theta-Funktionen in dem Sinne, dass die Kreismethode genauso effektiv zur Berechnung ihrer Koeffizienten verwendet werden kann, aber sie erfüllen keine exakten Transformationsformeln. Das Beispiel, das Ramanujan an Hardy schickte, war eine bekannte Theta-Typreihe, aber mit leichten Änderungen im Vorzeichen, die sie zu Mock-Theta-Funktionen machten.

Srinivasa Ramanujan war die Quelle der Forschung im Bereich der Zahlentheorie in Indien. Er beeinflusste Generationen von Zahlentheoretikern und seine Fragen und Vermutungen sind immer noch Ehrfurcht gebietend. Wie der bekannte Zahlentheoretiker Prof. K. Alladi bemerkte:

> Ramanujan lebt auch heute noch durch die vielen Fragen, die er aufgeworfen hat. Dass Deligne die Fields-Medaille durch die Lösung der Ramanujan-Hypothese gewonnen hat, ist eine monumentale Inschrift zu seinem illustren und ewig währenden Gedenken.

Der renommierte Astrophysiker und Nobelpreisträger Prof. S. Chandrasekhar sagte sehr treffend:

> Solange Menschen Mathematik betreiben, wird die Arbeit von Ramanujan weiterhin geschätzt werden.

Anhang

[1] *q-Reihen:* Mathematisch gesprochen, hat eine *q*-Reihe Ausdrücke der Art $(a;q)_n$ in den Summanden. Viele *q*-Reihen haben jedoch solche Produkte nicht in ihren Summanden, sie können aber als Grenzfälle von Reihen auftreten, die Produkte der Art enthalten:

$$(a)_0 := (a;q)_0 := 1, \ (a)_n := (a;q)_n, \ \text{wobei} \ (q)_n = (q;q)_n = \prod_{k=1}^{n} (1 - q^k).$$

[2] *Theta-Funktionen:* Die Funktionen, die eng mit *q*-Reihen in ihren Theorien verbunden sind, werden als *Theta-Funktionen* bezeichnet.

[3] *Elliptische Funktionen:* In der komplexen Analysis ist eine *elliptische Funktion* eine meromorphe Funktion, die in zwei Richtungen periodisch ist. Eine periodische Funktion einer reellen Variable wird durch ihren Wert auf einem Intervall definiert. Eine elliptische Funktion wird durch ihren Wert auf einem

fundamentalen Parallelogramm bestimmt, der sich dann in einem Gitter wiederholt.

[4] *Meromorphe Funktionen:* Eine *meromorphe Funktion* ist eine einwertige Funktion, die in allen, bis auf möglicherweise eine diskrete Teilmenge ihres Bereichs, analytisch ist, und an diesen Singularitäten muss sie wie ein Polynom gegen unendlich gehen (d. h., diese Ausnahmepunkte müssen Pole und keine Singularitäten sein).

[5] *Hypergeometrische Reihen:* Eine Reihe x_n wird als *hypergeometrisch* bezeichnet, wenn das Verhältnis aufeinanderfolgender Terme x_{n+1}/x_n eine rationale Funktion von n ist. Wenn das Verhältnis aufeinanderfolgender Terme eine rationale Funktion von q^n ist, dann wird die Reihe als *grundlegende hypergeometrische Reihe* bezeichnet. Die Zahl q wird als *Basis* bezeichnet.

[6] *Modulare Funktionen:* In der Mathematik ist eine modulare Form eine komplexe analytische Funktion auf der oberen Halbebene, die eine bestimmte Art von Funktionsgleichung bezüglich der Gruppenaktion der modularen Gruppe erfüllt und auch eine Wachstumsgleichung erfüllt. *Modulare Funktionen* sind Spezialfälle von modularen Formen, aber nicht umgekehrt.

[7] *Kongruenz:* Angenommen, a, b sind ganze Zahlen und n ist eine natürliche Zahl. Indem man $a \equiv b \pmod{n}$ schreibt, meint man, dass n die Differenz $(b - a)$ teilt, und es wird gesagt, dass a *kongruent zu b modulo n* ist. Zum Beispiel ist $3 \equiv 24 \pmod 7$, da $3 - 24 = -21 = (-3) \, 7$, usw.

2.1.2 K. Ananda Rau (1893–1966)

Als Nächstes betrachten wir die Beiträge zur Entwicklung der Schule der Zahlentheorie, die von K. Ananda Rau geleistet wurden. Seine Bedeutung fasste der berühmte Zahlentheoretiker des heutigen Indiens, R. Balasubramanian, in ein schönes Bild:

> Wenn Ramanujans Einfluss in Indien der Baum ist [...], dann ist K. Ananda Rau die Wurzel.

K. Ananda Rau (Abb. 2.2) war fast ein Zeitgenosse von S. Ramanujan. Er wurde 1893 in eine wohlhabende und gut vernetzte Familie im damaligen Madras (heute Chennai) hineingeboren. Im Gegensatz zu Ramanujan besaß er eine solide Grundlage der formalen Bildung. Er absolvierte seine Schulausbildung an der renommierten Hindu High School und studierte dann am berühmten Presidency College der Universität Madras. Beide Institutionen, die er besuchte, gehörten zu den besten Indiens zu dieser Zeit. Während seiner gesamten Studienzeit absolvierte er eine ausgezeichnete akademische Laufbahn.

Im Jahr 1914, nur wenige Monate nach Ramanujan, segelte K. Ananda Rau nach England und nahm die Zulassung zum King's College der University of Cambridge an. Im Jahr 1916 schloss er die Mathematics-Tripos-Prüfung mit Auszeichnung ab. Anschließend wurde er zum Fellow des King's College gewählt. Kurz darauf traf er Prof. G. H. Hardy und wurde von ihm ermutigt, sich der mathematischen Forschung zu widmen. Beeinflusst und bis zu einem gewissen Grad

Abb. 2.2 K. Ananda Rau
(1893–1966)

geleitet von Prof. Hardy, arbeitete K. Ananda Rau hauptsächlich an mathematischer Analyse. Aber erwähnt werden muss die Arbeit mit dem Titel „The infinite product for $(s - 1)\zeta(s)$",[36] in der er einen Beweis für die Faktorisierung von $(s - 1)\zeta(s)$ unter Verwendung von Cauchys Residuentheorem [8] gab, bis zu einem gewissen Grad ähnlich wie die Faktorisierung von sin z. K. Ananda Rau wies auch darauf hin, dass seine Beweismethode zur Faktorisierung der Funktion $L(s)$ der analytischen Zahlentheorie verwendet werden könnte. Abgesehen von dieser Arbeit interessierte er sich um 1929 für Zahlentheorie per se und untersuchte in einer Reihe von drei unten genannten Forschungsarbeiten das Verhalten von elliptischen Modul- und elliptischen Theta-Funktionen. Die Arbeiten tragen die Titel:

- „On the boundary behaviour of elliptic modular functions" [Abschn. 1, (KAR. 2)]
- „Additional note on the boundary behaviour of elliptic modular functions" [Abschn. 2.1, (KAR. 3)]
- „On the behaviour of elliptic theta functions near the line of singularities" [Abschn. 2.1, (KAR. 4)]

Ananda Rau untersuchte das Randverhalten der elliptischen Modulfunktion:

$$\Theta_3(0|\tau) = 1 + \sum_{n=0}^{\infty} q^{n^2}; \text{ wobei } q = e^{i\pi\tau}, \tau = \xi + iy, y > 0.$$

---

[36] Abschn. 1, (KAR. 1).

Früher hatten Hardy und Littlewood bewiesen, dass, wenn ξ irrational ist und seine Kettenbruchentwicklung begrenzte Partialquotienten hat, dann gibt es positive Konstanten K_1, K_2, für die eine bestimmte Ungleichung existiert. In der oben erwähnten dritten Arbeit (veröffentlicht 1933) bewies Ananda Rau das umgekehrte Ergebnis und erweiterte es, indem er zeigte, dass die Partialquotienten von ξ in zwei Mengen aufgeteilt werden können, sodass die Begrenztheit jeder Menge die Hälfte der Hardy-Littlewood-Ungleichung impliziert, die entweder nur K_1 oder nur K_2 betrifft und umgekehrt.

In der oben erwähnten ersten Arbeit zeigte Ananda Rau, dass sich die Grenzwerte auf einer endlichen Anzahl von wohldefinierten Kurven anordnen, die in Bezug auf den Kettenbruch für ξ spezifiziert werden konnten. In der zweiten Arbeit der Serie erweiterte er die in der ersten Arbeit erzielten Ergebnisse auf bestimmte allgemeinere Arten von irrationalen ξ (einschließlich Zahlen wie e und e^2), deren Kettenbruchausdrücke eine Art von Periodizität, insbesondere Restklassenperiodizität (mod 8), zeigten.

Viel später in den fünfziger Jahren des 20. Jahrhunderts begann K. Ananda Rau sich wieder für die Zahlentheorie zu interessieren. Zu dieser Zeit versuchte er Zahlen als Summen einer geraden Anzahl von Quadraten darzustellen. Seine Arbeit mit dem Titel „On the representation of a number as the sum of an even number of sequences" wurde in der Zeitschrift der Universität Madras veröffentlicht.[37] Abgesehen davon veröffentlichte er vier weitere Arbeiten zur Zahlentheorie, alle im Zusammenhang mit quadratischen Formen [9]:

- „On the summation of singular series associated with certain quadratic forms (I)" [Abschn. 2.1, (KAR. 6)]
- „Applications of modular equations to certain quadratic forms" [Abschn. 2.1, (KAR. 7)]
- „Relation between sums of singular series associated with certain quadratic forms" [Abschn. 2.1, (KAR. 8)]
- „On the summation of singular series associated with certain quadratic forms (II)" [Abschn. 2.1, (KAR. 9)]

Von diesen vieren wurde die Arbeit, die in der Jubiläumsausgabe des *Journal of the Indian Mathematical Society* im Jahr 1960 veröffentlicht wurde, als von erheblicher Bedeutung im Bereich der Zahlentheorie angesehen. K. G. Ramanathan, ein bekannter Zahlentheoretiker Indiens, lieferte einen Lebenslauf für diese Arbeit. C. T. Rajagopal erweiterte in seinem Artikel über K. Ananda Rau diesen Lebenslauf und schrieb[38]:

Es sei $r(n)$ die Anzahl der Darstellungen von n durch die quadratische Form $X_1^2+X_2^2+C(X_3^2+X_4^2)$, wobei $C>0$ eine ganze Zahl ist. Es sei $q = e^i\pi\tau$, $\tau = X+iY$, $Y>0$ und nach Hecke, $\Theta^2(q)\,\Theta^2(q^c) = W(q)+Z(q)$, wobei $W(q^2)$ eine Eisenstein-Reihe und $Z(q^2)$ eine Spitzenform ist.

---

[37] Abschn. 1, (KAR. 5).
[38] *Journal of London Math. Soc.*, 44, (1969), 1–6.

In der zur Diskussion stehenden Arbeit hat er explizite Ausdrücke für $W(q)$ und $Z(q)$ erhalten, wenn $C = 3, 5, 6, 7, 11$ oder 23 ist, indem er modulare Gleichungen des Grades C oder $C/2$ verwendet, je nachdem, ob C eine ungerade Primzahl oder das Doppelte einer ungeraden Primzahl ist. Für $W(q)$ war der von ihm erhaltene Ausdruck in Form der Lambert-Typreihe. Die Ausdrücke für $C = 3, 5, 6, 7$ waren bereits von Kloosterman geliefert worden. Aber für $C = 11, 23$ waren die von K. Ananda Rau erhaltenen Ergebnisse neu.

K. Ananda Rau war ein versierter Mathematiker und selbst ein guter Forscher. Aber seine Beiträge in der Lehre und die Anleitung von Studenten und Forschungsstipendiaten gelten als außergewöhnlich. Ananda Rau kehrte 1919 aus Cambridge, England, zurück. Kurz danach wurde er im Alter von 26 Jahren zum Professor für Mathematik an seiner eigenen Alma Mater, dem Madras Presidency College, ernannt. Der bekannte Mathematiker V. Ganapathy Iyer war einer seiner Studenten und erinnert sich:

> Als Student hatte ich das Gefühl, dass seine Darstellung eines jeden Themas so klar und eindrucksvoll war, dass ich das Thema nicht noch einmal studieren musste.

C. T. Rajagopal, ein Doktorand von Prof. Ananda Rau, sagte, dass dessen Art der Arbeit mit Forschungsstipendiaten eher neuartig war. Er ermutigte sie und erwartete, dass sie ihre eigenen Probleme formulierten. Später würde er die Probleme mit ihnen diskutieren. Auf diese Weise brachte er das Beste in ihnen hervor. Dieser Qualität von Ananda Rau wird besondere Bedeutung beigemessen, weil viele Größen der Zahlentheorie-Schule Südindiens von ihm betreut wurden. Angefangen bei T. Vijayaraghavan, S. S. Pillai, K. Chandrasekharan bis hin zu C. T. Rajagopal waren alle seine Studenten. Und alle von ihnen haben reiche Beiträge zur Entwicklung der zur Zahlentheorie-Forschung in Indien geleistet.

Anhang

[8] *Cauchys Residuentheorem*: In der komplexen Analysis ist Cauchys Residuentheorem ein mächtiges Werkzeug zur Auswertung von Linienintegralen analytischer Funktionen über geschlossene Kurven. Es wird oft auch zur Berechnung realer Integrale verwendet.

[9] *Quadratische Formen*: Es handelt sich um ein homogenes Polynom zweiten Grades in einer Anzahl von Variablen.

In den dreißiger Jahren des 20. Jahrhunderts haben zwei Studenten von Prof. K. Ananda Rau sehr bemerkenswerte Beiträge zur Entwicklung der Zahlentheorie in Indien geleistet: S. S. Pillai und T. Vijayaraghavan. Beide stammten aus dem südlichen Teil Indiens, hatten sich aber für einige Jahre ins vormals unabhängige, ungeteilte Bengalen begeben. So trugen sie neben ihren Beiträgen zur südindischen Forschungsschule auch zur Initiierung zahlentheoriebasierter Forschung in Bengalen bei.

2.1.3 Subbayya Sivasankaranarayana Pillai (1901–1950)

Subbayya Sivasankaranarayana Pillai (oder S. S. Pillai) wurde 1901 in der Nähe von Courtallam im Distrikt Tirunelveli der damaligen Präsidentschaft Madras geboren (Abb. 2.3). Er verlor seine Mutter in der Kindheit und sein Vater starb, als er in der Abschlussklasse war. Er war schon in seinen Schultagen ein talentierter Schüler, musste aber hart mit anhaltender Armut kämpfen.

Dank finanzieller Hilfe seines Schullehrers, den Pillai immer als *sastriar* bezeichnete, und einem Stipendium, das er für seine Leistung in der Abschlussprüfung erhielt, gelang es ihm, seinen B. A. am Maharajah's College in Trivandrum (heute Thiruvananthapuram) abzuschließen. Um 1927 zog er nach Madras (heute Chennai). Er erhielt ein Stipendium von der Universität Madras, das es ihm ermöglichte, das postgraduale Studium fortzusetzen. Es war seine erste Begegnung mit höherer Mathematik. An der Universität Madras kam er in Kontakt mit dem bekannten Mathematiker Prof. T. Vaidyanathaswamy (1884–1960). Pillai begann unter der Leitung von Prof. K. Ananda Rau mit der mathematischen Forschung. Wie bereits diskutiert, hatte Ananda Rau selbst wichtige Beiträge zur Zahlentheorie geleistet. So wurde S. S. Pillai wahrscheinlich von ihm beeinflusst und beschloss, Probleme im Zusammenhang mit Zahlen, Eulers Phi-Funktionen usw. zu untersuchen. Bevor wir auf seine Forschungsarbeit eingehen, erscheint es angezeigt, die Kommentare mehrerer bekannter Zahlentheoretiker Indiens zu zitieren, um eine Vorstellung von der Bedeutung seiner Beiträge zu bekommen. Professor R. Balasubramanian und R. Thangadurai stellten fest:

Abb. 2.3 S. S. Pillai
(1901–1950)

S. Sivasankaranarayana Pillai (1901–1950) ist in der mathematischen Gemeinschaft wahrscheinlich am besten bekannt für das Waringsche Problem und exponentielle diophantische Gleichungen. Er hat die Zahlentheorie mit seinen wertvollen Beiträgen wie Pillais Theoremen, Fragen und Vermutungen beeinflusst. Sie haben den Weg zu einer beträchtlichen Forschung geebnet.[39]

Ein weiterer bekannter Zahlentheoretiker, Prof. K. Chandrasekharan, schrieb:

Es ist vielleicht passend, dass etwas über seinen Beitrag zur Lösung des Waringschen Problems gesagt werden sollte, der sicherlich seine beste Arbeit darstellt – und eine der allerbesten Leistungen in der indischen Mathematik seit Ramanujan.[40]

Zu seiner wissenschaftlichen Karriere ist zu bemerken, dass Pillai von 1927 bis 1929 fast sieben Forschungsarbeiten veröffentlichte. Die ersten Probleme wurden ihm von K. Ananda Rau oder R. Vaidyanathaswamy vorgeschlagen. In dieser Zeit führte Pillai einige Studien zu arithmetischen Funktionen, $\varphi(n)$, und zur Darstellung von Zahlen usw. durch. Neben seinem Betreuer K. Ananda Rau muss Ramanujan der indirekte Einfluss gewesen sein, der Pillai dazu veranlasste, in dieser Richtung der Zahlentheorie zu arbeiten. Aus seinen veröffentlichten Arbeiten machten drei den Inhalt seiner M.Sc.-Dissertation aus. Nachdem er 1929 seinen M.Sc.-Abschluss erworben hatte, wurde er als Dozent für die Mathematikabteilung der Annamalai-Universität in Chidambaram in der Präsidentschaft Madras ausgewählt. Pillai nahm die Stelle an und arbeitete dort bis 1941. Das waren seine produktivsten Jahre. Zwischen 1930 und 1940 veröffentlichte er innerhalb von zehn Jahren bis zu 50 Forschungsarbeiten. Seine bemerkenswerteste Arbeit zum Waringschen Problem [10] entstand in dieser Zeit. Seine 20-jährige Korrespondenz mit S. Chowla, einem weiteren herausragenden Zahlentheoretiker Indiens, führte in den Jahren 1930–1940 zu fünf Veröffentlichungen. Während seiner Tätigkeit an der Annamalai-Universität reichte er seine D.Sc.-Dissertation ein. Er war der erste Mathematiker, der einen Doktortitel in Mathematik von der Universität Madras erhielt. S. S. Pillai arbeitete in verschiedenen Bereichen der Zahlentheorie und in diesem Zusammenhang bemerkte K. Chandrasekharan:

Das Volumen seiner Forschung ist daher recht groß; was noch bemerkenswerter erscheint, ist, dass „er frisch ist und einen deutlichen Hauch von Originalität hat". Pillai war ein Liebhaber von wirklich schwierigen Problemen. Die Zahlentheorie bot immer einen reichlichen Vorrat davon, sodass er nie gezwungen war, seine Interessen zu erweitern. Dies führte zu einer Konzentration der Forschung, die gut in seiner Meisterschaft dessen, was man „asymptotische Analyse" nennen könnte, typisiert ist.

Die Diskussionen über Pillais wichtigste Forschungsbeiträge in seinem gewählten Bereich der Zahlentheorie beginnen natürlich mit dem Waringschen Problem.

Im Jahr 1640 vermutete Pierre de Fermat (1607–1665) unter anderem, dass jede Zahl die Summe von vier Quadraten ist. Aber er lieferte keinen Beweis. 130

---

[39] „Collected works of S. Sivasankaranarayana Pillai," Vol. 1. In: *Ramanujan Math. Soc.*, (2010), hrsg. von R. Balasubramanian und R. Thangadurai.

[40] „S. S. Pillai". In: *Journ. Indian Math. Soc.* (N. S.), Teil A, 15, (1951), 1–10.

Jahre, nachdem Fermat dies formuliert hatte, bewies und veröffentlichte Lagrange das Ergebnis im Jahr 1770. Angenommen, man beabsichtigt, n als Summe von Quadraten auszudrücken, sagen wir, in der Form $n = x_1^2 + x_2^2 + \cdots + x_s^2$. Fermats Theorem impliziert jedoch, dass es möglich ist, s unabhängig von n zu finden, und sein Wert ist 4. Das Waringsche Problem ist eigentlich die Verallgemeinerung dieses Ergebnisses für k-te Potenzen. Im Jahr 1770 vermutete Edward Waring (1732–1798), Lucasian Professor für Mathematik an der University of Cambridge, in seinen „Meditations algebraic", dass jede Zahl die Summe von 4 Quadraten, 9 Kuben, 19 Biquadraten usw. ist. Nun sei $g(k)$ der kleinste Wert von s, sodass jede Zahl die Summe von s,k-ten Potenzen ist. Oder anders ausgedrückt: Die Gleichung $n = x_1^k + x_2^k + \cdots + x_s^k$ ist für jeden Wert von n lösbar. Es ist nicht klar, ob der kleinste Wert von s mit n zunimmt oder nicht. Warings Vermutung impliziert nur, dass $g(k)$ unabhängig von n ist und dass $g(2) = 4$, $g(3) = 9$, $g(4) = 19$, etc. Aber Waring lieferte keine Beweise für seine angegebenen Ergebnisse. Historisch gesehen wurde die erste bekannte Arbeit zum Waringschen Problem 1772 von J. A. Euler (1734–1800), dem Sohn des legendären Mathematikers Leonhard Euler (1707–1783), durchgeführt. Er arbeitete heraus und zeigte, dass für alle $k \geq 1$ die untere Grenze $g(k) \geq 1 + 2^k - 2$ ist, wobei $1 = (3/2)^k$.

Der nächste wichtige Schritt wurde 1858 unternommen, als J. Liouville (1809–1882) bewies, dass $g(4) \leq 53$. Im Jahr 1903 zeigte ein weniger bekannter Zahlentheoretiker A. Wieferich, dass $g(3) = 9$. Im Jahr 1912 bewies A. J. Kampner (1880–1973) dasselbe. Tatsächlich waren dies für Werte von k, die von 1 und 2 abweichen, die ersten Bestimmungen von $g(k)$. E. Landau (1877–1938) zeigte, dass jede große Zahl die Summe von acht Kuben ist. D. Hilbert (1862–1943) war der erste Mathematiker, der den Nachweis der Existenz von $g(k)$ erfolgreich führte. Im Zusammenhang mit Hilberts Beweis bemerkte Prof. G. H. Hardy:

> Innerhalb der Grenzen, die es sich selbst gesetzt hat, ist es absolut und triumphierend erfolgreich, und es steht mit den Arbeiten von Hadamard und de la Vallée Poussin in der Theorie der Primzahlen als eine der Wegmarken in der modernen Geschichte der Zahlentheorie.

Landaus Ergebnis hatte eine besondere Bedeutung. Aufgrund dessen führten Hardy und Littlewood eine weitere grundlegendere Funktion $G(k)$ ein. Die Bedeutung von Landaus „besonders schönem Theorem" ist, dass „die Anzahl der Zahlen, die Würfel benötigen, endlich ist". Tatsächlich bewies Dickson später, dass 23 und 239 die einzigen beiden Zahlen sind, die bis zu neun Würfel benötigen. $G(k)$, die von Hardy und Littlewood eingeführte Funktion, wurde als der *kleinste Wert von s* definiert, sodass jede hinreichend große Zahl ab einer bestimmten Ganzzahl die Summe von s,k-ten Potenzen ist. Im Licht dieser Definition würde Fermats Ergebnis bedeuten: $g(2) = G(2) = 4$, und Landaus Ergebnis wird zu $G(3) \leq 8$.

Wenn wir nun zu S. S. Pillai zurückkehren, wäre es angebracht zu erwähnen, dass er erst in der zweiten Hälfte der 1930er-Jahre ernsthaft die Forschungsarbeit in diesem Bereich aufnahm. In Verbindung mit seiner Forschung zum Waringschen Problem schrieb Pillai selbst:

Die ursprüngliche Form des Waringschen Problems wurde unabhängig von Dickson und mir vollständig gelöst. Streng genommen habe ich die Priorität.

Auch in der eigenen Bewertung seiner Forschungsarbeit zum Waringschen Problem beschrieb S. S. Pillai die Entwicklungen der Forschung in diesem Bereich nach Hilberts Beweis sehr treffend:

Hilberts Beweis war ein reiner Existenzbeweis. Der nächste Fortschritt wurde von Hardy und Littlewood erzielt. In den Jahren von 1919 bis 1927 griffen sie das Problem in einer Reihe von Denkschriften an. Sie entdeckten eine Methode, Cauchys Theorem auf das Problem anzuwenden. Es sei bemerkt, dass die Farey-Zerlegung des Kreises, die in allen nachfolgenden Untersuchungen eine grundlegende Rolle spielt, erstmals in der Hardy-Ramanujan-Denkschrift über Partitionen erscheint. Mit ihrer wichtigen Methode konnten Hardy und Littlewood neben dem Finden von Obergrenzen für $G(k)$ auch eine asymptotische Formel für die Anzahl der Darstellungen einer Zahl als Summe von s,k-ten Potenzen liefern, wenn s groß ist.

Nach einer Pause von mehreren Jahren veröffentlichte I. M. Vinogradov (1891–1993) 1928 einen Aufsatz mit dem Titel „On Waring's theorem",[41] in dem er die Methode von Hardy und Littlewood vereinfachte und in der Lage war, die Grenze auf eine schöne, kurze und einfache Weise wiederherzustellen. 1935 machte Vinogradov weitere Fortschritte und konnte das folgende Ergebnis beweisen:

$$\mathrm{Lim}\frac{G(k)}{K\log k} \leq 6$$

In diesem Zusammenhang hat der bekannte Zahlentheoretiker Prof. R. Balasubramanian bemerkt:

Mit dem von Vinogradovs Methode vorgegebenen Feld sahen die Jahre 1935 bis 1940 eine intensive Menge an Arbeit zur Bestimmung von $g(k)$. Eine führende Rolle spielte S. S. Pillai, und im Wesentlichen unabhängig davon L. E. Dickson.

Im September 1935 bewies Pillai Folgendes:

$$g(k) = 2^k + \left(\frac{3}{2}\right)^k + O\left(\frac{4}{3}\right)^k$$

Das Ergebnis wurde bewiesen, ohne Dicksons Methode des Aufstiegs anzuwenden. S. S. Pillai war vielleicht der erste Zahlentheoretiker, der bemerkte, dass eine Bedingung für die diophantische Approximation von $(3/2)^n$ notwendig ist, um $g(k) = B$ zu erhalten, wobei

$$B = 2^k - \left(\frac{3}{2}\right)^k - 2$$

1936 lieferte Pillai eine bemerkenswerte und praktisch vollständige Lösung für die Bestimmung von $g(k)$ für $k > 7$. Letztendlich zeigte S. S. Pillai, dass $g(7) = 143$,

---

[41] Izvestiya Akademii Nauk, SSSR, Nr. 4, (1928), 393–400.

und in einer späteren Arbeit von 1940 bewies er, dass $g(6) = 73$ $[g(6) = 2^6 - (3/2)^6$ $- 2 = 73$ approx.]. 1964 bewies Jing-Run Chen, dass $g(5) = 2^5 + (3/2)^5 - 2 = 37$, und 1986 bewiesen R. Balasubramanian, J. M. Deshouillers und F. Dress, dass $g(4) = 2^4 - (3/2)^4 - 2 = 19$.

Pillais Interesse an Warings Problem beschränkte sich nicht auf die Bestimmung von $g(k)$. Er trug auch zum Waringschen Problem mit den Potenzen von Primzahlen und zu dem Problem mit Indizes $\geq n$ bei. Er veröffentlichte allein 16 originale Forschungsarbeiten zum Waringschen Problem und verwandten Bereichen. Er schrieb auch einige Notizen zu diesen Themen, die noch unveröffentlicht sind.

Der nächste Bereich der Zahlentheorie, in dem Pillai bemerkenswerte Beiträge geleistet hat, sind „exponentielle diophantische Gleichungen" [10]. S. S. Pillai selbst hat erklärt:

Abgesehen von einem implizierten Ergebnis von Polya bin ich der Erste, der systematisch die Gleichung des Typs $a^x - b^y = c$ in Betracht zieht.

Wie bereits während der vorherigen Diskussionen erwähnt, war Pillai vielleicht der erste Mathematiker, der in seiner Arbeit über das Waringsche Problem tiefe Verbindungen mit diophantischen Problemen offenlegte. Bereits 1930 veröffentlichte er dazu seine erste Arbeit „On some Diophantine equations".[42] Später, in seiner Arbeit mit dem Titel „On the inequality $0 < a^x - b^y < n$",[43] bewies Pillai, dass für beliebige feste positive ganze Zahlen a und b, beide mindestens 2, die Anzahl der Lösungen (x,y) der diophantischen Ungleichheiten $0 < a^x - b^y \leq c$ asymptotisch gleich ist:

$$\frac{(\log c)^2}{2(\log a)(\log b)}; \text{ für } c \to \infty$$

Zu dieser Zeit arbeiteten viele Zahlentheoretiker auf der ganzen Welt an ähnlichen und verwandten Problemen. P. Ribenboim hat in seinem Buch mit dem Titel *Catalan's Conjecture*[44] eine chronologische Darstellung der Untersuchung solcher Probleme durchgeführt. Er hat insbesondere auf die Arbeiten von C. Stormer (1908), A. Thue (1908), G. Polya (1918), T. Nagell (1925 und 1945) und S. S. Pillai (1945) hingewiesen. 1932 bewies Pillai weiter, dass für ein a, das gegen plus Unendlichkeit strebt, die Anzahl $N(a)$ der Lösungen (x, y) beide positive ganze Zahlen > 1, mit $0 < x^y - y^x \leq a$, erfüllen wird:

$$N(a) \sim \frac{1}{2} \frac{(\log a)^2}{(\log \log a)^2}$$

---

[42] Abschn. 1, (SSP. 13).

[43] Abschn. 1, (SSP. 14).

[44] Academic Press, Boston, MA, 1994.

Die Arbeit an diophantischen Gleichungen, die S. S. Pillai 1931 begonnen hatte, wurde von A. Herschfeld in den Jahren 1935–1936 fortgesetzt. In zwei von ihm in den Mitteilungen der American Mathematical Society veröffentlichten Arbeiten zeigte Herschfeld, dass wenn c eine ganze Zahl mit ausreichend großem $|c|$ ist, dann hat die Gleichung $2x - 3y = c$ höchstens eine Lösung (x,y) in positiven ganzen Zahlen x und y. Es handelt sich um folgende Arbeiten:

- „On $a^x - b^Y = c$" [Abschn. 1, (SSP. 28)]
- „A correction to the paper ‚On $a^x - b^Y = c$'" [Abschn. 2.1, (SSP. 29)]

Pillai erweiterte Herschfelds Ergebnisse auf die allgemeinere exponentielle diophantische Gleichung $a^x - b^y = c$, wobei a, b, und c feste, von null verschiedene Ganzzahlen sind mit ggT $(a,b) = 1$ und $a > b \geq 1$. Um dieses Ergebnis zu beweisen, machte Pillai Gebrauch von Siegels Theorem.[45] Schließlich konnte Pillai die Anzahl der Ganzzahlen im Bereich $[1, n]$ ableiten, die in der Form $a^x - b^y$ ausgedrückt werden können, asymptotisch:

$$\frac{(\log n)^2}{2(\log a \log b)}; \text{ für } n \to \infty$$

In seiner Arbeit mit dem Titel „On numbers of the form $2^a 3^b$, I"[46] erläuterte Pillai ein Ergebnis von S. Ramanujan. Dieser hatte behauptet, dass die Anzahl der Ganzzahlen der Form $2^a \cdot 3^b$, die durch eine gegebene Zahl x begrenzt sind, ungefähr beträgt:

$$\frac{\log(2x)\log(3x)}{2(\log 2 \log 3)}$$

In Zusammenarbeit mit A. George wurde diese Studie weiterverfolgt und führte zur Veröffentlichung der Arbeit mit dem Titel „On numbers of the form $2^a 3^b$, II".[47]

In diesem Zusammenhang ist ein Kommentar des Zahlentheoretikers Michel Waldschmidt von historischer Bedeutung. Er schrieb in der Zusammenfassung seiner Arbeit mit dem Titel „Perfect powers: Pillai's works and their developments"[48]:

Eine perfekte Potenz ist eine positive Ganzzahl der Form a^x, wobei $a \geq 1$ und $x \geq 2$ rationale Ganzzahlen sind. Subbayya Sivasankaranarayana Pillai schrieb mehrere Arbeiten über diese Zahlen. Im Jahr 1936 und erneut im Jahr 1945 schlug er vor, dass für jede gegebene $k \geq 1$ die Anzahl der positiven ganzzahligen Lösungen (a, b, x, y), mit $x \geq 2$ und $y \geq 2$, für die diophantische Gleichung $a^x - b^y = k$ endlich ist.

---

[45] C. L. Siegel: Abhandlungen Akad., Berlin (1929), Nr. 1, 705.

[46] Abschn. 1, (SSP. 59).

[47] Abschn. 1, (SSP. 60).

[48] *Collected Works of S. S. Pillai*. Ramanujan Mathematical Society, Indien.

Dieser Vorschlag, bekannt als *Pillais Vermutung*, führte zu vielen offenen Problemen. Zahlreiche Mathematiker haben in dieser Richtung geforscht, insbesondere auf internationaler Ebene. In Indien haben Prof. R. Balasubramanian und seine Studenten einige Arbeiten auf verwandten Gebieten durchgeführt.

In der Literatur der Zahlentheorie treten mehrere Klassen von exponentiellen diophantischen Gleichungen auf, die von der Form $Ax^p + By^q = Cz^n$ sind, wobei A, B und C feste positive Ganzzahlen sind, während x, y, z, p, q und r nichtnegative Ganzzahlen sind. Wiederum können einige dieser Ganzzahlen als fest oder aus festen Primzahlen zusammengesetzt betrachtet werden. Eine Unterklasse solcher Gleichungen, bei denen $q = 0$ (und wenn $y = 1$) ist, wird als *Pillais diophantische Gleichung* bezeichnet.

Einige von Pillais wichtigen Ergebnissen zu exponentiellen diophantischen Gleichungen werden in J. F. Koksmas Buch mit dem Titel *Diophantische Approximationen* erwähnt.[49] S. S. Pillai hat 14 Arbeiten zu diophantischen Gleichungen und zwei zu perfekten Potenzen veröffentlicht. Später haben viele Mathematiker wie T. N. Shorey, R. Balasubramanian, P. P. Prakash aus Indien sowie R. Tijdeman, A. J. Van der Poorten, A. Schinzel u. a. aus anderen Ländern umfangreiche Forschungen auf diesen Gebieten durchgeführt. Der Großteil von S. S. Pillais Arbeit am Waringschen Problem und ein erheblicher Teil seiner Arbeit an diophantischen Gleichungen wurde von ihm während seiner Tätigkeit am Mathematikinstitut der Annamalai-Universität durchgeführt.

In dieser Zeit fand ein weiteres sehr wichtiges und neuartiges Ereignis statt. Seit den späten 1920er-Jahren kam S. S. Pillai in Kontakt mit einem weiteren herausragenden Zahlentheoretiker Indiens. Es handelte sich um Sarvadaman Chowla (S. Chowla), der aus Lahore im ungeteilten Punjab stammte. Er war ein äußerst talentierter und international anerkannter Mathematiker. Er leistete bemerkenswerte Beiträge zur Zahlentheorie und war der Pionierforscher, der die Punjab-Schule für Forschungen zur Zahlentheorie gründete. Für seine bahnbrechende Forschung auf diesem Gebiet und verwandten Bereichen wurde er als „Botschafter der Zahlentheorie" bezeichnet. Detaillierte Diskussionen über Chowla und seine Beiträge werden später geführt. Aber im Moment liegt der Fokus auf dem 20-jährigen Briefwechsel zwischen S. S. Pillai und S. Chowla.

Dieser bemerkenswerte und lang anhaltende Briefwechsel führte zur gemeinsamen Veröffentlichung von drei wertvollen Forschungsarbeiten über „Omega-Ergebnisse" [11] und zwei Arbeiten zu anderen Themen der Zahlentheorie. Dazu Prof. R. Balasubramanian:

> Beginnend in den späten 1920er-Jahren und bis einen Monat vor seinem Tod führten S. S. Pillai und S. Chowla über etwa 20 Jahre hinweg einen regelmäßigen Briefwechsel. Während der Jahre, in denen sie korrespondierten, veröffentlichten Chowla und Pillai fünf gemeinsame Arbeiten und trafen sich zahlreiche Male auf den Tagungen der Indian Mathematical Society, deren aktive Mitglieder beide waren. Ihre Korrespondenz ist sehr aufschlussreich für Einblicke, die sie uns, wie man erwarten kann, in die Mathematik und Freundschaft von Chowla und Pillai gibt.

---

[49] *Ergebnisse der Math.*, IV, 4, Berlin, 1936.

In dem frühesten Brief von Chowla vom 3. Januar 1929 wird unter verschiedenen mathematischen Diskussionen auch erwähnt, dass 175959000 die kleinste Zahl ist, die auf drei verschiedene Arten als Summe von zwei Kuben ausgedrückt werden kann. Chowla beendete den Brief mit dem Satz:

> Ich hoffe, dass wir bald mit der eigentlichen Arbeit beginnen werden.

Nach dem Austausch von einigen weiteren Briefen veröffentlichten Pillai und Chowla ihre erste gemeinsame Arbeit mit dem Titel „On the error terms in some asymptotic formulae in the theory of numbers – I".[50]

Die mathematische Bedeutung dieser Arbeit wurde von Prof. S. D. Adhikari in seinem Artikel mit dem Titel „ome omega results and related questions in the research work of Pillai" passend beschrieben.[51]

Es ist zu beachten, dass Eulers Phi-Funktion $\varphi(n)$ eine arithmetische Funktion ist, die auf natürlichen Zahlen definiert ist. Sie zählt die Anzahl der natürlichen Zahlen $1 \leq m \leq n$ mit $(m, n) = 1$. Es wurde beobachtet, dass der Wert dieser Funktion stark schwankt. In der analytischen Zahlentheorie ist die Untersuchung des durchschnittlichen Verhaltens dieser Funktion ein klassisches Problem. Die Methodik, die die Bestimmung des Hauptterms und die Schätzung des Fehlerterms beinhaltet, ist sehr wichtig. Denn wenn der Fehlerterm von der gleichen Größenordnung wie der Hauptterm ist, kann nichts Konkretes abgeleitet werden. Es wird festgestellt, dass

$$\sum_{1 \leq n \leq x} \phi(n) = \frac{3}{\prod^2} x^2 + E(x),$$

wobei $E(x)$ der Rest- oder Fehlerterm im Durchschnitt ist. Als Pillai und Chowla begannen, die Ω-Schätzung des Fehlerterms zu bearbeiten, war das beste verfügbare Ergebnis $E(x) = O(x \log x)$. Pillai und Chowla gaben eine weitaus bessere Schätzung ab und fanden heraus, dass $E(x) = \Omega$ $(x \log \log x)$. Dieses Ergebnis konnte nach vielen Jahren verallgemeinert werden. Montgomery vermutete, dass $E(x) = O(x \log \log x)$ und $E(x) = \Omega(x \log \log x)$. Aber dies ist weiterhin ein offenes Problem, das noch bewiesen werden muss. Ein weiteres Ergebnis von Chowla und Pillai, das sie in der oben genannten Arbeit angegeben haben, ist

$$\sum_{1 \leq n \leq x} E(n) \sim \frac{3}{2 \prod^2} x^2.$$

Dies ist ein beachtenswertes Ergebnis. Später lieferte Chowla selbst weitere Beiträge auf diesem Gebiet. In den fünfziger Jahren des 20. Jahrhunderts führten

---

[50] Abschn. 1, (SSP. 9).

[51] „Gesammelte Werke von S. S. Pillai". Hrsg. von R. Balasubramanian und R. Thangadurai. *Ramanujan Math. Soc.*, Indien.

Erdös und Shapiro, Montgomery und Pétermann weitere Forschungsarbeiten in diese Richtung durch.

In der nächsten gemeinsamen Veröffentlichung von Pillai und Chowla mit dem Titel „On the error terms in some asymptotic formulae in the theory of numbers – II"[52] setzten sie ihre Studien von $E(x)$ für analoge Fragen fort für den Fall, wenn die Phi-Funktion $\varphi(n)$ durch $\sigma(n)$, die Summe der Teiler von n, ersetzt wird. Nach weiterer Korrespondenz zwischen diesen beiden großen Zahlentheoretikern veröffentlichten Chowla und Pillai gemeinsam ihr drittes Papier mit dem Titel „The number of representations of a number as a sum of n non-negative nth powers".[53] In diesem Papier leiteten sie das Omega-Ergebnis für $r_{n,n}(N)$ als $r_{n,n}(N) = \Omega$ (log log N) ab, wobei $r_{s,n}$ die Anzahl der Darstellungen von N als Summe von s nichtnegativen n-ten Potenzen bezeichnet. Die drei oben diskutierten Ergebnisse sind mit Omega-Ergebnissen verbunden.

Ein weiterer Problemtyp, der die Aufmerksamkeit von Pillai und Chowla auf sich zog, hatte seine Wurzeln in der antiken indischen Mathematik aus dem ersten Jahrtausend. Seit der Zeit von Brahmagupta im 6. Jahrhundert n. Chr. und Jayadeva um das 11. Jahrhundert n. Chr. oder vielleicht noch früher war bekannt, dass der Kettenbruch [12] periodisch ist. Es war auch bekannt, dass alle ganzzahligen Lösungen der Gleichung $x^2 - Ny^2 = m$, $|m| < (N)^{1/2}$ mithilfe des Wissens über den Kettenbruch ermittelbar waren.

Im Jahr 1927 bewies T. Vijayaraghavan, ein bekannter Zahlentheoretiker und Schüler von K. Ananda Rau, in seinem Aufsatz „Periodic simple continued fractions",[54] dass die Länge L der Periode des Kettenbruchs die Beziehung $L = O(N^{1/2}$ log N) erfüllt. Im Jahr 1931 bewiesen Pillai und Chowla in ihrem vierten gemeinsamen Aufsatz mit dem Titel „Periodic simple continued fractions"[55], dass $L = O(N^{1/2}$ log log N) unter der verallgemeinerten Riemannschen Hypothese [13] gilt. In der Korrespondenz zwischen Pillai und Chowla ab 1935 bemerkt man, dass auch Chowla allmählich ein Interesse am Waringschen Problem entwickelte. Daher begannen Pillai und Chowla anschließend gemeinsam an Themen im Zusammenhang mit dem Waringschen Problem zu arbeiten. Das Ergebnis war die Veröffentlichung ihres fünften und letzten gemeinsamen Aufsatzes mit dem Titel „Hypothesis K of Hardy and Littlewood".[56]

In 20 langen Jahren schrieb S. Chowla mehr als 20 lange Briefe an S. S. Pillai. Sie enthielten hochrangige mathematische Diskussionen, die sich als sehr produktiv erwiesen. Der letzte Brief von Chowla an Pillai wurde im Juni 1950 geschrieben. Ein paar Monate danach, im August 1950, starb S. S. Pillai bei einem Flugzeugabsturz in der Nähe von Kairo auf einer geplanten Reise in die USA.

---

[52] Abschn. 1, (SSP. 11).

[53] Abschn. 1, (SSP. 30).

[54] Abschn. 1, (TV. 1).

[55] Abschn. 1, (SSP. 14).

[56] Abschn. 1, (SSP. 30).

Zurück zu Pillais Aufenthalt und Forschungen an der Annamalai-Universität, ist zu bemerken, dass er in dieser Zeit auch an normalen, hoch zusammengesetzten Zahlen, arithmetischen Funktionen $\varphi(n)$, $d(n)$ und der Verteilung von Primzahlen und primitiven Wurzeln arbeitete. Nach einem Jahrzehnt an der Annamalai-Universität und einem kurzen Aufenthalt an der Travancore-Universität wurde Pillai 1942 zum Dozenten an der renommierten Abteilung für Reine Mathematik der Universität Kalkutta ernannt. Der berühmte deutsche Mathematiker Prof. F. W. Levi, der zu dieser Zeit Leiter der Abteilung für Reine Mathematik war, hatte die Initiative ergriffen, um Dr. S. S. Pillai an die Universität Kalkutta zu berufen. Während seines kurzen Aufenthalts dort (1942–1945) veröffentlichte Pillai mehr als 15 Forschungsarbeiten über hoch zusammengesetzte Zahlen, arithmetische Funktionen, primitive Wurzeln usw.

Im Jahr 1940 bewies Pillai, dass jede Menge von n aufeinanderfolgenden positiven Ganzzahlen, wobei $n \leq 16$, eine Zahl enthält, die zu allen anderen teilerfremd ist. Es gibt jedoch unendlich viele Mengen von 17 aufeinanderfolgenden Ganzzahlen, bei denen das oben genannte Ergebnis von Pillai nicht zutrifft. Wiederum zeigte er in seinem Aufsatz „On a linear Diophantine equation",[57] dass es für jedes $m \geq 17$ unendlich viele Blöcke von m aufeinanderfolgenden Ganzzahlen gibt, bei denen die oben genannte Eigenschaft nicht gilt. Es ist auch zu beachten, dass Pillai in einem früheren Aufsatz mit dem Titel „On the inequality $0 < a^x - b^y \leq n$"[58] die Vermutung aufgestellt hatte, dass man für jede gegebene Zahl aufeinanderfolgende Terme finden kann, deren Differenz größer ist als die gegebene Zahl. Diese Vermutung ist jedoch immer noch ein offenes Problem und wurde noch nicht bewiesen.

Während seiner Tätigkeit an der Universität Kalkutta entwickelte S. S. Pillai ein Interesse an der Theorie der Funktionen von reellen Variablen. Er versuchte auch einige ungelöste Probleme in der Theorie der Fourier-Reihen zu lösen.

Ein weiteres Thema, zu dem Pillai bemerkenswerte Beiträge geleistet hat, sind *glatte Zahlen*. Solche Zahlen sind definiert als Zahlen, die nur kleine Primfaktoren haben. Zum Beispiel ist $1620 = 2^2 \times 3^4 \times 5$. Da keiner der Primfaktoren größer als 5 ist, wird 1620 als 5-*glatt* bezeichnet.

Pillais persönliche Beiträge zur Zahlentheorie umfassten mehr als 70 Forschungsarbeiten. Während seines kurzen Aufenthalts an der Universität Kalkutta bildete er jedoch einen brillanten Studenten namens L. G. Sathe aus. In gewisser Weise war dies ein enormer Beitrag zur Bengalischen Schule der Zahlentheorieforschung. Diese Episode wird während der detaillierten Diskussionen über die Bengalische Schule aufgegriffen.

Anhang

[10] *Exponentielle diophantische Gleichungen*: Jede Gleichung mit einer oder mehreren Variablen, die Lösungen in ganzen Zahlen hat, wird als *dio-*

---

[57] Abschn. 1, (SSP. 54).

[58] Abschn. 1, (SSP. 14).

phantische Gleichung bezeichnet. Sie ist nach dem berühmten griechischen Mathematiker Diophantus benannt, da er die Untersuchung solcher Gleichungen initiierte. Eine exponentielle diophantische Gleichung ist eine, bei der die Exponenten der Terme Unbekannte sein können, oder man könnte sagen, eine Gleichung, bei der die Basen (gegebene oder unbekannte) ganze Zahlen sind. Die Exponenten sind unbekannte *ganze Zahlen*. Solche Gleichungen haben eine zusätzliche Variable oder Variablen, die als *Exponenten* auftreten, zum Beispiel Gleichungen des Typs

$$1 + 2^a = 3^{b+}5^c, \quad 3^a + 7^c = 3^c + 5^d + 2.$$

Die Ramanujan-Nagell-Gleichung des Typs $2^n - 7 = x^2$ ist eine exponentielle diophantische Gleichung.

[11] *Omega-Ergebnisse*: Ein Ω-*Ergebnis* (Omega-Ergebnis) ist ein Ausdruck der Form $f(x) = \Omega g(x)$, wobei $g(x) > 0$ für ausreichend große x ist. Das bedeutet, dass es ein $A > 0$ gibt, sodass $|f(x)| > Ag(x)$ für eine unbeschränkte Folge von reellen Zahlen ist.

[12] *Kettenbruch*: Es handelt sich um einen Bruch von unendlicher Länge, dessen Nenner die Summe aus einer ganzen Zahl und einem Bruch ist, dessen Nenner wiederum die Summe aus einer ganzen Zahl und einem Bruch ist usw.

[13] *Riemannsche Hypothese*: Die Riemannsche Hypothese ist eine der wichtigsten Vermutungen in der Mathematik. Es handelt sich um eine Aussage über die Nullstellen der Riemannschen Zeta-Funktion. Wenn die Riemannsche Hypothese durch Dirichlets L-Funktionen formuliert wird, dann wird sie als *verallgemeinerte Riemannsche Hypothese* (GRH) bezeichnet.

2.1.4 T. Vijayaraghavan (1902–1955)

Ein an der Universität Madras ausgebildeter und von K. Ananda Rau betreuter Student, Tirukkannapuram Vijayaraghavan, wurde in einem Dorf im Distrikt South Arcot der ehemaligen Präsidentschaft Madras (heute Tamil Nadu) geboren. Sein Vater war ein bekannter Gelehrter für Tamil und Sanskrit. Wahrscheinlich erbte Vijayaraghavan seine Leidenschaft für intellektuelle Beschäftigung von seinem Vater. Allerdings war Mathematik schon von Schultagen an seine größte Leidenschaft.

Nach Abschluss seiner Schulausbildung absolvierte er 1920 seine Zwischenprüfung. Danach studierte er von 1920 bis 1924 am berühmten Presidency College in Madras, konnte jedoch keinen Ehrentitel in Mathematik erwerben. Die Erklärung für dieses Scheitern wird von K. Chandrasekharan wie folgt gegeben:

> Das ist nicht völlig überraschend, da er (Vijayaraghavan) schon in dieser Phase ernsthaft an Mathematik interessiert war und bereits über Forschungsprobleme nachgedacht hatte, die viele seiner Lehrer hätten verblüffen können.

Der große Mentor der Studenten, Prof. K. Ananda Rau, hatte jedoch Vijayaraghavans Talent schon früh erkannt und war maßgeblich daran beteiligt, dass er am Presidency College in Madras aufgenommen wurde. In späteren Jahren erinnerte sich Vijayaraghavan mit Nostalgie und Zuneigung an seinen Mentor und Lehrer. Er gab zu, dass Prof. Rau ihn inspiriert und zur ernsthaften Mathematik hingezogen hatte. 1920, noch bevor er seinen Zwischenkurs abgeschlossen hatte, veröffentlichte Vijayaraghavan erfolgreich eine Forschungsnotiz mit dem Titel „On the set of points $\{\varphi(n)/n\}$".[59] Die Arbeit befasste sich mit den Grenzpunkten der Menge $\{\varphi(n)/n\}$, wobei Eulers Funktion $\varphi(n)$ die Anzahl der positiven ganzen Zahlen $< n$ und prim zu n ist.

Um 1921, deutlich beeinflusst von den Geschichten und Errungenschaften von Srinivasa Ramanujan, begann Vijayaraghavan einige seiner Ergebnisse und Manuskripte an Prof. G. H. Hardy in England zu senden. Anfangs reagierte Hardy nicht. Dann traf einer von Vijayaraghavans ehemaligen Lehrern, Prof. S. R. Ranganathan vom Madras Presidency College, während eines Besuchs in England Prof. Hardy in Oxford; Hardy sprach mit ihm und Prof. Ranganathan zeigte ihm eine Forschungsarbeit von Vijayaraghavan. Danach handelte Hardy sehr schnell auf äußerst unkonventionelle Weise. Das Ergebnis war Vijayaraghavans Eintritt in das New College in Oxford. Die Episode wurde auch von Dr. S. R. Ranganathan dargestellt:

> Denn im März 1925 sah ich persönlich, wie er (Hardy) eine ähnliche Entscheidung mit Spontanität und Gewissheit traf. Er war der Sevillian Professor für Geometrie am New College, Oxford. Ich traf ihn zu dieser Zeit. Wir gingen auch gemeinsam zum Mittagessen. Mein Hauptziel war es, ihm eine Arbeit über das Tauberian-Theorem von T. Vijayaraghavan vorzulegen, der ein begabter Student der Mathematikabteilung am Presidency College war, als ich dort unterrichtete. Nachdem er diese Arbeit durchgesehen hatte, stand Hardy mit einem Ruck auf und sagte: „Dies ist ein bemerkenswerter Mathematiker aus Ihrem Land – nur übertroffen von Ramanujan. Er sollte zu mir gebracht werden."
>
> Dies sagte er, ohne auf weitere Details über Vijayaraghavan zu warten. Ich erzählte ihm, dass er im Vorjahr bei der Ehrenprüfung durchgefallen war. Hardy fragte, wie das passiert sei. Ich sagte, dass Edward B. Ross – mein eigener Professor und einer seiner alten Schüler – und ich Prüfer waren und dass wir ihm trotz unserer persönlichen Kenntnis seiner außergewöhnlichen mathematischen Fähigkeiten nicht einmal eine Bestehensnote geben konnten, da er die meisten Fragen bis auf eine, nämlich die über Funktionen einer komplexen Variablen, nicht beantwortet hatte. Nachdem er dies gehört hatte, bemerkte Hardy: „Das macht keinen Unterschied." […] Hardy entschied in einem Augenblick, T. Vijayaraghavan nach Oxford zu holen.

So trat T. Vijayaraghavan 1925 mit einem Stipendium der Universität Madras schließlich dem New College in Oxford bei und begann unter der Leitung von Prof. G. H. Hardy zu arbeiten. Er verbrachte drei fruchtbare Jahre, von 1925 bis 1928, in Oxford und veröffentlichte mehrere herausragende Forschungsarbeiten.

---

[59] *Journ. Indian Math. Soc.*, 12, (1920), 98–99.

In der Zahlentheorie veröffentlichte er zuerst die Forschungsarbeit mit dem Titel „Periodic simple continued fractions".[60] In diesem Zusammenhang sei erwähnt, dass Vijayaraghavan bereits in seinen Ehrenklassentagen am Madras Presidency College ein Interesse an Kettenbrüchen entwickelt hatte. Der berühmte französische Mathematiker Lagrange hatte beim Beweis klassischer Ergebnisse, dass jede quadratische Menge einer periodischen einfachen fortgesetzten Bruchzahl entspricht, gezeigt, dass wenn eine quadratische Menge $(P + R^{1/2})/Q$ ist, wobei $|P|$, $|Q|$, R die kleinsten positiven Ganzzahlen sind, dann ist die Anzahl der Elemente im periodischen Teil der entsprechenden einfachen fortgesetzten Bruchzahl kleiner als $2R$. Vijayaraghavan verbesserte diese Schätzung. Dazu der berühmte Zahlentheoretiker K. Chandrasekharan:

> Vijayaraghavan verbesserte diese Schätzung, indem er auf elementare Weise zeigte, dass $2R$ durch $O(R^{1/2} + \varepsilon)$, $\varepsilon > 0$… ersetzt werden kann. Mit diesem Ergebnis ist ein weiteres Ergebnis von ihm über die Lösbarkeit der Pellschen Gleichung $Rx^2 = y^2 + 1$ verbunden. Es ist allgemein bekannt, dass diese Gleichung, je nachdem, ob die fortgesetzte Bruchzahl für $R^{1/2}$ eine Periode mit einer ungeraden Anzahl von Elementen hat oder nicht, in Ganzzahlen lösbar ist oder nicht. Vijayaraghavan betrachtete die allgemeinere Menge $(P + R^{1/2})/Q$ und zeigte, dass sie eine Periode mit einer ungeraden Anzahl von Elementen hat oder nicht, je nachdem, ob die Pellsche Gleichung für R lösbar ist oder nicht.

Vijayaraghavans nächste Arbeit trug den Titel „A note on Diophantine approximation".[61] Hardy und Littlewood hatten eine berühmte Abhandlung über diophantische Approximation [14] verfasst.[62] Vijayaraghavans oben erwähnte Arbeit basierte auf deren Ergebnissen. Hardy und Littlewood hatten in ihrer Abhandlung gezeigt, dass wenn (x) den Bruchteil von x und $\varphi = \varphi(\lambda, \theta, \alpha)$ die kleinste positive ganze Zahl n bezeichnet, die Annäherung $|(n\theta) - \alpha| < 1/\lambda$ gilt. Mithilfe einer Vermutung von Hardy und Littlewood zeigte Vijayaraghavan, dass φ für eine spezifische Wahl von θ und α beliebig groß gemacht werden kann, für eine Folge von Werten von λ, die gegen unendlich streben. Kroneckers fundamentaler Satz über diophantische Approximation legt die Plausibilität eines ähnlichen Ergebnisses mit einer beliebigen Anzahl von θs nahe. Unter Ausnutzung dieses Konzepts betrachtete Vijayaraghavan den Fall von zwei θs und bewies etwas anderes, aber interessante Ergebnisse.

Nach seiner Rückkehr aus England nach Indien nahm Vijayaraghavan 1928 für ein Jahr eine Stelle an der Annamalai-Universität an. 1930 wurde er ausgewählt und trat eine Stelle als Dozent an der Aligarh-Muslim-Universität (AMU) an. Dort kam er in Kontakt mit dem weltberühmten französischen Mathematiker André Weil. Letzterer war eingeladen worden, an der AMU zu arbeiten, und er wählte seinerseits T. Vijayaraghavan als Dozenten aus, um mit ihm in der Mathematikabteilung zu arbeiten. Dr. Vijayaraghavan stand Prof. Weil sehr nahe und beide waren brillante Mathematiker. 1931 kündigten die AMU-Behörden auf sehr

---

[60] Abschn. 1, (TV. 1).

[61] Abschn. 1, (TV. 2).

[62] *Acta Mathematica*, 37, (1914), 155–190.

autokratische und willkürliche Weise Prof. Weil und boten die Stelle Dr. Vijaya-raghavan an. Der nahm jedoch großen Anstoß an den Vorgängen. Als Zeichen des Protests gegen die schäbige Behandlung und das Unrecht, das Prof. Weil an-getan wurde, trat auch er von der AMU zurück. Im selben Jahr, 1931, trat er der Mathematikabteilung der Universität Dacca im damaligen Ostbengalen (heute Bangladesch) im ungeteilten Indien als Lektor bei. Er arbeitete dort bis 1946, dann trat er zurück und wurde Professor an der Andhra-Universität, Waltair. 1949 verließ er die Andhra-Universität, um Direktor des privat geführten Ramanujan In-stitute of Mathematics in Madras zu werden.

Während seiner Amtszeit in Dacca war T. Vijayaraghavan verantwortlich für die Initiierung von Forschungen zur Zahlentheorie an dieser abgelegenen Uni-versität des ungeteilten Bengalen. Detaillierte Diskussionen dazu werden später geführt.

Während seiner Lehrtätigkeit an der Universität Dacca arbeitete Vijayaragha-van in mathematischer Analyse sowie Zahlentheorie. 1936 wurde er auf Initiative des amerikanischen Mathematikers G. D. Birkhoff als Gastdozent der American Mathematical Society in die USA eingeladen. Nach seiner Rückkehr aus den USA setzte Vijayaraghavan seine Arbeit in der mathematischen Analyse fort.

Jedoch beschäftigte er sich 1939 und 1940 ernsthaft mit Problemen im Zu-sammenhang mit der Zahlentheorie und veröffentlichte die folgenden zwei Arbei-ten:

- „On the irrationality of a certain decimal" [Abschn. 2.1, (TV. 3)]
- „On decimals of irrational numbers" [Abschn. 2.1, (TV. 4)]

Danach vertiefte sich Dr. T. Vijayaraghavan in das Studium der Bruchteile von re-ellen Zahlen. Nach dem bekannten Zahlentheoretiker H. Davenport war Vijayarag-havans wichtiger Beitrag folgender:

[…] bezog sich auf die Verteilung des Bruchteils von θ^n, wobei $\theta > 1$ und $n = 1, 2, 3, \ldots$ G. H. Hardy hatte zuvor bewiesen, dass wenn θ eine algebraische Zahl ist und wenn es ein $\lambda > 0$ gibt, sodass der Bruchteil von $\lambda\theta^n$ nur die Grenzpunkte 0 und 1 hat, wenn n gegen unendlich strebt, dann ist θ eine algebraische Ganzzahl und alle algebraischen Konjugier-ten θ' von θ (außer θ selbst) erfüllen $|\theta|<1$.

Vijayaraghavan veröffentlichte eine Reihe von vier Arbeiten über die Bruchteile von Potenzen reeller Zahlen, die erste davon mit dem Titel

„On the fractional parts of the powers of a number, I" [Abschn. 2.1, (TV. 5)].

Die zweite Arbeit

„On the fractional parts of the powers of a number, II" [Abschn. 2.1, (TV. 7)]

wird als die bedeutendste angesehen. In dieser Arbeit bewies er eine Ver-allgemeinerung von Hardys Ergebnis. Er zeigte, dass wenn $\theta_1, \theta_2, \ldots, \theta_r$ unter-schiedliche algebraische Zahlen mit $|\theta_i| < 1$ sind und wenn es $\lambda_1, \lambda_2, \ldots, \lambda_r$ (keines davon null) gibt, sodass die durch die Bruchteile von $\lambda_1\theta_1{}^n + \lambda_2\theta_2{}^n + \cdots + \lambda_r\theta_r{}^n$ ($n = 1, 2, 3, \ldots$) gebildete Sequenz nur eine endliche Anzahl von unterschiedlichen

Grenzpunkten hat, dann ist jede von $\theta_1, \theta_2, \dots, \theta_r$ eine algebraische Ganzzahl mit allen ihren algebraischen Konjugierten von absolutem Wert < 1. Die algebraischen Ganzzahlen > 1 mit Konjugierten absolut < 1 werden *Pisot-Vijayaraghavan-Zahlen* genannt (da M. Pisot sie unabhängig davon entdeckt hatte).

Die internationale Auswirkung der Pisot-Vijayaraghavan-Zahlen ist erheblich. Unter anderen haben Salem und Siegel mehr über diese Zahlen herausgefunden. Einige Probleme in diesem Bereich sind noch ungelöst. Zum Beispiel ist nicht bekannt, ob, wenn $\theta > 1$ eine beliebige reelle Zahl ist, die nicht zu dieser Klasse gehört, der Bruchteil von θ^n überall dicht in (0, 1) ist.

Die verbleibenden zwei Arbeiten in dieser Reihe von Dr. T. Vijayaraghavan sind:

- „On the fractional parts of the power of a number, III" [Abschn. 2.1, (TV. 8)]
- „On the fractional parts of the power of a number, IV" [Abschn. 2.1, (TV. 12)]

Abgesehen von diesen Veröffentlichungen basieren seine zahlentheoretischen Arbeiten auf verschiedenen Themen. Er veröffentlichte eine Arbeit über die allgemeine rationale Lösung einiger spezieller Arten von diophantischen Gleichungen. Sie wurde in den *Proceedings of the Academy of Sciences* veröffentlicht.[63] Er publizierte eine weitere Arbeit über Jaina-Magische Quadrate.[64]

Dr. Vijayaraghavan war ein enger Freund sowohl von S. S. Pillai als auch von S. Chowla. Er korrespondierte regelmäßig mit ihnen. Der Inhalt dieser Briefe war hauptsächlich mathematisch. In Zusammenarbeit mit S. Chowla schrieb T. Vijayaraghavan die folgenden drei Arbeiten:

- (mit Chowla, S.) „The complex factorization (mod p) of the cyclotomic polynomial [15] of order $p^2 - 1$" [Abschn. 2.1, (TV. 9)],
- (mit Chowla, S.) „Short proofs of theorems of Bose and Singer" [Abschn. 2.1, (TV. 10)],
- (mit Chowla, S.) „On Complete residue sets" [Abschn. 2.1, (TV. 13)].

Seine Beiträge als führender Zahlentheoretiker Indiens und seine Initiierung einer Forschungsschule zur Zahlentheorie an der Universität Dacca im ungeteilten Bengalen werden immer mit Bewunderung in Erinnerung bleiben. Dr. T. Vijayaraghavan starb 1953 in Madras an einem massiven Herzinfarkt.

Anhang
[14] *Diophantische Approximation*: In der Zahlentheorie befasst sich der Bereich der diophantischen Approximation mit der Approximation einer reellen Zahl durch natürliche Zahlen.
[15] *Zyklotomisches Polynom*: Zyklotomische Polynome sind Polynome, deren komplexe Wurzeln primitive Einheitswurzeln sind.

---

[63] Abschn. A, 12, (1940), 284–289.
[64] Abschn. 1, (TV. 6).

2.2 Die Punjab-Forschungsschule zur Zahlentheorie (1920–1999)

Man kann sicher und unzweifelhaft sagen, dass der Gründungsvater der Punjab-Forschungsschule zur Zahlentheorie Sarvadaman Chowla war. Er war ein enger Mitarbeiter sowohl von S. S. Pillai als auch von T. Vijayaraghavan. Über seine Rolle als Zahlentheoretiker, Mentor der jungen Wissenschaftler und die internationale Auswirkung seiner Forschung wird nun diskutiert.

2.2.1 Sarvadaman Chowla (1907–1995)

Sarvadaman Chowla (oder S. Chowla) wurde 1907 in London geboren. Sein Vater Gopal S. Chowla (G. S. Chowla) war ein berühmter Mathematiker und ging zum Studium an das Trinity College, Cambridge. Während dieser Zeit wurde S. Chowla geboren. Bei seiner Rückkehr nach Indien wurde G. S. Chowla zum Senior Professor für Mathematik am Government College in Lahore ernannt und anschließend zum renommierten Indian Educational Service befördert. Der junge S. Chowla verfolgte damals seine Studien in Lahore und zeigte großes Talent für Mathematik. Tatsächlich veröffentlichte er im Alter von 18 Jahren seine erste Forschungsarbeit mit dem Titel „Some results involving prime numbers".[65] Das war der Beginn seiner Lebensreise als Forscher in der Zahlentheorie. 1928 erhielt er seinen Master-Abschluss vom Government College in Lahore. Ein Jahr später entschied der Vater des jungen Chowla, seinen Sohn am Trinity College der University of Cambridge einzuschreiben. Dafür nahm Prof. G. S. Chowla 1929 einen langen Urlaub, brachte seinen Sohn nach England und schrieb ihn am Trinity College ein. Danach reiste er mit den anderen Mitgliedern seiner Familie für einen Urlaub nach Paris. Unglücklicherweise infizierte sich Prof. G. S. Chowla mit einer Lungenentzündung und starb im Dezember 1929 in Paris. Trotz dieser großen Tragödie zu Beginn seiner Forschungskarriere begann S. Chowla 1929 unter der Leitung von Prof. J. E. Littlewood zu arbeiten. S. Chowla wurde die Freiheit eingeräumt, seinen eigenen Interessen zu folgen, und in ihren seltenen Treffen ermutigte Littlewood ihn, seine Forschung auf ganz eigene Weise fortzusetzen. S. Chowla arbeitete an der „k-Analogie der Riemannschen Zeta-Funktion" und der „Hypothese k" von Hardy und Littlewood (für das Waringsche Problem). 1931 schloss er seine Dissertation mit dem Titel „Contributions to the analytic theory of numbers" ab und erhielt den Ph.D.-Grad von der University of Cambridge. Es mag erwähnenswert sein, dass der junge Chowla eine Liste von 30 veröffentlichten Arbeiten zusammen mit seiner Dissertation eingereicht hatte. Nachdem er seinen Ph.D.-Grad erlangt hatte, wurden drei Kapitel aus seiner Dissertation veröffentlicht:

---

[65] Abschn. 2, (SC. 1).

- „Two problems in the theory of lattice points" [Abschn. 2.2, (SC. 28)]
- „Contributions to the analytic theory of numbers" [Abschn. 2.2, (SC. 29)]
- „Contributions to the analytic theory of numbers" [Abschn. 2.2, (SC. 31)]

1934 erhielt S. Chowla den Ramanujan-Memorial-Preis, der von der Universität Madras für die beste originale Dissertation in Mathematik vergeben wurde. 1931 kehrte S. Chowla nach Abschluss seiner Studien in Cambridge nach Indien zurück und trat der Mathematikabteilung des St. Stephen's College in Delhi bei. 1932 wechselte er zur Benares-Hindu-Universität (BHU) in Benares und übernahm dort eine Dozentur. 1933, auf Drängen von Dr. S. Radhakrishnan, dem damaligen Vizekanzler der Andhra-Universität in Waltair, trat er der Universität als Lektor bei und übernahm die Leitung der Abteilung für Mathematik. Nach drei Jahren dort trat er schließlich 1936 als Professor für Mathematik ins Government College in Lahore ein. Für ihn muss es ein nostalgisches und sentimentales Ereignis gewesen sein, da es sowohl seine Alma Mater als auch die Abteilung war, in der sein verstorbener Vater ein angesehener Fakultätsmitglied gewesen war.

Die Forschungsbeiträge von S. Chowla auf dem Gebiet der Zahlentheorie sind bemerkenswert. Insbesondere seine 20-jährige Korrespondenz mit einem anderen großen Zahlentheoretiker S. S. Pillai sowie seine Aufenthalte in Benares, Waltair und Lahore hatten großen Einfluss auf die indische Mathematik und indische Mathematiker. Neben S. S. Pillai arbeitete auch T. Vijayaraghavan mit S. Chowla zusammen und sie lösten gemeinsam wichtige Probleme der Zahlentheorie. Chowla war ein großartiger Lehrer und inspirierender Forschungsleiter. Einer seiner Doktoranden bezeichnete ihn als „ewigen Botschafter für die Zahlentheorie". Chowla war der Mann, der Zahlentheoretiker wie A. Sreerama Sastri von der Andhra-Universität, Waltair, F. C. Auluck, Mian Abdul Majid, Daljit Singh und R. P. Bambah von der Punjab-Universität ausbildete. Er arbeitete auch mit Hansraj Gupta von der Punjab-Universität zusammen. Zweifellos spielte S. Chowla eine führende Rolle beim Aufbau einer starken Forschungsschule für Zahlentheorie an der Punjab-Universität, die später als Punjab School of Research on Number Theory bekannt wurde.

Um Chowlas Beiträge zur Entwicklung der Zahlentheorie-Forschung zu bewerten, ist es notwendig, sowohl seine eigenen Forschungsbeiträge als auch seine Zusammenarbeit mit anderen Zahlentheoretikern und seinen berühmten Studenten zu berücksichtigen.

Zu seinen indischen Mitarbeitern, mit denen S. Chowla gemeinsame Arbeiten verfasste, gehören K. Ananda Rau, S. S. Pillai, S. Sastry, F. C. Auluck, Mian A. Majid, R. C. Bose, C. R. Rao, D. Singh, A. R. Nazir, T. Vijayaraghavan, R. P. Bambah und D. B. Lahiri. S. Chowla war der Mann, der F. C. Auluck und R. P. Bambah dazu inspirierte und ermutigte, eine Karriere in der mathematischen Forschung zu verfolgen. S. Chowlas Bruder Inder Chowla (verstorben) und Tochter Paromita Chowla wurden wahrscheinlich auch durch seine unerschütterliche Hingabe an das Fach zur mathematischen Forschung hingezogen.

Zwischen den Jahren 1925 und 1931 löste S. Chowla 34 Probleme, die in der *Zeitschrift der Indian Mathematical Society* gestellt wurden. Er veröffentlichte die folgenden fünf Arbeiten im *Journal of the Indian Mathematical Society* während der Jahre 1925 und 1926, die alle abgeschlossen waren, bevor er sein Studium beendete:

- „A new proof of Von Staudt's theorem" [Abschn. 2.2, (SC. 2)]
- „Solution of Q. 1084, 1086 (Hemraj)" [Abschn, 2, (SC. S7)
- „Some results involving prime numbers" [Abschn. 2.2, (SC. 1)]
- „Remarks on Q. 353 of S. Ramanujan" [Abschn. 2.2, (SC. S5)]
- „Solution of Q. 1070 of S. Ramanujan" [Abschn. 2.2, (SC, S6)]

In den frühen Jahren seiner akademischen Laufbahn wurde S. Chowla, wie viele andere Mathematiker in Indien, stark von Srinivasa Ramanujan und seinem außergewöhnlichen Erbe beeinflusst. Selbst beim Lösen der im *Journal of the Indian Mathematical Society* gestellten Probleme zeigte Chowla eine besondere Faszination dafür, solche Aufgabenstellungen zu lösen, die zuvor von S. Ramanujan gestellt worden waren. Hier werden einige solcher Beispiele zitiert. Im *Journal of the Indian Mathematical Society*[66] löste er ein von S. Ramanujan gestelltes Problem. Und in demselben Band der Zeitschrift löste Chowla in Zusammenarbeit mit N. B. Mitra und S. V. Venkataraya Sastri ein weiteres Problem,[67] das ebenfalls von S. Ramanujan gestellt worden war. Beide Probleme bezogen sich auf die elementare Zahlentheorie. Im Jahr 1928 löste Chowla in Zusammenarbeit mit T. R. Raghavasastri, T. Totadari Aiyangar und T. Vijayaraghavan ein von K. Ananda Rau gestelltes Problem.[68] Dies war Chowlas erste Zusammenarbeit mit Vijayaraghavan. Das Problem betraf Primzahlen. In derselben Ausgabe der Zeitschrift löste er zwei weitere von S. Ramanujan gestellte Probleme. Das Erste bezog sich auf elliptische Funktionen in der Zahlentheorie.[69] Das Zweite war ebenfalls mit der Zahlentheorie verbunden.[70] Im Jahr 1929 löste Chowla ein Problem über Primzahlen, das von K. Ananda Rau gestellt wurde.[71] Im Jahr 1930 löste Chowla zwei von S. S. Pillai gestellte Probleme. Beide bezogen sich auf die Zahlentheorie.[72] Dies war wahrscheinlich Chowlas erste akademische Begegnung mit S. S. Pillai. Im Jahr 1931 löste S. Chowla in Zusammenarbeit mit Budharam, Hukam Chand, K. K. Vedantham, N. P. Subramaniam und Hansraj Gupta ein weiteres Problem zur Zahlentheorie.[73] Neben diesen Lösungen der von renommierten Mathematikern gestellten Probleme veröffentlichte S. Chowla 1926 zwei eigenständige Forschungsarbeiten. Die erste befasste sich mit Primzahlen und trug den Titel „Some results involving

---

[66] Abschn. 2, (SC. S7).
[67] Abschn. 2, (SC. S6).
[68] Abschn. 2, (SC. S13).
[69] Abschn. 2, (SC. S14).
[70] Abschn. 2, (SC. S16).
[71] Abschn. 2, (SC. S22).
[72] Abschn. 2, (SC. S27 und S28).
[73] Abschn. 2, (SC. S33).

prime numbers".[74] Die zweite Arbeit, die sich auf Bernoulli-Zahlen bezog, trug den Titel „A new proof of Van Staudt's theorem".[75] Im Jahr 1927 veröffentlichte S. Chowla eine Reihe von Arbeiten zur Zahlentheorie. Die bemerkenswerten sind:

- „An elementary treatment of the modular equation of the third order" [Abschn. 2.2, (SC. 4)]
- „On the order of d (n), the number of divisors of n" [Abschn. 2.2, (SC. 5)]

Chowlas Forschungsarbeit über Euler- und Bernoulli-Zahlen mit dem Titel „Some properties of Eulerian and Bernoullian numbers" wurde im *Messenger of Mathematics*, England [Abschn. 2.2, (SC. 6)] veröffentlicht. Dies war seine erste Veröffentlichung in einer internationalen Zeitschrift.

Die 20-jährige Korrespondenz zwischen S. Chowla und S. S. Pillai und das daraus resultierende Ergebnis wurde bereits im Kontext von S. S. Pillai besprochen. Daher wird dies hier nicht noch einmal wiederholt.

Die Aufmerksamkeit soll nun auf S. Chowlas Einfluss und Bemühungen gerichtet werden, talentierte junge Mathematiker zu leiten und die Forschungsaktivitäten zur Zahlentheorie in Indien zu bereichern. Dazu der gefeierte Zahlentheoretiker Prof. R. Balasubramanian:

> Vielleicht angespornt durch die spannenden Ergebnisse seines Freundes und Mitarbeiters S. S. Pillai ermutigte Sarvadaman Chowla Faqir Chand Auluck (F. C. Auluck), die Methode von Vinogradov, wie sie von Gelbcke modifiziert worden war, auf das Waringsche Problem anzuwenden, um es zu lösen.

Eine kurze Information zu F. C. Auluck (1912–1987) erscheint hier geboten. F. C. Auluck wurde 1912 in Jalandhar, Punjab, geboren. Er absolvierte eine durchweg brillante akademische Karriere und stand sowohl bei den B.A.- als auch den M.A.-Prüfungen der Punjab-Universität in Lahore an de Spitze. In den dreißiger Jahren des 20. Jahrhunderts nahm er eine Stelle als Dozent am Dayal Singh College in Lahore im ungeteilten Punjab an. Gleichzeitig begann er unter der Leitung von Prof. S. Chowla mit der Forschung zur Zahlentheorie. 1937 veröffentlichte er zusammen mit Chowla einen Artikel mit dem Titel „A property of numbers".[76] Auluck schrieb auch einen kurzen Artikel über Geometrie in Bezug auf die Simson-Linie in derselben Ausgabe der oben genannten Zeitschrift. Später im selben Jahr veröffentlichte S. Chowla einen Artikel mit dem Titel „Auluck's generalization of the Simson line property".[77] Ein weiterer gemeinsam von Chowla und Auluck verfasster Artikel trug den Titel „The representation of a large number as a sum of

---

[74]Abschn. 2, (SC. 1).

[75]Abschn. 2, (SC. 2).

[76] Abschn. 2, (SC. 89).

[77]Abschn. 2, (SC. 92).

‚almost equal' squares".[78] In den Jahren 1940–1941 veröffentlichte F. C. Auluck drei Forschungsarbeiten in Zusammenarbeit mit S. Chowla:

- „An approximation connected with exp x" [Abschn. 2.2, (SC. 96)]
- „On Weierstrass' approximate theorem" [Abschn. 2.2, (SC. 97)]
- „Some properties of a function considered by Ramanujan" [Abschn. 2.2, (SC. 98)]

Wieder in Zusammenarbeit mit S. Chowla und Hansraj Gupta veröffentlichte Auluck einen Artikel mit dem Titel „On the maximum value of the number of partitions of n into k parts".[79]

Aber vielleicht war Aulucks bemerkenswertester Beitrag in diesem Jahr der zum Waringschen Problem. Zu dieser Zeit hatte S. Chowla, vielleicht beeinflusst von seinem Freund und langjährigen Mitarbeiter S. S. Pillai, damit begonnen, sich aktiv für das Waringsche Problem zu interessieren. So ermutigte er nicht nur Auluck, sondern auch einen anderen Forschungsstipendiaten namens Inder Chowla, sich mit dem Waringschen Problem zu befassen. Er veröffentlichte auch einige Arbeiten zum Waringschen Problem und zu Kongruenzen. F. C. Auluck zeigte, dass jede natürliche Zahl n, für die $\log_{10}\log_{10} n \geq 89$ gilt, tatsächlich eine Summe von Biquadraten ist. Diese Arbeit wurde von Auluck unabhängig unter dem Titel „On Waring's problem for biquadrates" veröffentlicht.[80]

In der Einleitung zu dem Artikel gab Auluck selbst zu, dass seine Grenze extrem schwierig zu berechnen war, sodass Verbesserungen der oberen Grenze für $g(4)$ praktisch unmöglich waren. Lange Zeit war Aulucks obere Grenze die einzige bekannte explizite Grenze für die Darstellung von 19 Biquadraten.

F. C. Auluck arbeitete weiterhin eigenständig und auch in Zusammenarbeit mit S. Chowla an Problemen der Zahlentheorie. Später wechselte er jedoch zur Physik. Er wurde ein berühmter Physiker, bekannt für seine Arbeit in der statistischen Physik. Er zog von Lahore nach Neu-Delhi. Schließlich wurde er Aryabhata Professor und später Emeritus Professor für Physik an der Universität Delhi. F. C. Auluck starb 1987 im Alter von 75 Jahren.

Der andere Schüler von S. Chowla war sein Bruder Inder Chowla, der bereits zuvor erwähnt wurde. Er veröffentlichte einen Artikel mit dem Titel „On Waring's problem in cubes".[81] In diesem Artikel bewies er, dass fast alle Zahlen als Summe von vier nichtnegativen Würfeln (von Ganzzahlen) darstellbar sind, vorausgesetzt, eine bestimmte Hypothese ist erfüllt. In derselben Ausgabe der Zeitschrift veröffentlichte I. Chowla eine weitere Forschungsarbeit mit dem Titel „On the number of solutions of some congruences in two variables".[82] Dies war ein interessanter Artikel. Der Autor erwähnte zu Beginn, dass Hurwitz den ersten Beweis

---

[78] Abschn. 2, (SC. 93).

[79] Abschn. 2, (SC. 99).

[80] *Proc. Indian Acad. Sci.*, Abschn. A, 11, (1940), 437–450.

[81] *Proc. Indian Acad. Sci.*, Abschn. A, (1937), 1–17.

[82] *Proc. Indian Acad. Sci.*, Abschn. A, 40–44.

dafür geliefert habe, dass die Kongruenz $ax^k + b^k \equiv O(p)$ mit x,y prim zu p, lösbar ist, wann immer $a, b, c \neq O(p)$ für ausreichend große p. Dies war eine Verallgemeinerung eines früheren Ergebnisses von Dickson. Mordell, Davenport und Hasse bewiesen das stärkere Ergebnis, dass die Anzahl der Lösungen der obigen Kongruenz asymptotisch zu p ist, für große p. Andererseits lieferte I. Chowla in seinem Artikel einen einfachen Beweis für dieses Ergebnis durch eine neue Methode, die auf den Lemmas von Hardy und Littlewood basiert.

S. Chowlas andere Mitarbeiter waren Hansraj Gupta und R. P. Bambah, die zu Pionier-Zahlentheoretikern der Punjab-Schule wurden. Aber das wird später diskutiert. Doch zurück zu S. Chowla: Die Teilung Indiens vor der Unabhängigkeit im Jahr 1947 veränderte seinen Lebenslauf. Nach dem 15. August 1947 verlegte S. Chowla seinen Wohnsitz für eine Weile nach Delhi. 1948 verließ er Indien und nahm vorübergehend die Stelle eines Dozenten am Institute of Advanced Study in Princeton, USA, an. Dort wurde Chowla erneut aktiv in die Forschung zu Themen der Zahlentheorie einbezogen. Seine Kollegen dort waren weltberühmte Zahlentheoretiker wie Carl L. Siegel, Atle Selberg, Paul Turan, Paul Erdös und Hermann Weyl. 1949 trat er der University of Kansas in Lawrence, USA, bei. Drei Jahre später wechselte er zur University of Colorado in Boulder, USA. Schließlich übernahm er 1963 eine Forschungsprofessur an der Pennsylvania State University und arbeitete dort bis zu seiner Pensionierung im Jahr 1976. Während seiner Jahre in den USA war er aktiv in die Forschung zu verschiedenen Themen der Zahlentheorie einbezogen. Während seiner langen Forschungskarriere, die 1925 begann und 1986 endete, schrieb er insgesamt 350 Forschungsarbeiten. Während seiner langen Dienstjahre in den USA. betreute Chowla mehr als 20 Doktoranden, die ihren Abschluss unter seiner Aufsicht erwarben. Die indischen Studenten, die er dort betreute, umfassen seine eigene Tochter P. Chowla, Sahib Singh und A. M. Vaidya. Während seiner Tätigkeit an verschiedenen Universitäten arbeitete S. Chowla mit Atle Selberg, Paul Erdös, L. J. Mordell, H. Davenport, E. Artin, R. Brauer, N. C. Ankeny, P. T. Bateman, G. Shimura, H. J. Ryser, I. N. Herstein, D. Lewis, H. Hasse, B. W. Jones, T. M. Apostol, E. Strauss, H. B. Mann, T. Skolem, B. J. Birch, Marshall Hall Jr., A. Borel, K. Iwasawa, R. Ayoub, H. Zassenhaus, B. C. Berndt, K. Ramachandra und vielen anderen zusammen.

Es ist keine Übertreibung zu sagen, dass er mit den bedeutendsten Zahlentheoretikern seiner Zeit zusammenarbeitete. Nach einer konservativen Schätzung schrieb er mehr als 300 Arbeiten mit etwa 60 Co-Autoren. Er weckte die Liebe zur Mathematik im Allgemeinen und zur Zahlentheorie im Besonderen bei vielen Menschen.

In der additiven Zahlentheorie [16] arbeitete er an Gitterpunkten [17], Partitionen und dem Waringschen Problem. In der analytischen Zahlentheorie lieferte S. Chowla Veröffentlichungen zu Dirichlet-L-Funktionen [18], Primzahlen sowie Riemann- und Epstein-Zeta-Funktionen [19]. Er leistete auch bemerkenswerte Beiträge zu binären quadratischen Formen [20] und Klassenzahlen [21], diophantischen Gleichungen und diophantischen Approximationen.

Wieder zurück zum indischen Szenario, ist zu beachten, dass er 1944 in Zusammenarbeit mit R. C. Bose und C. R. Rao eine Arbeit mit dem Titel „A chain of congruences" veröffentlichte.[83] Im selben Jahr wurde in Zusammenarbeit mit R. C. Bose ein weiterer Artikel mit dem Titel „On a method of constructing a cyclic subgroup of order $p+1$ of the group of linear fractional transformations (mod p)"[84] veröffentlicht. Während dieser Zeit arbeitete S. Chowla auch mit Mian Abdul Majid zusammen und sie veröffentlichten zusammen drei Arbeiten. Aber ihr Interesse galt der mathematischen Analyse und Differentialgleichungen. Details dieser Veröffentlichungen sind hier nicht relevant. Später, nach der Teilung des indischen Subkontinents, blieb Mian Abdul Majid in Lahore. Gegen Ende des Jahres veröffentlichte das Trio S. Chowla, R. C. Bose und C. R. Rao eine Arbeit mit dem Titel „On the integral order (mod p) of quadratics $x^2 + ax + b$, with applications to the construction of minimum functions for $GF(p^2)$, and to some number theory results".[85] In dieser Arbeit betrachteten sie Polynome, deren Koeffizienten zum Ring der Ganzzahlen gehörten und p immer eine ungerade Primzahl bezeichnete. Wiederum, wenn n als die kleinste positive Ganzzahl genommen wird, sodass $x^n \equiv$ eine Ganzzahl (mod p, $x^2 + ax + b$), dann wird n als die *integrale Ordnung* von $x^2 + ax + b$, (mod p) bezeichnet. In dieser Arbeit leiteten sie eine Reihe von interessanten Theoremen über die „integrale Ordnung" ab. Im selben Jahr veröffentlichten S. Chowla und R. C. Bose gemeinsam die Arbeit mit dem Titel „On the construction of affine difference sets".[86] Die drei Mathematiker S. Chowla, R. C. Bose und C. R. Rao arbeiteten erneut zusammen und veröffentlichten zwei Arbeiten:

- „A chain of congruences" [Abschn. 2.2, (SC. 122)]
- „Minimum functions in Galois fields" [Abschn. 2.2, (SC. 118)]

Das war die letzte veröffentlichte Arbeit dieses berühmten Trios.

Die Diskussion über die Zusammenarbeit von S. Chowla und seinem berühmten Studenten R. P. Bambah wird im Detail durchgeführt, während wir uns auf die Forschungsbeiträge von R. P. Bambah konzentrieren. Hier wird eine kurze Zusammenfassung von Chowlas Forschungsarbeit präsentiert, die die beteiligten Themen anzeigt.

Chowla hat eine erhebliche Menge Forschung zu Ramanujans $\tau(n)$-Funktionen durchgeführt. Während der Jahre 1946–1947 bewiesen Chowla und sein berühmter Student R. P. Bambah Kongruenzen für $\tau(n)$ modulo verschiedene Potenzen von 2, 3, 5, 7. Im Jahr 1947 zeigten sie, dass

$$\tau(n) \equiv \tau \left(\mathrm{mod}\ 2^5 \cdot 3^2 \cdot 5^{2.7} \cdot 23 \cdot 691 \right) \text{für fast alle } n.$$

Chowla erweiterte dies und leitete ein bemerkenswertes Ergebnis ab. Er stellte fest:

---

[83] Abschn. 2, (SC. 122).

[84] Abschn. 2, (SC. 123).

[85] Abschn. 1, (SC. 116).

[86] *Bulletin of the Calcutta Mathematical Society*, 37, (1945), 107–112.

Seien a, b, c, d, e, f beliebige Ganzzahlen ≥ 0. Dann ist $\tau(n) \equiv 0 \pmod{2^a \cdot 3^b \cdot 5^c \cdot 7^d \cdot 23^e \cdot 691^f}$ für fast alle n.

S. Chowlas nächste wichtige Arbeit steht im Zusammenhang mit dem Margulis-Oppenheim-Theorem. Alexander Oppenheim (1903–1994) war ein britischer Zahlentheoretiker und Schüler von G. H. Hardy und L. E. Dickson (1874–1954). Beeinflusst von ihnen arbeitete er an der diophantischen Approximation und stellte 1929 eine Vermutung auf. Diese bezog sich auf die Darstellung von Zahlen durch reale quadratische Formen in mehreren Variablen. 1934 gelang Chowla der erste Durchbruch in der genannten Vermutung. 1946 erweiterten H. Davenport (1907–1969) und H. A. Heilbronn (1908–1975) Chowlas Ergebnis. Durch die Bemühungen von Davenport, Birch und Ridout wurde in den 1950er-Jahren die Oppenheim-Vermutung für allgemeine unbestimmte quadratische Formen in $n \geq 21$ Variablen bewiesen. Nach mehr als 30 Jahren bewies G. Margulis 1987 die Oppenheim-Vermutung vollständig unter Verwendung von Ideen aus topologischen Gruppen. Es ist zu beachten, dass Margulis in seinem Beweis von den Ideen zweier berühmter indischer Mathematiker, nämlich M. S. Raghunathan und S. G. Dani, beeinflusst wurde. Neben Raghunathan und Dani haben auch K. G. Ramanathan, S. Raghavan und Gopal Prasad bedeutende Beiträge zu verwandten Problemen geliefert.

Ein weiterer Bereich, in dem Chowlas Arbeit sehr bewundert wurde, betrifft die Klassenzahlen. Tatsächlich schien er eine lebenslange Faszination für Klassenzahlen zu haben. Während seiner Amtszeit in den USA bewies Chowla in Zusammenarbeit mit N. C. Ankeny (1927–1993) und E. Artin (1898–1962) viele bemerkenswerte Ergebnisse für die Klassenzahlen von quadratischen Feldern und leitete interessante Ergebnisse ab.

Chowla verwendete Hansraj Guptas Partitionsfunktionstafeln, um eine von Ramanujans Vermutungen in der Partitionstheorie zu widerlegen. Die Details werden dargelegt, wenn wir uns mit Hansraj Guptas Beiträgen zur Zahlentheorie befassen.

Chowlas Beiträge während seines Aufenthalts in Indien und mit indischen Mathematikern, die in Indien leben, stehen mehr oder weniger im Fokus der öffentlichen Wahrnehmung. Doch als der produktive Forscher, der er war, setzte er seine bedeutende Forschung auch jenseits der Heimat fort und veröffentlichte wichtige Ergebnisse auch während seiner Jahre in den USA. Sein Name ist mit einer Reihe von mathematischen Ergebnissen verbunden, bei denen ausländische Mathematiker seine Mitarbeiter waren. Im Sinne der Vollständigkeit sollen noch einige weitere wichtige dieser Ergebnisse kurz erwähnt werden. Das Bruck-Chowla-Ryser-Theorem gibt ein Kriterium für die Nichtexistenz bestimmter Blockdesigns. Die Ankeny-Artin-Chowla-Kongruenz für die Klassenzahl eines reellen quadratischen Feldes wurde bereits zuvor erwähnt. Das Chowla-Mordell-Theorem über Gaußsche Summen ist ein weiterer wichtiger Beitrag. 1967 entdeckten Selberg und Chowla eine schöne Formel, die als Chowla-Selberg-Formel bekannt ist und mit speziellen Werten der Dedekind-Eta-Funktion zusammenhängt.

Anhang

[16] *Additive Zahlentheorie*: Diese spezielle Art der Zahlentheorie, die als *additive Zahlentheorie* bezeichnet wird, untersucht Teilmengen von Ganzzahlen und ihr Verhalten unter Addition.

[17] *Gitterpunkte*: Ein *Punktgitter* ist ein regelmäßig angeordnetes Array von Punkten. Formal ist ein Gitter eine diskrete Untergruppe des euklidischen Raums, vorausgesetzt, es enthält den Ursprung.

[18] *Dirichlet-L-Funktion*: Wenn X ein Dirichlet-Charakter ist und eine komplexe Variable und ihr Realteil >1, dann kann die Funktion durch analytische Fortsetzung auf eine meromorphe Funktion auf der gesamten komplexen Ebene erweitert werden. Sie wird dann als *Dirichlet-L-Funktion* bezeichnet und durch $L(S, X)$ gekennzeichnet.

Riemannsche Zeta-Funktion: Die Riemannsche Zeta-Funktion ist

$$\zeta(s) = 1 + \frac{1}{2^s} + \frac{1}{3^s} + \cdots = \sum \frac{1}{n^s}$$

wobei die Summation über n von 1 bis unendlich geht und $\zeta(s)$ eine Funktion einer komplexen Variable s ist. Es handelt sich um eine wichtige spezielle Funktion der Mathematik und Physik, die in der bestimmten Integration auftritt und eng mit tiefgreifenden Ergebnissen rund um den Primzahlsatz verbunden ist.

Epstein-Zeta-Funktion: Es handelt sich um eine Funktion, die zu einer Klasse von Dirichlet-Reihen gehört, die die Riemannsche Zeta-Funktion verallgemeinern. Sie steht in Beziehung zu zahlentheoretischen Problemen.

[19] *Riemannsche und Epstein-Zeta-Funktionen*:

[20] *Binäre quadratische Form*: Eine *binäre quadratische Form* ist eine quadratische Form in zwei Variablen der Form $Q(x,y) = ax^2 + 2bxy + cy^2$. Sie wird mathematisch durch <a, b, c> bezeichnet.

[21] *Klassenzahlen*: Die *Klassenzahl* einer Ordnung eines quadratischen Feldes mit Diskriminante entspricht der Anzahl der reduzierten binären quadratischen Formen der Diskriminante.

Der nächste bedeutende Zahlentheoretiker, der bemerkenswerte Beiträge leistete und als Ikone der Punjab-Schule gilt, ist Hansraj Gupta. Er war weder ein Schüler von S. Chowla noch zu Beginn ein Mitarbeiter. Aber Chowla verwendete eines der Ergebnisse von Hansraj Gupta aus dessen Tabellen über Partitionen und widerlegte eine Vermutung von Ramanujan. Dies brachte Hansraj Gupta internationale Anerkennung. Es ist an der Zeit, Hansraj Gupta vorzustellen und seine bahnbrechenden Beiträge zur Entwicklung der Zahlentheorieschule an der Punjab-Universität zu diskutieren.

2.2.2 Hansraj Gupta (1902–1988)

Obwohl die Professoren Hansraj Gupta (Abb. 2.4) und R. P. Bambah vor der Unabhängigkeit Indiens von den Kolonialherren geboren wurden, sind ihre Hauptforschungsaktivitäten und insbesondere ihre Beiträge zum Aufbau der postunabhängigen Schule für Zahlentheorie an der neu gegründeten Punjab-Universität in Chandigarh aus historischer Sicht bemerkenswert. Daher werden sie grob in der zweiten Hälfte des 20. Jahrhunderts verortet.

Hansraj Gupta wurde am 9. Oktober 1902 in Rawalpindi (heute in Pakistan) geboren. Sein Vater Jati Ram Gupta war ein kleiner Beamter im ehemaligen Patiala-Staat. Hansraj Gupta verbrachte praktisch seine gesamte Kindheit dort und erhielt dort auch seine Schulausbildung. Im Jahr 1919 bestand er die Reifeprüfung an der Punjab-Universität in Lahore mit sehr guten Noten in der ersten Division und gewann auch das Universitätsstipendium. Danach trat er in das Mohindra College in Patiala ein, um seine Ausbildung fortzusetzen. Im Jahr 1921 bestand er die Zwischenprüfung erneut mit sehr guten Noten in der ersten Division und gewann das Patiala-Staatsstipendium. In den nächsten zwei Jahren studierte er Mathematik im Bachelor-Studiengang am selben College. Die Professoren Bhagat Ram und Durga Dass Kapila unterrichteten ihn in Mathematik und im Jahr 1923 schloss er die zweite Division mit hohen Noten ab. Der Unterricht für einen postgradualen Studiengang in Mathematik war nur in Lahore verfügbar. Während der Jahre 1923–1924 war Hansraj Gupta überwiegend nicht gesund. Und es gab auch finanzielle Schwierigkeiten. Daher konnte er sich nicht sofort an einem College in Lahore einschreiben. Glücklicherweise aber erreichten den kranken Hansraj gute Nachrichten. Das Mohindra College in Patiala war an die Punjab-Universität für

Abb. 2.4 Hansraj Gupta (1902–1988)

den M.A. in Mathematik angeschlossen, bot aber keine Kurse an. Daher schrieb sich Hansraj dort für den M.A.-Studiengang ein und musste das College nicht besuchen, da dort kein Unterricht verfügbar war. So sparte er ein Jahr. Im Jahr 1924 trat er in das Dyal Singh College in Lahore für das zweite Jahr des M.A.-Studiengangs ein. Der Direktor des College war Pandit Hemraj, der sowohl als Mathematiker als auch als Lehrer einen hervorragenden Ruf genoss. Hemraj hatte auch einige Arbeiten zur Zahlentheorie veröffentlicht. Wahrscheinlich waren das die ausschlaggebenden Gründe für Hansraj, dieses spezielle College zu wählen. Pandit Hemraj war ein bekannter Mathematiker seiner Zeit. Er war mit der Indian Mathematical Society (IMS) verbunden und Mitglied des Exekutivkomitees der Gesellschaft. Im Jahr 1923 wurde Hansraj Gupta zum Mitglied der IMS gewählt. Bei der Beantragung des Wechsels zum Dyal Singh College hatte Hansraj seine Mitgliedschaft in der IMS erwähnt. Das beeindruckte Prof. Hemraj, und er wurde dort problemlos aufgenommen. In jenen Tagen wurde der postgraduale Unterricht in Mathematik gemeinsam von drei Colleges in Lahore durchgeführt. Auch die Universitätsprofessoren nahmen aktiv am Unterrichtsprozess teil. Zu dieser Zeit war Prof. G. S. Chowla (Vater von S. Chowla) einer seiner Lehrer. Im Jahr 1925 bestand Hansraj Gupta die M.A.-Prüfung in Mathematik mit einer hohen Noten und belegte den ersten Platz an der Universität. Angesichts der Tatsache, dass er nur ein Jahr lang formellen Unterricht erhalten hatte, war dies in der Tat eine sehr beachtliche Leistung.

Bevor die Darstellung seiner formalen akademischen Karriere folgt, sollte vielleicht erwähnt werden, dass Hansraj Gupta schon zu Schulzeiten eine besondere Begabung für Mathematik zeigte. Noch während seiner Schulzeit hatte er seinen *100-Jahres-Kalender* entwickelt. Als Student im Grundstudium folgte dann sein *Ewiger Kalender*. Im Jahr 1923 wurde dieser auf der *British Empire Exhibition*, die im Londoner Vorort Wembley stattfand, ausgestellt. Hansraj Gupta wurde dafür eine Medaille und eine Verdiensturkunde verliehen.

Da es in jenen Tagen in Indien unter der Herrschaft einer Kolonialmacht schwierig war, Arbeit zu finden, saß Hansraj Gupta nach Abschluss seines M.A. praktisch fast ein Jahr lang untätig herum. Für einige Monate gab er dem Sohn des Premierministers von Patiala Nachhilfeunterricht. Schließlich trat er im August 1926 dem Sadiq Egerton College in Bhawalpur (heute in der Sind-Provinz von Pakistan) bei. Nachdem er dort zwei Jahre gearbeitet hatte, erhielt er ein Angebot vom Direktor des Government Intermediate College in Hoshiarpur. Er nahm das Angebot gerne an. Im Jahr 1928 trat er dort ein und seine Bezeichnung war Lehrer für Mathematik. Im Jahr 1947 wurde das College zu einem vollwertigen Hochschulcollege und Hansraj Gupta wurde damit offiziell als Dozent geführt.

Als er in dem kleinen Provinzcollege in Hoshiarpur arbeitete, wurde Hansraj Gupta vom Direktor dieses Colleges dazu ermutigt, sich ernsthaft mit der Forschung zu beschäftigen. Die größte Schwierigkeit, mit der der junge Hansraj zu dieser Zeit konfrontiert war, war das Fehlen jeglicher wissenschaftlicher Infrastruktur. Die College-Bibliothek besaß keine Bücher, die er benötigt hätte, und hatte auch keine mathematischen Fachzeitschriften abonniert. Der Direktor des College, Prof. Bhatia, kam ihm wieder zur Hilfe. Er schrieb an die Universitätsbibliothek in Lahore und ließ ihn dort als Mitglied eintragen. Gelegentlich machte Hansraj Gupta Ausflüge dorthin, um notwendige Bücher und Zeitschriften zu konsultieren, und konnte schließlich mit administrativer Hilfe von Prof. Bhatia seine Doktorarbeit an der Punjab-Universität in Lahore im Jahr 1935 einreichen. Im Jahr 1936 wurde ihm dort der Doktortitel in Mathematik verliehen. Es war der erste Doktortitel, der von dieser Universität in ihrer über fünfzigjährigen Geschichte verliehen wurde. Die Dissertation von Hansraj Gupta trug den Titel „Contributions to the theory of numbers" und wurde von zwei der bekanntesten Zahlentheoretiker jener Zeit geprüft, den Professoren G. H. Hardy und J. E. Littlewood von der University of Cambridge, England. Sie waren von dem Inhalt der Dissertation beeindruckt und erwähnten in ihren Berichten, dass dies eine weit überdurchschnittliche Doktorarbeit sei. Ein weiterer interessanter Punkt sollte kurz erwähnt werden. In jenen Tagen waren die Schreibmöglichkeiten beschränkt und insbesondere Schreibmaschinen schwer verfügbar. Hansraj Guptas Handschrift war sehr gut, fast wie ein maschinengeschriebenes Skript. Daher wurde ihm die Sondergenehmigung erteilt, eine handgeschriebene Dissertation einzureichen.

In diesem Zusammenhang wäre es relevant zu erwähnen, dass Dr. Hansraj Gupta von Pandit Hemraj, der Direktor des Dyal Singh College in Lahore gewesen war, dazu inspiriert wurde, Forschungen zur Zahlentheorie durchzuführen. Wie bereits erwähnt, war Hansraj dort während seines postgradualen Studiums Student. Im Vorwort zur Monografie mit dem Titel *Symmetric Functions in the Theory of Integral Numbers*[87] erklärte Dr. Hansraj Gupta:

> [...] mein verehrter Lehrer, der verstorbene Pandit Hemraj, der am 12. November 1938 starb, weckte bei seinen Schülern viel Begeisterung für das Fach und leistete selbst wertvolle Beiträge darin. Das Wenige, das ich in Bezug auf Forschung getan habe, ist in nicht geringem Maße auf die Ermutigung zurückzuführen, die ich von ihm erhalten habe.

Dr. Hansraj Gupta arbeitete und lehrte bis 1954 am Government College in Hoshiarpur. Obwohl er seinen Doktortitel bereits 1936 erworben hatte, wurde er erst 1945 in den Beamtenrang des Punjab Educational Service, Klasse II, befördert, 1954 dann in Klasse I. Nach der Teilung des indischen Subkontinents und der Gründung Pakistans im Jahr 1947 ging die Universität Lahore an Indien verloren. Das Government College in Hoshiarpur wurde von der Punjab-Universität übernommen und zusammen mit mehreren anderen Abteilungen wurde die Mathematikabteilung der Universität dort untergebracht. Dr. Hansraj Gupta wurde zum Professor ernannt und mit der Leitung der neuen Abteilung an der Universität betraut. Im Jahr 1958 wurde die Mathematikabteilung auf das neue Universitätsgelände in Chandigarh verlegt. Professor Hansraj Gupta verließ daher Hoshiarpur nach einem 30-jährigen Aufenthalt und ließ sich in Chandigarh nieder. Die anderen Fakultätsmitglieder der Mathematikabteilung an der neuen Punjab-Universität waren Dr. R. P. Bambah, Herr T. P. Srinivasan und Dr. I. S. Luthar. Die neue Abteilung machte rasche Fortschritte und erarbeitete sich in der akademischen Welt einen Namen. Unter der wohlwollenden Leitung von Prof. Hansraj Gupta

---

[87] Lucknow University Studies Series, (1940).

und aufgrund der hervorragenden Arbeit von Dr. R. P. Bambah und den anderen Kollegen erhielt sie von der University Grants Commission den Status eines Zentrums für fortgeschrittene Studien in Mathematik im Rahmen ihres Programms für Exzellenzzentren. Im Januar 1964 wurde Prof. Hansraj Gupta zum ersten Direktor des Zentrums ernannt. Er trat schließlich 1966 in den Ruhestand. Als Anerkennung für seine Beiträge zur mathematischen Lehre, Forschung und Weiterentwicklung des Fachs wurde er zum Ehrenprofessor für Mathematik an der Punjab-Universität ernannt.

Die Forschungsbeiträge von Prof. Hansraj Gupta mit besonderem Schwerpunkt auf Zahlentheorie werden nun diskutiert. Im Besonderen hat er bedeutende Beiträge im Bereich der Zahlentheorie geleistet. Seine wesentlichen Beiträge liegen in der Partitionstheorie, diophantischen Gleichungen und der elementaren Zahlentheorie. Seine Beiträge zur Kombinatorik und diskreten Mathematik fallen nicht in die Kategorie der Zahlentheorie. Daher werden sie nicht viel diskutiert. Laut Experten auf dem Gebiet, die die Arbeit von Prof. Hansraj Gupta gut kannten, hat er in der Theorie der Partitionen die erzeugenden Funktionen, Rekurrenzrelationen, Kongruenzen, Identitäten, exakte Formeln und Asymptotiken verschiedener Partitionszahlen untersucht. Seine Arbeit ist bemerkenswert aufgrund ihrer Einfachheit, ihres Einfallsreichtums und ihrer Eleganz.

Tabellen von Partitionen und Partitionen

Professor Hansraj Gupta ist international anerkannt für seine Forschungen in der Partitionstheorie und den damit verbundenen Tabellen. Aber vor Beginn der fachlichen Diskussion ist es interessant, jenes Ereignis zu erzählen, das ihn dazu veranlasste, in diesem Bereich zu forschen. Prof. Gupta hat es selbst überliefert. Laut seiner Erinnerung kam irgendwann zwischen 1929 und 1930 ein Student auf ihn zu, um ein Problem aus einem Algebra-Lehrbuch zu lösen, und fragte:

> Auf wie viele Arten können vier Mangos unter vier Personen verteilt werden, wenn es keine Einschränkung hinsichtlich der Anzahl der Mangos gibt, die jeder von ihnen erhalten darf?

Der Student war zuvor zu einem anderen Lehrer gegangen, der die Mangos alle unterschiedlich behandelt hatte, und die Antwort $4^4 = 256$ erhalten. Da die Antwort nicht mit der im Buch gegebenen Lösung übereinstimmte, stand der Student nun vor Prof. Hansraj Gupta. Professor Gupta betrachtete die Mangos alle als gleich und löste das Problem entsprechend. Die Antwort war die gleiche wie im Buch. Der Student war sehr glücklich, dass das Problem korrekt gelöst wurde. Prof. Hansraj Gupta dagegen sah hier Forschungspotenzial:

> Hier endete das Problem des Studenten, aber meines hatte begonnen. Ich hatte bemerkt, dass ich 4 in höchstens vier Teile partitioniert hatte. Ich fragte mich: „Wie viele Partitionen wird eine gegebene Zahl n in einer gegebenen Anzahl von Teilen haben?" Dies ist es, was ich zu untersuchen begann.

So begann seine Reise in das Reich der „Partitionstheorie".

Leider hatte Hansraj Gupta den größten Teil seines Arbeitslebens in kleinen Orten wie Hoshiarpur und kleinen Colleges verbracht, die über keine Bibliotheken von Bedeutung verfügten. Er hatte auch keine Kollegen, mit denen er Mathematik diskutieren konnte. Daher war er sich der Entwicklungen, die in dem Forschungsbereich stattfanden, nicht bewusst. Nach eigener Aussage wusste er nicht einmal, dass das Problem, das er zur Untersuchung aufgriff, überhaupt nicht neu war. Er war sich überhaupt nicht bewusst, dass Srinivasa Ramanujan bereits eine Tabelle erstellt und berechnet hatte, die die Anzahl der uneingeschränkten Partitionen von $n \leq 200$ angibt. Er hatte Ramanujans *Collected Papers* nicht gesehen und keine Kenntnisse über die pentagonale Zahlenidentität von Euler. Er war leidenschaftlich an Partitionen und ihren Kongruenzeigenschaften interessiert und hat sein ganzes Leben lang Beiträge dazu geleistet. Seine erste Veröffentlichung in diesem Bereich trug den Titel „A Table of partitions".[88] Später erweiterte er die Tabellen und sie waren Teil seiner Dissertation. Wie allgemein anerkannt, ist sein herausragendster Beitrag seine „Tables of partitions". 1939 wurden sie erstmals aus seiner Dissertation gesammelt unter dem Titel *A Table of partitions* veröffentlicht.[89] Später, im Jahr 1958, wurden erweiterte Versionen dieser Tabellen von der Royal Society of London veröffentlicht.[90] Diese Tabellen wurden nicht nur in der Mathematik, sondern auch in verschiedenen Wissenschaftszweigen wie der statistischen Mechanik und der Informatik umfangreich genutzt. Dr. Hansraj Gupta hat für diese *Tabellen* internationale Berühmtheit erlangt. Die sorgfältige Pflege, die er betrieb, und seine klare, druckähnliche Handschrift machten sie fehlerfrei. S. Ramanujan und P. A. MacMahon (1854–1929) hatten unabhängig voneinander die Werte von $p(n)$, die Anzahl der uneingeschränkten Partitionen von n, bis zu $n = 200$ berechnet. Mit vielen arbeitssparenden Geräten und Ergebnissen hatte Hansraj Gupta die Tabelle bis zu $n = 300$ erweitert. In diesem Zusammenhang ist zu beachten, dass S. Ramanujan 1919 bewiesen hatte, dass die Partitionsfunktion $p(x)$ die folgenden Kongruenzen erfüllt:

$$p(5m + 4) \equiv 0(\mod 5),$$

$$p(7m + 5) \equiv 0(\mod 7),$$

$$p(11m + 6) \equiv 0(\mod 11).$$

Er bewies weiterhin, dass

$$p(25m + 24) \equiv 0\left(\mod 5^2\right),$$

$$p(49m + 47) \equiv 0\left(\mod 7^2\right),$$

$$p(121m + 116) \equiv 0\left(\mod 11^2\right).$$

Er verallgemeinerte schließlich diese Ergebnisse und vermutete, dass
wenn $\delta = 5^a 7^b 11^c$ und $24\lambda \equiv 1 \ (\mod \delta)$, dann $p(m\delta + \lambda) \equiv 0 \ (\mod \delta)$

---

[88] *Proceedings of the London Mathematical Society*, 39, (1935), 142–149.

[89] Indian Mathematical Society, Presidency College, Madras, (1939).

[90] *Tables of Partitions*, Royal Society Mathematical Tables, University Press, Cambridge, (1958), nachgedruckt (1962).

für jedes *m*. Diese Vermutung von Ramanujan führte zu viel Forschungsarbeit in diesem Bereich. Wie bereits früher erwähnt, hatte Dr. Hansraj Gupta die Partitionstabellen bis zu $n = 300$ erweitert. Er fand heraus, dass $p(243) = 133$, 978, 259, 344, 888, was nicht durch 7^3 teilbar ist. In seinem Artikel mit dem Titel „Congruence properties of partitions"[91] stellte S. Chowla fest, dass, weil $24 \cdot 243 \equiv 1 \pmod{7^3}$ ist, dies Ramanujans Vermutung widerspricht. Daher widerlegte S. Chowla 1935 mithilfe von Hansraj Guptas Tabellen eine der Vermutungen von Ramanujan. Die Vermutung wurde später von G. L. Watson (1909–1988) und A. O. L. Atkin (1925–2008) modifiziert. Sie bewiesen, dass wenn $24n - 1 \equiv 0 \pmod{5^a 7^b 11^c}$, wobei *a*, *b*, *c* nichtnegative Ganzzahlen sind, dann $p(n) \equiv 0 \pmod{5^a 7^d 11^c}$, wobei $d = [(b + c)/2]$. Neben dieser Arbeit an Partitionen schrieb Prof. Hansraj Gupta etwa 70 Forschungsarbeiten zu Problemen im Zusammenhang mit Partitionen. Dabei erzielte er eine Vielzahl von Ergebnissen, löste eine Reihe von Vermutungen und stellte viele Probleme. In diesem Zusammenhang wäre es interessant, die Rolle von Prof. Hansraj Gupta bei der Lösung der Churchhouse-Vermutung über binäre Partitionen zu diskutieren. 1969 untersuchte R. F. Churchhouse die Funktion $b(n)$, die die Anzahl der Partitionen von *n* in Potenzen von 2 angibt. Er vermutete:

Die größte Potenz von 2, die $b(2^{k+2}n) - b(2^k n)$ für $k \geq 1$ und *n* ungerade teilt, ist $[(3k+4)/2]$, wobei $b(n)$ die Anzahl der Partitionen von *n* in Potenzen von 2 ist.

1970 bewies O. Rodseth die Vermutung erstmals. Professor Hansraj Gupta lieferte drei verschiedene Beweise für die genannte Vermutung. Er veröffentlichte den ersten Beweis 1971 und einfachere 1972 und 1976. Ihm gelangen Verallgemeinerungen der berühmten Rogers-Ramanujan-Identitäten. In den späten fünfziger und frühen sechziger Jahren des 20. Jahrhunderts schrieb er mehrere Arbeiten über „partitions of j-partite numbers". Seine letzte Arbeit über Partitionen trug den Titel „Diophantine equations in partitions".[92]

Die Arbeiten von Professor H. Gupta zur Zahlentheorie und seine Tabellen zu Partitionen werden in vielen Standardlehrbüchern zitiert, darunter:

(i)   *Encyclopaedia Britannica*, Bd. 16, S. 604 (Artikel „Theorie der Zahlen")
(ii) G. H. Hardy und E. M. Wright: *Theory of Numbers*
(iii) D. H. Lehmar: *Guide to Mathematical Tables*
(iv) G. H. Hardy: *Ramanujan*
(v)   *Hand-Book of Mathematical Tables*. National Bureau of Standards, USA

Das National Bureau of Standards lud Prof. Hansraj Gupta ein, einen Übersichtsartikel über die „Theorie der Partitionen" für ihre Zeitschrift zu schreiben. Professor H. Gupta arbeitete hart und schrieb einen bemerkenswerten Beitrag, der 1970 veröffentlicht wurde. Er gilt als einer der besten Übersichtsartikel zu diesem

---

[91] *Journal London Math. Soc.*, 9, (1934), 247.

[92] Abschn. 2, (HG. 175).

Thema. Es sei hier erwähnt, dass Prof. H. Gupta bereits im Dezember 1963 auf der 29. Jahrestagung der Indian Mathematical Society in Madras eine Präsidentenrede (technisch) gehalten hatte. Dort sprach er über „Partitions: a survey". Seine Rede wurde später als Artikel in *mathematics Student* veröffentlicht.[93] Dort diskutierte er ausführlich über verschiedene Arten von Partitionen wie „beschränkte Partitionen", „Zerlegungen", „perfekte Partitionen", „zyklische Partitionen", „erzeugende Funktionen", „Rekursionsformeln", „Kongruenzen", „Ramanujans Vermutung", „Newmans Vermutung", „Rang einer Partition", „Hardy-Ramanujan-Rademacher-Reihe für $p(n)$" und „Partitionen in Potenzen von Primzahlen".

In diesem Zusammenhang sei erwähnt, dass der Artikel, den er zusammen mit S. D. Chowla und F. C. Auluck unter dem Titel „On the maximum number of partitions of n into k parts"[94] verfasste, bei bekannten Zahlentheoretikern wie Erdös und Lehmar großes Interesse weckte und sie zu weiteren Forschungen in diesem Bereich anregte.

Neben der Partitionstheorie und Tabellen hatte Hansraj Gupta auch großes Interesse an arithmetischen Funktionen und insbesondere an ihren Kongruenzeigenschaften. Er leistete bedeutende Beiträge zur Ramanujan-Funktion $\tau(n)$ und den arithmetischen Funktionen wie $\sigma(n)$, $\sigma_k(n)$ und Eulers Phi-Funktion $\varphi(n)$.

Professor H. Gupta war wie viele andere indische Mathematiker von den Leistungen Srinivasa Ramanujans begeistert. Er arbeitete an Themen, die durch Ramanujan ins Rampenlicht gerückt wurden, darunter Ramanujans Funktion $\tau(n)$. In seiner Arbeit mit dem Titel „Congruence properties of $\tau(n)$"[95] erweiterte er Ramanujans Tabelle der Werte der Funktion $\tau(n)$ für n bis 130. In einer späteren Arbeit mit dem Titel „A table of values of von $\tau(n)$"[96] erweiterte Prof. H. Gupta die Tabelle weiter bis $n = 400$. Dies war eine nützliche Ergänzung. In seiner Arbeit mit dem Titel „Congruence properties of Ramanujan's function $\tau(n)$",[97] die in Zusammenarbeit mit R. P. Bambah, S. Chowla und D. B. Lahiri verfasst wurde, wurden Beziehungen zwischen $\tau(n)$ und $\sigma(n)$ unter verschiedenen Bedingungen hergestellt. In einer weiteren Arbeit, die in Zusammenarbeit mit R. P. Bambah und S. Chowla verfasst und mit „A Congruence Property of Ramanujan's Function $\tau(n)$" betitelt wurde,[98] wurde bewiesen, dass

$$\text{wenn } (n, 2) = 1, \text{ dann } \tau(n) \equiv \sigma(n)(\text{mod } 8)$$

und

$$\text{wenn } 2 \mid n, \quad \text{dann } \tau(n) \equiv 0(\text{mod } 8).$$

---

[93] Nr. 32, (1964), Anhang 1–19.

[94] Abschn. 2, (HG. 46).

[95] Abschn. 2, (HG. 53).

[96] Abschn. 2, (HG. 65).

[97] Abschn. 2, (HG. 62).

[98] Abschn. 2, (HG. 63).

In einer weiteren Arbeit, die mit Ramanujans Funktion $\tau(n)$ in Verbindung steht und den Titel „The vanishing of Ramanujan's function $\tau(n)$" trägt,[99] konnte Prof. H. Gupta ein Ergebnis aufgrund der Unzugänglichkeit einer Primzahlentabelle nicht überprüfen. Das spiegelt die Art von Schwierigkeiten wider, denen er bei seiner Forschungsarbeit gegenüberstand.

Darstellungen von Primzahlen durch quadratische Formen

Im Jahr 1960 veröffentlichte Prof. Hansraj Gupta in Zusammenarbeit mit J. C. P. Miller, M. S. Cheema, A. Mehta und O. P. Gupta eine Monografie mit dem Titel *Representation of Primes by Quadratic Forms*.[100] Sie veröffentlichten die Lösungen der Gleichung $x^2 + Dy^2 = p$ oder $2p$ für $D = 5$, 6, 10, 13 und Primzahlen $p \leq 10^5$.

Es sei darauf hingewiesen, dass Prof. Hansraj Gupta auch für die Veröffentlichung von Tabellen der Werte der Liouville-Funktion $L(t)$ verantwortlich war. In seinem Aufsatz mit dem Titel „A Table of Values of Liouville's Function $L(t)$"[101] erklärte er, dass wenn p eine Primzahl ≥ 2 bezeichnet, dann für positive ganzzahlige Werte von t die Liouville-Funktionen $\lambda(t)$ und $L(t)$ durch die Beziehungen $\lambda(0) = 0$, $\lambda(1) = 1$, $\lambda(pt) = -\lambda(t)$ und $L(t) = \lambda(1) + \lambda(2) + \lambda(3) + \cdots + \lambda(t)$ definiert sind. Daher ist $\lambda(475) = -\lambda(95) = \lambda(19) = -\lambda(1) = -1$. Im Jahr 1919 vermutete Polya, dass für Werte von $t \geq 2$ $L(t) \leq 0$ ist. Er überprüfte diese Vermutung für Werte von t bis 1500. Im Jahr 1940 berechnete Dr. Hansraj Gupta auf Vorschlag von Dr. Chowla eine Tabelle mit den Werten von $\lambda(t)$ und $L(t)$ für Werte von t bis 20.000 und stellte auch fest, dass Polyas Vermutung in diesem Umfang zutraf. Ohne moderne Rechenhilfen ist dies in der Tat eine bemerkenswerte Arbeit.

Symmetrische Funktionen

Symmetrische Funktionen $G(n,r)$ werden auch als *Stirling-Zahlen der ersten Art* bezeichnet. In den Jahren 1931–1935 unternahm Hansraj Gupta eine gründliche Untersuchung dieser Funktionen und die erzielten Ergebnisse bildeten den ersten Teil, also Teil eins seiner Doktorarbeit. Später wurden diese Arbeiten in Form eines Buches mit dem Titel *Symmetric Functions in the Theory of Integral Numbers* veröffentlicht.[102] Die Zahlen $G(n, r)$ werden durch die erzeugende Funktion

$$(x + 1), (x + 2), \ldots, (x + n) = \sum G(n,r)x^{n-r} \text{ mit } G(n,0) = 1$$

ausgedrückt.

Er drückte diese Funktion in Bezug auf kombinatorische Funktionen, Bernoulli-Zahlen, Differenzoperatoren usw. aus und erhielt Rekursionsformeln. Die

---

[99] Abschn. 2, (HG. 67).

[100] Royal Society Mathematical Tables, University Press, Cambridge, (1960).

[101] Abschn. 2, (HG. 73).

[102] Lucknow University Studies, Allahabad Law Journal Press, Allahabad, Indien, Nr. 14, (1940).

symmetrischen Funktionen von „selbstständigen ausbalancierten Mengen" wurden ebenfalls von ihm untersucht. Die von ihm abgeleiteten Eigenschaften zeigten, dass die Theoreme von Lagrange, Wilson, Fermat, Gauß und vielen anderen als Spezialfälle folgen.

Diophantische Gleichungen

Professor Hansraj Gupta leitete eine Methode zur Schreibung der allgemeinen Lösung der diophantischen Gleichung $x_1, x_2, \ldots, x_n = y_1, y_2, \ldots, y_m$ in Bezug auf mn Parameter ab. Er verwendete diese Methode, um viele andere diophantische Gleichungen des Typs zu lösen:

$$ax^2 + y^2 = z^2 = x_1 x_2^2 = y_1 y_2 = z_1 z_2, \quad x^n = y_1, y_2, \ldots, y_m$$

Er bewies einige Ergebnisse, die mit dem Tarry-Escott-Problem zusammenhängen. Es sei darauf hingewiesen, dass seine beiden unten aufgeführten Veröffentlichungen interessant sind:

- „On $N_q(r)$ in the Tarry-Escott Problem" [Abschn. 2.2, (HG. 68)]
- „A solution of the Tarry-Escott Problem of degree r" [Abschn. 2.2, (HG. 70)]

Professor Hansraj Gupta schrieb auch eine Reihe von Aufsätzen zu verschiedenen anderen Themen der elementaren Zahlentheorie. Viele von ihnen hat er in sein Buch mit dem Titel *Selected Topics in Number Theory* aufgenommen.[103] Sie sind in einfacher Sprache geschrieben und sehr nützlich für Studenten und Forscher in der Zahlentheorie.

Professor H. Gupta hat bemerkenswerte Beiträge zur Kombinatorik geleistet. Seine in Zusammenarbeit mit H. Anand und V. C. Dumir verfasste Arbeit mit dem Titel „A combinatorial distribution problem"[104] ist besonders wichtig, denn in dieser Arbeit stellten sie eine bestimmte mathematische Vermutung auf. Im Jahr 1974 bewies *R.* Stanley die Vermutung unter Verwendung der mächtigen Theorie der Cohen-Macaulay-Ringe und vieler weiterer verallgemeinerter Ergebnisse. Diese Methoden wurden später verallgemeinert und als *Cohen-Macaulaysche teilweise geordnete Mengen* bezeichnet. Dafür finden sich Anwendungen in der Zahlentheorie.

In seiner über 60-jährigen aktiven akademischen Laufbahn hat Prof. Hansraj Gupta 190 Forschungsarbeiten in nationalen und internationalen Zeitschriften veröffentlicht und auch sechs Bücher und Monografien publiziert. Er hat mit 16 Mathematikern zusammengearbeitet, darunter Harsh Anand, F. C. Auluck, R. P. Bambah, G. Bhattacharya, M. S. Cheema, S. D. Chowla, V. C. Dumir, Paul Erdös, O. P. Gupta, S. P. Khare, D. B. Lahiri, G. Baikunth Nath, P. A. B. Pleasants, Kuldip Singh, Seshadri Srinivasan und A. M. Vaidya.

In Anerkennung seiner hochrangigen mathematischen Beiträge erhielt er mehrere Auszeichnungen und Ehrungen. Er wurde zum Fellow des National Institute

---

[103] Abacus Press, Indien, (1980).

[104] Abschn. 2, (HG. 105).

of Sciences, India (heute bekannt als Indian National Science Academy) und zum Fellow der National Academy of Sciences, Allahabad, gewählt. Im Jahr 1963 wurde er Präsident der Indian Mathematical Society. Im Jahr 1979 verlieh ihm die Mathematical Association of India den „Distinguished Service Award".

Zwei Kommentare von zwei herausragenden Mathematikern beschreiben treffend den großen Zahlentheoretiker Prof. Hansraj Gupta, der nicht nur selbst großartige Arbeit geleistet, sondern auch Generationen von jungen Studenten und Forschern inspiriert hat. G. E. Andrews kommentierte:

> Guptas mathematische Karriere war in vielen Phasen von anderen Mathematikern mit ähnlichen Interessen isoliert, und manchmal hatte er nur begrenzten Zugang zu Zeitschriften. Daher stellte sich heraus, dass einige seiner Arbeiten Wiederentdeckungen waren. Aber selbst wenn das der Fall war, gab es immer eine besondere „Guptaeske" Wendung.
>
> Neben seiner umfangreichen Arbeit an Tabellen lieferte er einen äußerst eleganten und elementaren Beweis für den Erdös-Lehmar-Satz über die Asymptotik der Anzahl der Partitionen von n in m Teile. Er lieferte einen schönen, elementaren Beweis für die Churchhouse-Vermutung über binäre Partitionen. Er griff auch erfolgreich einige der schwierigsten Partitionierungsprobleme an, die von Erdös gestellt worden waren.

Sein ehemaliger Kollege Prof. I. B. Passi schrieb:

> Die Tatsache, dass Professor Gupta die erste Person war, die von der Punjab-Universität in Lahore den Ph.D. verliehen bekam, und dass er hochwertige Mathematik an einem abgelegenen Ort wie Hoshiarpur produzierte, war eine große Inspirations- und Motivationsquelle für alle Studenten.

Ein weiterer ikonischer Zahlentheoretiker der Punjab-Schule wird das nächste Diskussionsthema sein. Er handelt sich um Prof. R. P. Bambah. Es wurde bereits erwähnt, dass S. Chowla als der Gründungsvater der Punjab-Schule der Zahlentheorie viele bekannte Mathematiker ausgebildet hat. Er rückte praktisch Hansraj Gupta in den Vordergrund Zahlentheorie-Welt. Aber man kann ohne Übertreibung behaupten, dass Prof. Chowlas größter Beitrag darin bestand, R. P. Bambah zu inspirieren, Forschungen zu Themen im Zusammenhang mit der Zahlentheorie durchzuführen.

2.2.3 Ram Prakash Bambah

R. P. Bambah (Abb. 2.5) wurde am 30. September 1925 in Jammu geboren. Nach erfolgreichem Abschluss seiner Schulausbildung im Jahr 1939 wurde er am Government College in Lahore im ungeteilten Indien (heute in Pakistan) für weitere Studien aufgenommen. Er absolvierte eine herausragende und lobenswerte akademische Laufbahn. An der Punjab-Universität in Lahore belegte er den ersten Platz in den Prüfungen zum F.A. (entspricht dem Intermediate), B.A., B.A. (Honors) und M.A. In letzterer Prüfung stellte er einen unübertroffenen Rekord auf, indem er die vollen 600 von möglichen 600 Punkten erzielte.

Abb. 2.5 R. P. Bambah
(1925)

Sein außergewöhnliches Talent in Mathematik wurde bereits zu Beginn seiner College-Zeit in Lahore bemerkt. Der bekannte Zahlentheoretiker S. Chowla gehörte zu Bambahs Lehrern am dortigen Government College. Während seiner Studienzeit war Bambah sehr beeindruckt und motiviert von Prof. S. Chowla. Später kommentierte Bambah einmal:

> Professor Chowla war ein echter Nachfolger von Srinivasa Ramanujan, dem größten Mathematiker indischer Herkunft.

Nach Abschluss seines postgradualen Studiums im Jahr 1946 beschloss R. P. Bambah, unter der Leitung von S. Chowla Forschungen zur Zahlentheorie durchzuführen. Die erste von Bambah in Zusammenarbeit mit S. Chowla veröffentlichte Arbeit befasste sich mit ganzzahligen Wurzeln einer Einheitsmatrix. Die Arbeit trug den Titel „On integer roots of a unit matrix".[105] Die nächste Arbeit wurde von Bambah unabhängig veröffentlicht und trug den Titel „On Complete primitive residue sets".[106] Beide Arbeiten gehören zur elementaren Zahlentheorie.

Professor S. Chowla führte R. P. Bambah in die Arbeit des legendären indischen Zahlentheoretikers und Mathematikers Srinivasa Ramanujan ein. Inspiriert davon nahm Bambah Studien zur τ-Funktion von Ramanujan auf. Ramanujan hatte die τ-Funktion wie folgt eingeführt und definiert:

$$\sum_{n=1}^{\infty} \tau(n)x^n = x[(1-x)(1-x^2)\cdots]^{24}$$

---

[105] Abschn. 2, (RPB. 1).
[106] Abschn. 2, (RPB. 2).

Diese Funktion ist bekannt als *Ramanujans τ-Funktion*. Aus dem obigen Ausdruck geht hervor, dass $\tau(n)$ der Koeffizient von x^n in dem Polynom ist, das entsteht, wenn die Terme bis zu $(1 - x^{ri})$ in dem Produkt auf der rechten Seite genommen werden.

Ramanujan hat viel Arbeit in diese Funktion gesteckt. Er berechnete die Werte von $\tau(n)$ wie $\tau(1) = 1$, $\tau(2) = -2$, $\tau(3) = 252$, $\tau(4) = -1472$ usw. Er erstellte also Tabellen für τ-Funktionen. Er stellte auch viele wichtige Vermutungen über $\tau(n)$ auf. Viele Jahre nach Ramanujans vorzeitigem Tod hielt Prof. G. H. Hardy 1936–1940 eine Reihe von Vorlesungen über Ramanujans Forschungsbeiträge. Die zehnte Vorlesung, die Hardy hielt, war vollständig den τ-Funktionen gewidmet. In der genannten Vorlesung bemerkte Hardy:

> Ich werde diese Vorlesung einer intensiveren Untersuchung einiger Eigenschaften von Ramanujans Funktionen $\tau(n)$ widmen, die sehr bemerkenswert und noch unvollständig verstanden sind. Es mag scheinen, als würden wir uns in einem der Nebenströme der Mathematik verirren. Aber die Entstehung von $\tau(n)$ als Koeffizient in einer so grundlegenden Funktion zwingt einen dazu, sie mit Respekt zu behandeln.

Bambah war von diesen Gesprächen sehr inspiriert und begann seine Forschung in diesem Bereich. Im Jahr 1946 veröffentlichte er in Zusammenarbeit mit S. Chowla eine Reihe von Arbeiten, die sich auf Ramanujans Funktion bezogen. Sie sind unten aufgelistet:

- (mit Chowla, S.) „Acongruence property of Ramanujan function $\tau(n)$" [Abschn. 2.2, (RPB. 4)]
- (mit Chowla, S.) „On a function of Ramanujan" [Abschn. 2.2, (RPB. 6)]
- (mit Chowla, S.) „Some new congruence properties of Ramanujan's function $\tau(n)$" [Abschn. 2.2, (RPB. 8)]

Im Jahr 1947 arbeitete R. P. Bambah zu verschiedenen Zeiten in Zusammenhang mit verschiedenen Problemen, die mit Ramanujans Funktion zusammenhängen, mit S. Chowla, Hansraj Gupta und D. B. Lahiri zusammen. Das Ergebnis war die Veröffentlichung der folgenden sieben Arbeiten. Sie sind unten aufgelistet:

- (mit Chowla, S.) „A note on Ramanujan's function $\tau(n)$" [Abschn. 2.2, (RPB. 9)]
- „Ramanujan's function: a congruence property" [Abschn. 2.2, (RPB. 10)]
- (mit S. Chowla und H. Gupta) „A congruence property of Ramanujan's function $\tau(n)$" [Abschn. 2.2, (RPB. 11)]
- (mit S. Chowla) „A new congruence property of Ramanujan's function $\tau(n)$" [Abschn. 2.2, (RPB, 12)]
- (mit S. Chowla, H. Gupta und D. B. Lahiri) „Congruence properties of Ramanujan's function" [Abschn. 2.2, (RPB. 13)]
- (mit Chowla, S.) „Congruence properties of Ramanujan's function $\tau(n)$" [Abschn. 2.2, (RPB. 14)]
- (mit S. Chowla) „The residue of Ramanujan's function $\tau(n)$ to the modulus 2^8" [Abschn. 2.2, (RPB. 17)]

Bemerkenswert ist die Tatsache, dass Bambah zwischen 1946 und 1947 entweder allein oder in Zusammenarbeit mit Chowla und einigen anderen Zahlentheoretikern zehn Forschungsarbeiten zu Themen im Zusammenhang mit Ramanujans Funktion $\tau(n)$ veröffentlicht hat. Dies zeigt deutlich, wie Ramanujan R. P. Bambah in den frühen Jahren seiner Forschungskarriere inspiriert hat. In diesen beiden Jahren, 1946 und 1947, bewiesen Bambah und Chowla Kongruenzen für $\tau(n)$ modulo verschiedene Potenzen von 2, 3, 5 und 7.

Im Jahr 1946 hatte S. Chowla seine ersten Arbeiten an Prof. G. H. Hardy in England geschickt. Professor Hardy hatte diese Arbeiten bearbeitet, zusammengefasst und im *Journal of the London Mathematical Society* als „Two congruence properties of Ramanujan's function $\tau(n)$" veröffentlicht.[107] Jahre später kommentierte Prof. R. P. Bambah:

Aufgrund der späteren Arbeit vieler leistungsfähiger Mathematiker nimmt Ramanujans $\tau(n)$-Funktion eine sehr zentrale Position in der Mainstream-Mathematik ein […] wegen ihrer Verbindung mit Modulformen, elliptischen Kurven und so weiter, die eine wichtige Rolle in der modernen Mathematik spielen und tatsächlich entscheidend für die Lösung von Fermats letztem Theorem waren.

Als Bambah unter der Aufsicht von Prof. Chowla arbeitete, stellten sie 1947 eine interessante Vermutung auf, um die Existenz einer Konstanten C zu beweisen, sodass es für $x \geq 1$ mindestens eine ganze Zahl zwischen x und $x + Cx^{1/4}$ gibt, die als Summe von zwei Quadraten ausgedrückt werden kann. Sie veröffentlichten ihre Ergebnisse in der Arbeit mit dem Titel „On numbers which can be expressed as a sum of two squares".[108]

Zu dieser Zeit hatten sie Zweifel an der Zuverlässigkeit des Ergebnisses. Später haben viele Mathematiker wie K. N. Majumdar (1950), S. Uchiyama (1965), P. H. Diananda (1966) und L. J. Mordell (1969) an dem Wert von C gearbeitet und versucht, das Ergebnis zu verallgemeinern. Aber es konnten kaum Verbesserungen an dem von Bambah und Chowla festgestellten Ergebnis erzielt werden. 1971 bewies ein weiterer britischer Mathematiker namens C. Hooley einige verwandte Ergebnisse.

Aufgrund politischer Instabilität und der bevorstehenden Teilung Indiens verließ R. P. Bambah 1947 Lahore und hatte einen kurzen Aufenthalt an der Universität Delhi. 1948 erhielt Bambah ein prestigeträchtiges zweijähriges Stipendium und ging zur University of Cambridge nach England. Dort arbeitete er als Forschungsstudent unter der Leitung von L. J. Mordell. Mordell war ein bekannter Zahlentheoretiker, der für die Lösung von Ramanujans Vermutungen und vielen anderen wichtigen Problemen in der Zahlentheorie bekannt war. Im Januar 1949 schlug er R. P. Bambah ein ziemlich schwieriges Problem zur Bearbeitung vor. Das Problem stand in Zusammenhang mit Zahlen. Bevor wir über Bambahs Beiträge in diesem Bereich sprechen, ist eine kleine Einführung notwendig.

---

[107] Abschn. 2, (RPB. 3).
[108] Abschn. 2, (RPB. 15).

Mathematische Größen wie C. F. Gauß (1777–1855) und J. L. Lagrange (1736–1813) hatten geometrische Methoden zur Lösung arithmetischer Probleme verwendet. H. Minkowski (1864–1909) war ein bekannter deutscher Mathematiker, der beobachtete, dass geometrische Methoden im Fall einiger Ungleichungen zu einfachen Beweisen für das Vorhandensein von Lösungen in Bezug auf Ganzzahlen (nicht alle Nullen) führten. Er nannte dies auch *Zahlgeometrie*. Der Vorteil der Methode besteht darin, dass man nur überprüfen muss, ob der durch die Ungleichung definierte n-dimensionale Körper bestimmte Eigenschaften hat. Bald wurde die „Zahlgeometrie" zu einem neuen Hauptzweig der Zahlentheorie entwickelt. Viele Mathematiker begannen neue Probleme zu untersuchen, die aus diesem neuen Bereich entstanden. Was R. P. Bambah betrifft, so war er am richtigen Ort, inmitten großer Zahlentheoretiker, die aktiv an spannenden Forschungen in der „goldenen Ära" der Zahlgeometrie beteiligt waren.

Um Bambahs Forschungsarbeit auf diesem Gebiet zu erklären, müssen einige grundlegende Begriffe eingeführt werden. In diesem Zusammenhang ist ein Zitat der bekannten Zahlentheoretiker R. J. Hans-Gill und S. K. Khanduja hilfreich:

> Wir betrachten den n-dimensionalen euklidischen Raum R^n. Ein Gitter wird als zulässig für eine Menge S in R^n bezeichnet, wenn es keinen anderen Punkt als den Ursprung im Inneren von S hat. Die kritische Determinante von S ist das Infimum der Determinanten von Gittern, die für S zulässig sind. Ein grundlegendes Problem in der Zahlgeometrie besteht darin, die kritische Determinante einer gegebenen Menge zu bestimmen. Für konvexe Mengen, die im Ursprung der Ebene zentriert sind, sind allgemeine Ergebnisse bekannt, die zumindest theoretisch die kritische Determinante liefern. Aber für nichtkonvexe Mengen sind die Probleme schwieriger. Techniken müssen gefunden und Details für verschiedene Regionen ausgearbeitet werden. Die Schwierigkeit nimmt in höheren Dimensionen sowohl für konvexe als auch für nichtkonvexe Mengen zu. Für Teilmengen S, T von R^n wird (S, T) als *Packung* bezeichnet, wenn die durch Translation von S durch Punkte von T erhaltenen Mengen nicht überlappen. Dieses Konzept steht in Zusammenhang mit dem Konzept der Zulässigkeit. Auch wird (S, T) als *Überdeckung* bezeichnet, wenn jeder Punkt von R^n in irgendeiner Translation von S durch einen Punkt von T liegt.

Wie bereits erwähnt, nahm Bambah im Januar 1949 das von Mordell vorgeschlagene Problem auf und konnte es innerhalb von vier Monaten im April desselben Jahres erfolgreich lösen. Anfangs war Mordell nicht bereit zu akzeptieren, dass die Lösung korrekt war, weil er dachte, dass das Problem sehr schwierig zu lösen sei in so kurzer Zeit. Als jedoch J. W. A. Cassels die Richtigkeit der Lösung bestätigte, untersuchte Mordell Bambahs Lösung ernsthaft und war zufrieden. Bambah reichte bald seine Doktorarbeit ein und 1950 verlieh ihm die University of Cambridge den begehrten Doktortitel. In seiner Dissertation mit dem Titel *Some Results in the Geometry of Numbers* entwickelte Bambah erfolgreich eine Technik zur Bestimmung der kritischen Determinante von nichtkonvexen Sternregionen mit hexagonaler Symmetrie. Er erweiterte einige der Ergebnisse, die zuvor von seinem Betreuer L. J. Mordell festgestellt worden waren. 1951 wurden die folgenden vier Arbeiten aus Bambahs Dissertation veröffentlicht:

- „On the geometry of numbers of non-convex star regions with hexagonal symmetrie" [Abschn. 2.2, (RPB. 19)]
- „Non-homogeneous binary cubic forms" [Abschn. 2.2, (RPB. 20)]

- „Non-homogeneous binary quadratic forms: Two Theorems of Varnavides" [Abschn. 2.2, (RPB. 21)]
- „Non-homogeneous binary quadratic forms II: The second minimum of $(x + x_0)^2 - 7(y + y_0)^2$" [Abschn. 2.2, (RPB. 22)].

Bambah verbrachte das verbleibende Jahr seines Stipendiums in Zusammenarbeit mit H. Davenport am University College of London. Während der Jahre 1950–1951 schrieb er in Zusammenarbeit mit H. Davenport, C. A. Rogers und K. F. Roth die folgenden drei Forschungsarbeiten, die sich mit Gitterüberdeckungen befassen:

- (mit K. F. Roth) „A note on lattice coverings" [Abschn. 2.2, (RPB. 24)]
- (mit H. Davenport) „The covering of n-dimensional space by spheres" [Abschn. 2.2, (RPB. 25)]
- (mit C. A. Rogers) „Covering the plane with convex sets" [Abschn. 2.2, (RPB. 23)]

Dr. R. P. Bambah wurde von 1952 bis 1955 zum Fellow des St. John's College, Cambridge, gewählt. Im Jahr 1951 kehrte Bambah nach Indien zurück und trat als Forschungsstipendiat am National Institute of Science of India (heute bekannt als Indian National Science Academy) in Neu-Delhi ein. Während seiner Amtszeit am National Institute entwickelte Bambah die Theorie der Überdeckungen. In der „Geometrie der Zahlen" zeigen historische Beweise, dass mehr Mathematiker zur Theorie des Packens hingezogen waren als zum Konzept der Überdeckung.

Im Jahr 1945, kurz nach Abschluss seiner M.A.-Prüfung, ging R. P. Bambah auf Vorschlag seines Lehrers Prof. S. Chowla zu Dr. Hansraj Gupta, um eine Beschäftigung zu finden. Zu dieser Zeit unterrichtete Dr. Gupta am Government College, Hoshiarpur. Das war das erste Mal, dass Bambah Dr. Gupta traf. Obwohl Bambahs Prüfungsergebnisse noch nicht bekannt gegeben waren, stimmte der Direktor des Government College Dr. Guptas Antrag zu und bat Bambah, am nächsten Tag mit dem Unterricht zu beginnen. Dr. Gupta war äußerst herzlich und hilfsbereit und Bambah verbrachte die gesamten drei Monate seiner vorübergehenden Lehrtätigkeit als willkommener Hausgast von Dr. Gupta und seiner Familie. Dies führte zu einer sehr engen Beziehung zwischen beiden.

Im April 1952 wurde Dr. Bambah als Lektor am Department of Mathematics der Punjab-Universität in Hoshiarpur angestellt. Damals begann Dr. Bambah sehr eng mit Prof. Hansraj Gupta zusammenzuarbeiten. Er erinnerte sich sehr gern an diese Zeit. Als Dr. Bambah die Zusage der Punjab-Universität erhielt, wurde ihm fast zur gleichen Zeit eine Mitgliedschaft am Institute of Advanced Studies in Princeton, USA, angeboten. Kurz nach seinem Eintritt in die Punjab-Universität gewährte ihm der damalige Vizekanzler daher einen Sonderurlaub von zwei Jahren, damit Dr. Bambah in die USA gehen und die Möglichkeiten in Cambridge und Princeton nutzen konnte. Im Jahr 1954 kehrte Dr. Bambah nach Indien zurück und setzte seine Lehrtätigkeit an der Punjab-Universität fort. Dr. Gupta und Dr.

Bambah begannen mithilfe eines Rechenassistenten mit dem M.A.-Unterricht in Hoshiarpur.

Während der Jahre 1957 und 1958 verließ Dr. Bambah erneut Indien und unterrichtete ein Jahr lang als Gastprofessor an der University of Notre Dame. Bei seiner Rückkehr im Jahr 1958 gründete er zusammen mit Prof. Hansraj Gupta und dem Rechenassistenten M. S. Cheema das Department of Mathematics an der Punjab-Universität in Hoshiarpur. Die unermüdlichen Bemühungen von Bambah und Prof. Hansraj Gupta führten dazu, dass sich die Abteilung schnell entwickelte. Mithilfe von den Vizekanzlern, der University Grants Commission, den Wissenschaftsakademien sowie Mathematikern aus Indien und dem Ausland schufen sie neue Stellen. Sie wählten geeignete Fakultätsmitglieder aus, bekamen gute Studenten und das half, eine lebendige und dynamische Abteilung für Mathematik an der Punjab-Universität zu schaffen. Bis zum Umzug der Universität nach Chandigarh hatte die Abteilung T. P. Srinivasan, I. S. Luthar, S. D. Chopra, M. L. Madan, Rajinder Singh und viele andere angeworben. Professor Hansraj Gupta bemühte sich unermüdlich und schaffte es, eine weitere Professorenstelle genehmigt zu bekommen. So wurde R. P. Bambah bereits 1958 Professor am Department of Mathematics. Die Abteilung wuchs schnell unter der wohlwollenden Führung von Prof. Hansraj Gupta und der ausgezeichneten Arbeit von Prof. Bambah und anderen Kollegen. Die University Grants Commission verlieh ihr den Status eines Zentrums für fortgeschrittene Studien in Mathematik im Rahmen ihres Programms für Zentren der Exzellenz. Diese Abteilung mit zwei ausgezeichneten Zahlentheoretikern wie Hansraj Gupta und R. P. Bambah, die arbeiteten und gleichzeitig begabte Studenten bei der Bearbeitung von Problemen im Zusammenhang mit der Zahlentheorie unterstützten, wurde zum Fundament der berühmten Punjab School of Number Theory.

Wenn wir zu Prof. Bambahs Forschungsarbeit zurückkehren, sollte bemerkt werden, dass er einige grundlegende Arbeiten zur Theorie der Überdeckungen geleistet hat. Ein zentrales Problem in diesem Bereich ist die Bestimmung der Gitterüberdeckungsdichte θ_n der n-dimensionalen Kugel. Im Jahr 1842 hatte Dirichlet das Ergebnis für einen Kreis gefunden. Mehr als ein Jahrhundert später, im Jahr 1954, fand Bambah Ergebnisse in Bezug auf θ_3 für dreidimensionale Kugeln. Dies weckte ein neues Interesse unter den Mathematikern und führte zu weiteren Untersuchungen. Im Jahr 1956 lieferten E. S. Barnes und L. Few separate Beweise. Anschließend erhielt Bambah auch Grenzwerte für θ_4 und vermutete seinen Wert. Er veröffentlichte die Arbeit mit dem Titel „Lattice coverings with four dimensional spheres"[109] zu dieser Arbeit. Im Jahr 1963 lieferten B. N. Delone und S. S. Ryshkov sowie im Jahr 1967 T. J. Dickson Beweise für Bambahs Vermutung. Später, im Jahr 1975, bestimmten Ryshkov und E. P. Baranovski die Gitterüberdeckung θ_5. Die Forschungsarbeit zur Bestimmung von Gitterüberdeckungen in höheren Dimensionen ist noch im Gange. Dies spiegelt deutlich die Auswirkungen von Bambahs Arbeit im internationalen Bereich der Zahlentheorie wider.

---

[109] Abschn. 2, (RPB. 29).

Es sollte bemerkt werden, dass Bambah und Davenport bereits 1952 erfolg-reich nichttriviale untere Grenzen für θ_n bestimmt hatten. Im selben Jahr konn-ten Bambah und Roth obere Grenzen für die Gitterüberdeckungsdichte von kon-vexen Körpern bestimmen, die symmetrisch zur Koordinatenebene sind. In die-sem Bereich wurde viel geforscht, wobei das Hauptziel war, herauszufinden, ob die beste Gitterüberdeckungsdichte eines gegebenen Körpers gleich seiner besten allgemeinen Überdeckungsdichte war. Während des 20. Jahrhunderts entdeckte Bambah in den frühen fünfziger Jahren in Zusammenarbeit mit C. A. Roth und in den späten sechziger Jahren in Zusammenarbeit mit Woods neue Techniken, um den Beweis für zweidimensionale symmetrische konvexe Bereiche zu erbringen. Sie zeigten auch, dass das Ergebnis für einen Zylinder mit einer symmetrischen konvexen Domäne als Basis zutraf. Diese Methoden führten zur Untersuchung von endlichen Überdeckungen. Dies stellte sich als ein sehr wichtiges Forschungs-gebiet heraus.

Im Jahr 1977 gaben Bambah, V. C. Dumir und R. J. Hans-Gill Beispiele dafür, dass es symmetrische und asymmetrische Sternbereiche in der Ebene gab, für die das zuvor erwähnte Ergebnis nicht galt. Das Problem bleibt für dreidimensionale Kugeln ungelöst.

Ein weiterer wichtiger Bereich, in dem Prof. Bambah und seine Studenten viel Arbeit geleistet haben, ist Minkowskis Vermutung. Tatsächlich war das Haupt-forschungsgebiet der Punjab-Schule im Bereich der Zahlentheorie während des 20. Jahrhunderts die Geometrie der Zahlen, die das Konzept der Überdeckungen und Minkowskis Vermutung umfasst.

Die Vermutung von Minkowski kann wie folgt formuliert werden: Es sei $L = a_{i1}x_1 + a_{i2}x_2 + \cdots + a_{in}x_n$, $1 \leq i \leq n$, n reale lineare Formen in n Variablen x_1, x_2, ..., x_n mit der Determinante $\Delta = \det(a_{ij}) \neq 0$. Dann wurde die folgende Vermutung von H. Minkowski aufgestellt: Für beliebige reale Zahlen C_1, C_2, ..., C_n gibt es ganze Zahlen x_1, x_2, ..., x_n sodass:

$$|(L_1 + C_1)(L_2 + C_2)\dots(L_n + C_n)| \leq |\Delta/2^n$$

Im Jahr 1899 hat Minkowski die Vermutung für $n = 2$ bewiesen. Diese Vermutung wurde bisher für $n \leq 5$ bewiesen. Für $n \geq 3$ wurden die Beweise von im Folgenden aufgeführten Mathematikern erbracht:

Remak (1921), Davenport (1939), Birch und Swinnerton-Dye (1956), Narazu-allev (1968); alle für $n = 3$.

Dyson (1948), Skubenko (1973), Bambah und Woods (1974); alle für $n = 4$.

Bambah, R. P. und Woods, A. C.: „On a theorem of Dyson"; Sammlung von Artikeln, die K. Mahler zu seinem 70. Geburtstag gewidmet sind [Abschn. 2.2, (RPB. 53)] (Nr. 7, INSA).

Skubenko (1973), Bambah und Woods (1980); alle für $n = 5$.

Bambah, R. P. und Woods, A. C.: „Minkowski's conjecture für $n = 5$; *ein Satz von Skubenko*" [Abschn. 2.2, (RPB. 56)].

Betrachtet man die beiden Veröffentlichungen von Bambah und Woods, so ist festzustellen, dass sie die Vermutung für die Werte von $n = 3$ und $n = 5$ erfolgreich mit elementaren Techniken bewiesen haben, ohne auf starke Werkzeuge aus der

algebraischen Geometrie zurückzugreifen. Beweise für die Vermutung wurden
für die Werte von $n = 7$, 8 und 9 von R. J. Hans-Gill, Madhu Raka, Leetika und
anderen von der Punjab-Schule, die an Zahlentheorie arbeiten, erbracht. Aber all
diese Arbeiten wurden im 21. Jahrhundert veröffentlicht und daher werden die
Details hier nicht berücksichtigt. Minkowskis Vermutung für $n = 2$ wurde als Ergebnis nichthomogener binärer quadratischer Formen interpretiert. Professor
Bambah und seine Studenten R. J. Hans-Gill, V. C. Dumir und andere haben bemerkenswerte Arbeiten auf diesem Gebiet geleistet. Andere Zahlentheoretiker der
Punjab-Schule wie V. K. Grover, R. Sehmi, Madhu Raka und Urmila Rani haben
umfangreiche Untersuchungen auf diesem und verwandten Gebieten durchgeführt.
Von 1979 bis in die späten neunziger Jahre des 20. Jahrhunderts haben sie mehr
als 25 Forschungsarbeiten auf diesem Gebiet veröffentlicht. Die Arbeit mit dem
Titel „Positive values of non-homogeneous quadratic forms of type (1,4)"[110] von
Madhu Raka und Urmila Rani gilt als von herausragender Bedeutung.

Professorin Madhu Raka von der Punjab School of Number Theory und ihre
Studenten und Mitarbeiter haben bemerkenswerte Arbeiten auf dem Gebiet der
Watsonschen Vermutung geleistet. Sie haben wichtige Beiträge auf dem Gebiet
der quadratischen Formen geliefert, die zu einem Beweis der Watsonschen Vermutung über nichthomogene unbestimmte quadratische Formen geführt haben. In
ihrer Doktorarbeit hat Madhu Raka die relevanten Konstanten $C_{n,\sigma}$ für $n = 5$ und
alle Signaturen bestimmt. Sie erhielt auch $C_{n,\sigma}$ für die Signaturen $+1$ und $-1, +2$
und $-2, +3$ und $-3, +4$ und -4, und alle n. Mehrere andere Mathematiker wie
Davenport, Birch, Watson und Dumir haben an der Lösung dieser Vermutung
gearbeitet. Da der vermutete Wert von $C_{n,\sigma}$ von der Klasse von σ modulo 8 abhing, war dies ein wichtiger und großer Beitrag zum Beweis, der 1994 von Dumir,
Hans-Gill und Woods abgeschlossen wurde. Die Arbeit von Margulis (1987)
zur Oppenheim-Vermutung steht auch in Bezug zu diesem Problem im Fall in-
kommensurabler Formen.

Madhu Raka und ihre Mitarbeiter haben in einer gemeinsamen Arbeit mehrere
Ergebnisse über den Mindestwert von $\Gamma_{n,\sigma}$ positiver Werte nichthomogener quadratischer Formen bewiesen, die auch erheblich zur Beweisführung einer Vermutung von Bambah, Dumir und Hans-Gill (1981) beigetragen haben. Die einzige
Konstante, die bisher nicht bestimmt werden konnte, ist $\Gamma_{5,-3}$. Allerdings wurde
die obere Grenze von 12 von Madhu Raka et al. im Jahr 1997 ermittelt, der erwartete Wert beträgt 8.

Neben Themen der Zahlentheorie hat Prof. Bambah zu verschiedenen anderen
Bereichen beigetragen, wie z. B. ganzzahlige Matrizen, polar-reziproke konvexe
Körper, geteilte Zellen, Transfertheoreme, untere Grenzen für Mindestabstands-
codes, konvexe Körper mit Überdeckungseigenschaft, maximale Überdeckungssets und gesättigte Systeme. Professor R. P. Bambah hat allein und gemeinsam mit
anderen etwa 70 Forschungsarbeiten zwischen 1946 und 2000 zu verschiedenen
Themen der Zahlentheorie veröffentlicht.

---

[110] Abschn. 2, (MR. 17).

Professor R. P. Bambah wurde 1970 von der University of Cambridge der Sc.D.-Grad verliehen. Seit 1993 ist er emeritierter Professor an der Punjab-Universität. Kürzlich wurde ihm von der Punjab-Universität der Grad eines Doktors der Wissenschaften (honoris causa) verliehen.

Ein weiterer wichtiger Zahlentheoretiker der Punjab-Schule ist Prof. A. R. Rajwade. Er hat umfangreich in der algebraischen Zahlentheorie gearbeitet, speziell zu den folgenden drei Themen:

- Arithmetik auf elliptischen Kurven mit komplexer Multiplikation,
- Zyklotomie und Einheitswurzeln,
- Summen und Produkte von Quadraten in Körpern und Ringen.

Zu den Mitarbeitern von Professor Rajwade gehörten der verstorbene Dr. J. C. Parnami, der verstorbene Dr. M. K. Agarwal sowie seine Studenten Dr. Sitendra Pal Sharma, Dr. Dharambir Rishi, Dr. Surjit Singh, Dr. Budh Singh (wohnhaft in den USA) und Prof. S. A. Katre.

Die Arbeit von Professor Rajwade an elliptischen Kurven hat sich auf Kurven mit komplexer Multiplikation durch Kubikwurzeln der Einheit $\sqrt{-2}$, $\sqrt{-7}$ und $\sqrt{-19}$ konzentriert. Er und seine Mitarbeiter haben die Swinnerton-Dyer-Vermutungen für diese Kurven überprüft. Die zugehörigen Publikationen sind in Abschn. 2.3 seiner Publikationsliste aufgeführt.

In der Zyklotomie und den Einheitswurzeln haben Prof. Rajwade und seine Mitarbeiter das zyklotomische Problem für eine allgemeine Primzahl p vollständig gelöst. Die zugehörigen Publikationen befinden sich in Abschn. 2.3. Die in diesem Abschnitt unter der Nummer 15 aufgeführte Arbeit ist besonders wichtig. Im dritten oben genannten Thema haben sie neben einer Reihe anderer von ihnen bewiesener Ergebnisse das interessanteste Ergebnis wie folgt formuliert:

Theorem: Sei $F = Q(\sqrt{-m})$ das quadratische Feld mit m quadratfrei und $\equiv 7 \bmod 8$. Das minimale s (genannt die 4. Potenzstufe von F), für das die Gleichung $-1 = a_1^4 + a_2^4 + \cdots + a_s^4$ in F lösbar ist, beträgt 15.

Die Liste der Forschungsveröffentlichungen von A. R. Rajwade (im 20. Jahrhundert) ist am Ende des Berichts angegeben. Zwei bemerkenswerte weibliche Zahlentheoretikerinnen der Punjab-Schule sind Prof. R. J. Hans-Gill und Prof. S. K. Khanduja.

R. J. Hans-Gill erwarb ihren B.A. (Honors) am Government College for Girls in Ludhiana, Punjab. Sie erwarb ihren M.A. am selben College mit sehr guten Noten. Danach trat sie der Mathematikabteilung der Punjab-Universität in Chandigarh bei und begann ihre Forschungskarriere unter der Leitung des berühmten Zahlentheoretikers Prof. R. P. Bambah. Im Jahr 1962 beschloss Prof. Bambah, für ein paar Jahre an die Ohio State University zu gehen. Glücklicherweise wurden seinen Forschungsstipendiaten dort auch Stipendien gewährt. So zog Hans-Gill mit Unterstützung ihrer Familie in die USA und erwarb schließlich 1965 ihren Ph.D.-Abschluss an der Ohio State University.

Nach kurzen Lehraufträgen an derselben Universität und auch in Madison, USA, kehrte sie schließlich nach Indien zurück und trat der Mathematikabteilung der Punjab-Universität als Lektorin bei. Später wurde sie dort Professorin und arbeitete dort bis zu ihrer Pensionierung im Jahr 2005. Ihre bemerkenswerten Beiträge liegen in der Zahlentheorie und der Geometrie der Zahlen. Anfangs arbeitete sie an extremalen Packungs- und Überdeckungssets und später an doppelten Packungen und Überdeckungen. Sie erzielte mehrere Ergebnisse zu nichthomogenen quadratischen Formen und konnte eine Vermutung von Watson sowie eine Vermutung von Dumir, Bambah und Hans-Gill beweisen. Später trug sie mit Dumir und Wilker wesentlich zum Sichtbehinderungsproblem von Schoenberg bei. In jüngster Zeit hat sie in Zusammenarbeit mit Madhu Raka und R. Sehmi einen Beweis für eine Vermutung von Woods für inhomogene Minima positiv definierter quadratischer Formen in 7, 8 Variablen gegeben. Sie konnte damit den Beweis einer Vermutung von Minkowski über das Produkt von n nichthomogenen reellen linearen Formen in n Variablen für $n = 7$, 8 abschließen. Es wurden auch verbesserte Schätzungen zur Minkowski-Vermutung erzielt. R. J. Hans-Gill kann mehr als 50 Forschungsveröffentlichungen verzeichnen, einige der wichtigeren sind am Ende des Berichts aufgeführt. Madhu Raka erwarb ihren Ph.D.-Abschluss unter der Leitung von R. J. Hans-Gill.

Professorin S. K. Khanduja ist die andere bemerkenswerte weibliche Zahlentheoretikerin der Punjab-Schule. Sie studierte und erwarb ihren B.A.-Abschluss in Mathematik am Dev Samaj College for Girls in Punjab. Sie machte ihren M.A.-Abschluss in der Mathematikabteilung der Punjab-Universität in Chandigarh. Danach begann sie dort unter der Leitung von Prof. I. S. Luthar mit der Arbeit an der algebraischen Zahlentheorie und erwarb 1976 ihren Ph.D.-Abschluss an der Punjab-Universität. Ihre Forschungsarbeiten beziehen sich hauptsächlich auf die Theorie der Bewertungen, die Funktionenkörpertheorie und die algebraische Zahlentheorie. Sie hat die Theorie der Bewertungen verwendet, um Verallgemeinerungen des klassischen Schonemann-Eisenstein-Irreduzibilitätskriteriums zu erhalten. Sie hat Verlängerungen von Bewertungen verwendet, um das bekannte Ehrenfeucht-Tverberg-Irreduzibilitätskriterium für Differenzpolynome zu verallgemeinern. Einige Theoreme von Dedekind hat sie auf beliebige bewertete Körper erweitert. 65 Forschungsarbeiten hat sie zu verzeichnen, die Liste ihrer Veröffentlichungen bis 1999 ist am Ende des Berichts beigefügt, entsprechend dem thematischen Zeitrahmen des vorliegenden Buches. Sie hat acht Ph.D.-Studenten betreut.

Professor S. A. Katre ist ein weiterer wichtiger Zahlentheoretiker Indiens, der aus der berühmten Punjab-Schule hervorgegangen ist. Er hat Forschungsarbeit in algebraischer Zahlentheorie und Zyklotomie geleistet. Als er seine Forschung unter der Leitung von Prof. A. R. Rajwade von der Punjab-Universität in Chandigarh begann, gab es viel Arbeit in der Zyklotomie, wo zahlreiche Ergebnissen über zyklotomische Zahlen, Jacobi-Summen, Jacobsthal-Summen, Anzahl von Punkten in algebraischen Kurven über endlichen Feldern usw. bis zu einer gewissen Zeichen- oder Generatorambiguität verfügbar waren, die als natürliche Ambiguität in der Zyklotomie bezeichnet wurde. S. A. Katre zeigte in seiner Arbeit, wie Einheitswurzeln in endlichen Feldern und Ausdrücke dafür in Bezug auf Lösungen bestimmter diophantischer Systeme verwendet werden können, um diese Ambiguitäten zu klären. Er baute weiter auf der Arbeit von Parnami, Agrawal und Rajwade auf und erreichte die arithmetische Charakterisierung von Jacobi-Summen der Primordnung l, wodurch er eine vollständige Lösung für das zyklotomische Problem für die Ordnung l erhielt. Korrekte Ergebnisse für Einheitswurzeln in endlichen Feldern, Eulers Kriterium für quintische Residuen und Jacobsthal-Summen der Ordnung 4, 9 und Primordnung wurden mit diesen Ideen erzielt.

S. A. Katre erhielt seinen Doktortitel von der Punjab-Universität im Jahr 1984 für seine Dissertation mit dem Titel *Complete Solution of the Cyclotomic Problem for a Prime Modulus and Related Topics.* Wie bereits erwähnt, war sein Betreuer Prof. A. R. Rajwade von derselben Universität.

Dr. V. V. Acharya, ein Doktorand von Prof. Katre, erweiterte seine Arbeit auf zyklotomische Zahlen und Jacobi-Summen der Ordnung $2l$, l, eine ungerade Primzahl. Dr. Anuradha Narasimhan, eine weitere Doktorandin von S. A. Katre, erhielt im Fall der einheitlichen Zyklotomie schöne Formeln für zyklotomische Zahlen, Jacobi-Summen und Zeta-Funktionen von Kurven, die zu l, $2l$ und l ungerader Primzahl gehören. S. A. Katre und Sangita Khule betrachteten das Problem, Matrizen über einer Ordnung R in einem algebraischen Zahlbereich als Summen von k-ten Potenzen zu schreiben. Als Antwort auf eine Frage von M. Newman zeigten sie, dass für $n \geq k$ jede $n \times n$-Matrix über R eine Summe von k-ten Potenzen ist, wenn und nur wenn $(k, disc. (R)) \equiv 1$. Katre hat auch ein Buch herausgegeben mit dem Titel *Cyclotomic Fields and Related Topics.*

2.3   Trends der Forschung zur Zahlentheorie in Bengalen und Bihar

Die Bundesstaaten Bengalen und Bihar haben nicht so herausragende Zahlentheoretiker hervorgebracht wie die südindische oder die Punjab-Schule. Aber auch dort wurde nach besten Kräften Forschung auf dem Gebiet der Zahlentheorie betrieben.

2.3.1   Zahlentheoretiker von Bengalen

Im 20. Jahrhundert stammt die früheste bekannte Veröffentlichung zur Zahlentheorie von dem bekannten Philosophen und Mathematiker Prof. Brojendra Nath Seal (oder B. N. Seal) (1864–1938). Er hatte die renommierte King-George-V-Chair-Professur für Philosophie an der Universität Kalkutta inne, aber auch ein Faible für Mathematik im Allgemeinen. Er veröffentlichte eine Arbeit mit dem Titel „The equation of digits; being an elementary application of a principle of numerical grouping to the solution of numerical equation".[111] Tatsächlich hatte B. N. Seal bereits 1891 „A Memoir on the coefficient of number: a chapter on the theory of numbers" geschrieben. Da dies jedoch im 19. Jahrhundert veröffentlicht wurde, fällt es nicht in den Geltungsbereich des vorliegenden Buches.

1919 veröffentlichte H. Datta eine Arbeit mit dem Titel „On some properties of natural numbers".[112] Nach dieser Veröffentlichung ist in den nächsten zehn Jahren keine bemerkenswerte Veröffentlichung zur Theorie der Zahlen aus Ostindien zu verzeichnen. S. C. Mitra hat ein bestimmtes Ergebnis zur Zahlentheorie (das von ihm festgestellt wurde) in seine Doktorarbeit von 1929 aufgenommen. Drei Jahre später wurde dieses Ergebnis als Arbeit mit dem Titel „On the proof of a result given by Ramanujan about the complex multiplication of elliptic function" veröffentlicht.[113] In dieser Arbeit hat Mitra den Beweis eines Ergebnisses über die komplexe Multiplikation elliptischer Funktionen geliefert, das der verstorbene S. Ramanujan in seiner berühmten Arbeit mit dem Titel „Modular Equations and Application to π" ohne Beweis angegeben hatte.[114] Die erste Untersuchung zu einem Thema, das mit Ramanujans Arbeit zusammenhängt, kam aus Bengalen neun Jahre nach dem Tod des ikonischen Mathematikers.

Danach fanden drei bemerkenswerte Ereignisse statt, die die Entwicklung der Forschung zur Zahlentheorie in Bengalen förderten. Erstens wechselte der berühmte Zahlentheoretiker T. Vijayaraghavan, über den bereits früher gesprochen wurde, von der Aligarh-Muslim-Universität 1931 an die Universität Dacca im damaligen Ostbengalen (heutiges Bangladesch). Er blieb dort bis 1946. Während dieser Zeit kam ein Mathematikdozent namens D. P. Banerjee, der an einem obskuren College namens A. M. College in Mymensingh in Ostbengalen arbeitete, in Kontakt mit Vijayaraghavan und wurde von ihm inspiriert und beeinflusst. Infolgedessen begann er ernsthafte Forschungen zu verschiedenen Themen im Zusammenhang mit der analytischen Zahlentheorie zu betreiben. D. P. Banerjees erste veröffentlichte Arbeit behandelte das Waringsche Problem. Die Arbeit trug den Titel „On the solution of the ,easier' Waring problem".[115] Ganz kurz gesagt besagt das Waringsche Problem, dass es für jedes $k \geq 2$ eine Zahl $r \geq 1$ gibt, sodass jede natürliche Zahl eine Summe von höchstens rk-ten Potenzen ist. In einer Reihe von zwei Arbeiten untersuchte Banerjee anschließend die Eigenschaften von Ramanujans Funktion $\tau(n)$. Die von ihm veröffentlichten Arbeiten sind im Folgenden aufgeführt:

• „Kongruenzeigenschaften von Ramanujans Funktion $\tau(n)$" [Abschn. 4, (DPB. 2)]
• „Über die neuen Kongruenzeigenschaften der arithmetischen Funktion $\tau(n)$" [Abschn. 2.4, (DPB. 3)]

---

[111] Abschn. 4, (BNS. 1).
[112] Abschn. 4, (HD. 1).
[113] Abschn. 4, (SCM. 1).
[114] Abschn. 1, (SR. 4).
[115] Abschn. 4, (DPB. 1).

- Im nächsten Jahr veröffentlichte D. P. Banerjee die Arbeit mit dem Titel „On the rational solutions of the Diophantine equation $ax^n - by^n = k$".[116] Im nächsten Jahr 1944 veröffentlichte Banerjee eine Reihe von zwei Arbeiten mit dem Titel:
- „On some formulae in analytic theory of numbers" [Abschn. 2.4, (DPB. 5)]
- „On some formulae in analytic theory of numbers II" [Abschn. 2.4, (DPB. 6)]

In diesen beiden Arbeiten – in Fortsetzung zu bestimmten Formeln der analytischen Zahlentheorie, die von Ramanujan, Estermann und Hardy betrachtet wurden, wie in den gesammelten Arbeiten von Ramanujan angegeben[117] – hat Banerjee einige weitere interessante Formeln zur Liste hinzugefügt.

In seiner Arbeit mit dem Titel „On the application of the congruence property of Ramanujan's function to certain quaternary form"[118] behauptet Banerjee, bestimmte Kongruenzeigenschaften von Ramanujans Funktion $\tau(n)$ bewiesen zu haben. Es ist zu beachten, dass der Autor in dieser Arbeit auch neue und interessante Anwendungen der Kongruenzeigenschaften auf die Möglichkeit ihrer Anwendung auf bestimmte quaternäre Gleichungen in Betracht gezogen hat. Im selben Jahr veröffentlichte Banerjee eine Arbeit mit dem Titel „On a theorem in the theory of partitions".[119] Jahre später, 1964, veröffentlichte er eine weitere Arbeit im Zusammenhang mit der Theorie der Partitionen. Die Arbeit trug den Titel „On some identities in the theory of partitions".[120] Dies war wahrscheinlich seine letzte Veröffentlichung im Zusammenhang mit der Theorie der Zahlen. 1947 hatte er eine Arbeit im Zusammenhang mit den Teilern von Zahlen veröffentlicht.[121] Von den zehn Forschungsbeiträgen Banerjees, die oben erwähnt wurden, sind acht mit Ramanujans τ-Funktion, Partitionierungsfunktionen und diophantischen Gleichungen verbunden. Dies sind Bereiche, in denen Ramanujan in Indien Pionierarbeit geleistet hat. Offensichtlich war D. P. Banerjee, wie jeder andere Zahlentheoretiker Indiens im 20. Jahrhundert, auch stark von Srinivasa Ramanujan inspiriert und motiviert.

Das nächste wichtige Ereignis, das die Forschung zur Theorie der Zahlen in Bengalen bereicherte, betrifft einen Mathematiker namens Deba Brata Lahiri (oder D. B. Lahiri). Er wurde am 17. Februar 1913 in Rangun, der Hauptstadt des damaligen Burma (heutiges Myanmar), geboren. Seine Familienmitglieder stammten ursprünglich aus Ostbengalen des ungeteilten Indiens, aber wiederholte Naturkatastrophen, Armut und der Ausbruch des Ersten Weltkriegs zwangen die Familie, ihre ursprüngliche Heimat zu verlassen und nach Burma zu emigrieren, um einen neuen Ort zum Niederlassen zu suchen. Die Familie war extrem arm und

---

[116] Abschn. 4, (DPB. 4).

[117] Hrsg. G. H. Hardy, P. V. Seshu Aiyer und B. M. Wilson. Cambridge University Press, Cambridge (1927).

[118] Abschn. 4, (DPB. 7).

[119] Abschn. 4, (DPB. 8).

[120] Abschn. 4, (DPB. 11).

[121] Abschn. 4, (DPB. 9).

aufgrund der prekären finanziellen Verhältnisse war der junge D. B. Lahiri bereits im Alter von neun Jahren auf Stipendien angewiesen, um seine Schulausbildung fortsetzen zu können. Er beendete seine Schulausbildung an einer Schule in Rangun und schnitt gut ab. Da er jedoch minderjährig war, konnte er sich nicht für ein Regierungsstipendium qualifizieren. Der Engländer und Professor für Mathematik L. G. Owen half ihm, ausreichende Mittel zu beschaffen. Mit dieser finanziellen Hilfe konnte Lahiri sein Studium fortsetzen. 1933 schloss er seinen B.Sc. mit Auszeichnung in Mathematik ab und stand an der Spitze der erfolgreichsten Studenten, wofür er eine Goldmedaille erhielt. Anschließend wurde Lahiri mithilfe von Mr. Owen und einem anderen Engländer, Dr. Lewis, in Grundstatistik ausgebildet. Eine Forschungsarbeit über „Demografie", die Lahiri zusammen mit Mr. Lewis verfasste, wurde in *Sankhya*, einer Zeitschrift für Statistik, veröffentlicht. Professor P. C. Mahalanobis, der Herausgeber dieser Zeitschrift, muss sich den Namen des jungen Mannes gemerkt haben. Lahiri kam aus Rangun nach Kalkutta auf der Suche nach einer Arbeit. Nachdem er einige Gelegenheitsarbeiten an verschiedenen Orten in und um Kalkutta absolviert hatte, trat Lahiri schließlich Mitte der vierziger Jahre des 20. Jahrhunderts dem Indian Statistical Institute in Kalkutta bei. Während er von Prof. P. C. Mahalanobis, Prof. S. N. Ray und anderen für spezialisierte Bereiche der angewandten Statistik ausgebildet wurde, erfuhr der herausragende Mathematiker R. C. Bose von Lahiris Leidenschaft für Mathematik.

Als Schüler in Rangun hatte Lahiri eine Faszination für die Theorie der Zahlen entwickelt. Die Nachricht vom plötzlichen und vorzeitigen Tod Srinivasa Ramanujans hatte einen bleibenden Eindruck bei ihm hinterlassen. Seit frühen Schultagen war D. B. Lahiri neugierig und begierig darauf gewesen, mehr über Srinivasa Ramanujan und seine Beiträge zur Zahlentheorie zu erfahren.

Während seiner Zeit am Indian Statistical Institute ermutigte R. C. Bose ihn, seiner Liebe zur Zahlentheorie nachzugehen, und stellte ihn den berühmten südindischen Zahlentheoretiker Dr. S. S. Pillai vor. Auf Initiative und dank der Überzeugungskunst von Prof. F. W. Levi trat Dr. Pillai 1942 der Abteilung für reine Mathematik an der Universität Kalkutta bei. D. B. Lahiri arbeitete aufrichtig und sehr hart für die Ausbildung in angewandter Statistik. Aber in seiner Freizeit führte er gewissenhaft seine private Forschung zur Zahlentheorie durch.

Da er schon immer von Ramanujan und seiner Forschung zur Zahlentheorie fasziniert gewesen war, ist es wenig überraschend, dass Lahiris erste Veröffentlichung zu diesem Thema mit „On Ramanujan's function $\tau(n)$ and divisor function $\sigma_k(n)$ − I" betitelt ist.[122] In diesem speziellen Papier hat Lahiri eine systematische Methode zur Untersuchung bestimmter Kongruenzeigenschaften der Teilerfunktion $\sigma_k(n)$, der Summe der k-ten Potenzen der Teiler von n, entwickelt. In derselben Ausgabe des *Bulletin of the Calcutta Mathematical Society* veröffentlichte Lahiri sein Papier mit dem Titel „On a type of series involving the partition

---

[122] Abschn. 4, (DBL. 1).

function with applications to certain congruence relations".[123] Er bereitete dieses
Papier unter der Anleitung von Prof. R. C. Bose vor. Darin hat Lahiri die rekursiven Kongruenzeigenschaften der Partitionsfunktion $p(n)$ entdeckt und gezeigt,
dass die bekannten Ramanujanschen Kongruenzen

$$p(5m + 4) \equiv 0(\bmod 5)$$
$$p(7m + 5) \equiv 0(\bmod 7)$$
$$p(11m + 6) \equiv 0(\bmod 11)$$

durch die Induktionsmethode aus den von ihm festgestellten rekursiven Kongruenzen abgeleitet werden können. 1947 veröffentlichte Lahiri zwei Arbeiten, die
beide mit Ramanujans Funktion $\tau(n)$ zu tun hatten. Die erste trug den Titel „On
Ramanujan's function $\tau(n)$ and divisor function $\sigma_k(n)$ − II".[124] Das zweite Papier
wurde in Zusammenarbeit mit R. P. Bambah, S. Chowla und H. Gupta verfasst
und trug den Titel „Congruence properties of Ramanujan's function $\tau(n)$".[125] Wie
offensichtlich ist, arbeitete Lahiri mit führenden indischen Zahlentheoretikern
seiner Zeit zusammen. 1948 und 1949 veröffentlichte er zwei Arbeiten, die sich
mit nicht-Ramanujanschen Kongruenzeigenschaften der Partitionsfunktion befassten. Nach einer Pause von mehr als 15 Jahren begann er wieder zu Themen
der Zahlentheorie zu publizieren. Zwischen 1966 und 1971 veröffentlichte er bis
zu elf Forschungsarbeiten, die alle in bekannten nationalen und internationalen
Zeitschriften erschienen. Zwei dieser Arbeiten verdienen besondere Erwähnung.
In der mit dem Titel „"Some congruences of the elementary divisor functions"[126]
hat Lahiri neben Studien zu $\sigma_k(n)$ zwei interessante Theoreme mit Bezug auf Eulers Funktion $\varphi(n)$ aufgestellt. In der anderen bemerkenswerten Arbeit mit dem
Titel „Some restricted partition functions: congruences modulo 3"[127] hat der Autor
einige Kongruenzrelationen in Bezug auf modulo 3 für einige eingeschränkte
Partitionsfunktionen aufgestellt. Er hat auch uneingeschränkte Partitionsfunktionen diskutiert und zwei Theoreme mit Bezug auf sie aufgestellt. Mithilfe
des bekannten „Pentagonalzahlentheorems" von Euler hat er die Theoreme bewiesen. D. B. Lahiri ist ein wichtiger Zahlentheoretiker aus Bengalen.

Neben D. B. Lahiri trug der renommierte Mathematiker R. C. Bose, der Professor am Indian Statistical Institute in Kalkutta war, ein paar Arbeiten zur Zahlentheorie bei. Sein in Zusammenarbeit mit S. Chowla und C. R. Rao verfasstes
Papier mit dem Titel „On the integral order (mod p) of quadratics $x^2 + ax + b$ with
applications to the construction of minimum functions for $GF(p2)$, and to some

---

[123] Abschn. 4, (DBL. 2).

[124] Abschn. 4, (DBL. 3).

[125] Abschn. 4, (DBL. 4).

[126] Abschn. 4, (DBL. 13).

[127] Abschn. 4, (DBL. 14).

number theory result"[128] ist interessant. Hier betrachteten die Autoren Polynome, deren Koeffizienten zum Ring der Ganzzahlen gehörten. In diesem Papier bezeichnet p immer eine ungerade Primzahl. Wenn wiederum n die kleinste positive ganze Zahl ist, sodass $x^n \equiv$ eine ganze Zahl (mod p, $x^2 + ax + b$), dann wird n die *Integralordnung* von $x^2 + ax + b$ (mod p) genannt. In diesem speziellen Papier haben die drei Autoren eine Reihe von interessanten Theoremen über die Integralordnung abgeleitet. R. C. Bose veröffentlichte ein weiteres Papier mit dem Titel „On the construction of affine difference sets"[129] in Zusammenarbeit mit S. Chowla.

Das dritte wichtige Ereignis, das die zahlentheoretischen Forschungen in Bengalen bereicherte, bezieht sich auf Dr. S. S. Pillai von der Universität Kalkutta. Wie bereits erwähnt, trat Dr. Pillai 1942 der Abteilung für Reine Mathematik der Universität Kalkutta bei. Schon vorher pflegten S. S. Pillai und T. Vijayaraghavan eine langjährige Freundschaft, die während ihrer Studientage an der Universität Madras begründet wurde. Als Vijayaraghavan in Oxford war, diskutierte Prof. G. H. Hardy ein Problem, das im Kontext eines berühmten Papiers von G. H. Hardy und S. Ramanujan mit dem Titel „The normal number of prime factors of a number n" aufkam.[130] Dieses Problem, das Hardy seinen Studenten in Oxford stellte, wurde als *Hardys Problem* bekannt und blieb viele Jahre ungelöst. Nach seiner Rückkehr von Oxford nach Madras, als Vijayaraghavan Pillai in Madras traf, gab er Hardys Problem an Pillai weiter. Pillai kündigte in seinem Papier mit dem Titel „On the number of numbers which contain a fixed number of prime factors"[131] einen wichtigen Durchbruch zu Hardys Problem an. 1943, als Fakultätsmitglied der Universität Kalkutta, übernahm Dr. Pillai die Betreuung eines brillanten jungen Studenten namens L. G. Sathe. Der hatte ein Forschungsstipendium an der Universität Kalkutta erhalten. Pillai schlug das ungelöste „Hardy-Problem" L. G. Sathe vor. Er gab ihm auch alle früheren Manuskripte, die sich auf das Problem bezogen. Der bekannte Zahlentheoretiker Prof. R. Balasubramanian hat Sathes Beiträge wie folgt beschrieben:

> In weniger als zwei Jahren produzierte L. G. Sathe ein monumentales komplexes Induktionsargument, das sich über 134 gedruckte Seiten erstreckte, als es veröffentlicht wurde, und das viel mehr tat, als „Hardys Problem" zu lösen. Insbesondere und zum ersten Mal konnte Sathe zeigen, dass Landaus Asymptotik für $k < e$ log log x gültig blieb. Schließlich löste 1954 Sathes Ergebnis ein Theorem von Erdös übertraf, das 1948 erschien en war und Hardys Problem durch Erhaltung von Landaus Asymptotik für k in einem Intervall von etwa (log log x)$^{1/2}$ um log log x löste. Die Abfolge der Ereignisse, die zur Veröffentlichung von Sathes Arbeit führten, bleibt etwas undurchsichtig. Es ist jedoch klar, dass Sathe seine Arbeit den *Transactions of American Mathematical Society* [...] vorlegte und dass Selbergs Kommentare zu dieser Arbeit von den Herausgebern der *Transactions* gesucht wurden. Schließlich erschien Sathes Arbeit jedoch in der *Zeitschrift der Indian Mathematical Society* [...] in vier Teilen, der erste Teil 1953 und der letzte 1954.

---

[128] Abschn. 2, (SC. 116).

[129] Abschn. 2, (SC. 126).

[130] Abschn. 1, (SR. 16).

[131] MS, 14, (1929), 250–251.

Leider erkrankte Sathe kurz darauf schwer und wurde arbeitsunfähig. So verlor die Fachwelt frühzeitig ein brillantes mathematisches Talent, das viel mehr zur Forschungsschule der Zahlentheorie in Bengalen hätte beitragen können. Dr. Pillai starb auch 1950 im Alter von nur 49 Jahren bei einem Flugzeugabsturz. Diese beiden großen Verluste stoppten praktisch jeden weiteren Fortschritt in der Forschung zur Zahlentheorie in Bengalen. D. P. Banerjee, D. B. Lahiri, R. C. Bose und L. G. Sathe stechen als wichtige Denker im Bereich der Zahlentheorie in Bengalen hervor. Ihre produktivsten Jahre lagen zwischen 1940 und 1970.

Bhaskar Bagchi arbeitete für seinen Ph.D.-Abschluss und erhielt diesen 1981 vom Indian Statistical Institute, Kalkutta. Die Forschungsarbeit, die er durchführte, war auf probabilistische Funktionsanalyse ausgerichtet. Aber dies bezieht sich auf die Zeta-Funktion. Die Zeta-Funktion ist über die Euler-Produktformel eng mit der Zahlentheorie verbunden.

Die Riemannsche Zeta-Funktion ordnet jedem Punkt der komplexen Ebene einen anderen Punkt dieser gleichen Ebene zu (außer am Punkt 1, wo Zeta ins Unendliche schießt). Bagchi definierte in seiner Arbeit den kritischen Streifen als den offenen Streifen in dieser Ebene, der von den beiden vertikalen Linien durch ½ und 1 begrenzt wird (tatsächlich ist dies die rechte Hälfte dessen, was normalerweise als *kritischer Streifen* bezeichnet wird). Riemanns berühmtes Papier enthüllte, dass das größte Geheimnis von Zeta in seinem Verhalten auf diesem Streifen besteht. In einem sehr präzisen Sinne kodiert dieses Geheimnis ein anderes: das der Primzählfunktion.

In seiner Doktorarbeit mit dem Titel „Statistical Behaviour and Universality Properties of the Riemann Zeta Function and Other Allied Dirichlet Series" betrachtete Bagchi die Zeta-Funktion als einen einzelnen Punkt im unendlich-dimensionalen Raum, der aus allen komplex differenzierbaren Funktionen auf dem kritischen Streifen besteht. Die vertikalen Verschiebungen von Zeta zeichnen die Bahn eines Partikels nach, das sich in diesem abstrakten Raum bewegt. Er zeigte, dass das asymptotische Verhalten dieser Bahn das Verhalten einer verwandten Zufallsfunktion nachahmt. So ist das Geheimnis von Zeta in einem präzisen Sinne probabilistischer Natur.

Als Folge des von Bagchi erzielten Ergebnisses konnte er das Universalitätstheorem von S. M. Voronin neu interpretieren und verallgemeinern. Zum Beispiel konnte er feststellen, dass die Zeta-Bahn allen Punkten im abstrakten Raum, die nicht verschwindenden Funktionen entsprachen, beliebig nahe kam. Dieser Ansatz ermöglichte es ihm auch, das Universalitätstheorem für Riemanns Zeta zu einem gemeinsamen Universalitätstheorem für die L-Funktionen zu verallgemeinern, die von Riemanns Lehrer Dirichlet eingeführt wurden. Als weitere Folge zeigte er, dass die berühmte Riemannsche Hypothese (also die Aussage, dass Zeta niemals den Wert 0 irgendwo auf dem kritischen Streifen zuwies, wie zuvor definiert) einer Art von Fast-Periodizität der Zeta-Bahn entsprach.

Bagchis Ergebnisse zum „gemeinsamen Universalitätstheorem" und zum „Theorem, das die Riemannsche Hypothese mit Fast-Periodizität in Verbindung bringt", wurden in der *Mathematischen Zeitschrift* und der *Acta Mathematica Hungarica* veröffentlicht. Sie lauten wie folgt:

- „A joint universality theorem for Dirichlet *L*-functions", *Math. Zeitschrift*, 181, (1982), 319–334
- „Recurrence in topological dynamics and the Riemann hypothesis", *Acta Mathematica Hungarica*, 50, (1987), 227–240

Nach Abschluss seiner Promotion wandte sich Bagchi von der Zahlentheorie ab und forschte in anderen Bereichen wie endlichen Geometrien, Codierungstheorie und kombinatorischer Topologie. Er war wahrscheinlich der letzte bekannte Zahlentheoretiker aus Bengalen, der im 20. Jahrhundert Forschungen durchführte.

2.3.2   Zahlentheoretiker in Bihar

In Bihar wurde die erste Abhandlung zur Zahlentheorie Ende der vierziger Jahre des 20. Jahrhunderts veröffentlicht. Sie wurde von S. D. Upadhyay und P. N. Dasgupta verfasst; beide waren mit dem Patna Science College verbunden. Die Abhandlung mit dem Titel „On a generalized continued fraction"[132] befasst sich mit Kettenbrüchen. In dieser Abhandlung stellen die Autoren fest, dass eine Reihe von Ausdrücken für den Zähler und den Nenner eines Konvergenten eines Kettenbruchs mittels Matrizen von Milne-Thomson im Jahr 1933 gegeben wurde. Die Autoren dieser Abhandlung mussten bei der Arbeit an einem Problem im Zusammenhang mit reziproken Unterschieden in Verbindung mit der Interpolationsformel Kettenbrüche eines allgemeinen Typs in Betracht ziehen, bei denen die Koeffizienten selbst Kettenbrüche darstellen.

Ein Jahr später veröffentlichte Anunoy Chatterjee, ebenfalls vom Science College der Universität Patna und unter der Leitung von P. N. Dasgupta, eine Abhandlung mit dem Titel „On a continued fraction of a general type".[133] Der Autor stellt in dieser Abhandlung fest, dass Milne-Thomson 1933 erstmals einen einfachen Kettenbruch in Form eines fortgesetzten Matrixprodukts darstellte. Upadhyay und Dasgupta diskutierten in ihrer Abhandlung von 1947 (bereits oben erwähnt) Kettenbrüche eines allgemeinen Typs, bei denen verschiedene partielle Quotienten selbst Kettenbrüche waren. In dieser Abhandlung hat der Autor A. Chatterjee einige der von Upadhyay und Dasgupta erarbeiteten Formeln diskutiert und die Idee der Fortsetzung des genannten Typs erweitert, indem er weiter annahm, dass die partiellen Quotienten des allgemeinen Typs selbst durch Kettenbrüche auszudrücken sind.

Ab den späten sechziger Jahren des 20. Jahrhunderts hat eine Reihe von Mathematikern in Bihar Forschungsarbeiten zu verschiedenen Themen der Zahlentheorie veröffentlicht. T. N. Sinha publizierte eine Abhandlung mit dem Titel „Some

---

[132] BCMS, 39 (1–4), (1947), 65–70.
[133] BCMS, 40, (1948), 69–75.

systems of Diophantine equations of the Terry-Escott".[134] M. R. Iyer veröffentlichte 1969 eine Reihe von drei Arbeiten zu Fibonacci-Zahlen, die alle im *FQJ*
veröffentlicht wurden. 1971 veröffentlichte T. N. Sinha erneut eine Abhandlung
über ganzzahlige Lösungen von Gleichungen eines speziellen Typs, die in *The
mathematics Student* veröffentlicht wurde. Zu den weiteren Forschern aus Bihar,
die in der zweiten Hälfte des 20. Jahrhunderts veröffentlichten, gehören S. A. N.
Moorthy, P. D. Shukla, R. Tandon, S. N. Prasad, R. N. Lal, A. Ahmad, K. C. Prasad, R. N. Singh, D. N. Singh, S. N. Dubey und A. Murthy. Diese Mathematiker
haben an Themen gearbeitet, die von Primzahlen über diophantische Gleichungen
und quadratische Formen bis zur Teilbarkeit von Zahlen reichen.

2.4   TIFR-Schule der Zahlentheorie

Die Schule der Zahlentheorie, die Mitte des 20. Jahrhunderts am Tata Institute of
Fundamental Research (TIFR) in Bombay (heute Mumbai) ihren Anfang nahm,
ist heute ein international renommiertes Forschungszentrum für reine Mathematik und theoretische Physik. Viele berühmte Zahlentheoretiker Indiens wurden an
der mathematischen Schule des TIFR ausgebildet und gefördert. Sie haben bemerkenswerte Beiträge in dieser Disziplin geleistet. Die betreffenden Zahlentheoretiker und ihre jeweiligen Beiträge werden im Detail diskutiert. Doch zuvor
erscheint es notwendig, über Prof. K. Chandrasekharan zu schreiben, der nicht nur
ein führender indischer Mathematiker des 20. Jahrhunderts war, sondern auch für
den Aufbau der berühmten mathematischen Schule am TIFR verantwortlich zeich-
nete.

2.4.1   *Komaravolu Chandrasekharan (1920–2017) und die Anfangsjahre des TIFR*

Komaravolu Chandrasekharan (oder K. Chandrasekharan) wurde am 21. November 1920 in Machilipatnam in der damaligen Präsidentschaft Madras (heute
Andhra Pradesh) geboren (Abb. 2.6). Sein Vater Rajaiah Chandrasekharan war der
Schulleiter einer örtlichen Schule und seine Mutter Padmakshamma Hausfrau.
    K. Chandrasekharan besuchte die Schule im Dorf Bapatla im Distrikt Guntur
von Andhra Pradesh. Nach Abschluss seiner Schulausbildung im Jahr 1940 zog er
in die Stadt Madras (heute Chennai), um fortgeschrittenen Studien nachzugehen.
Über das renommierte Presidency College der Stadt erlangte er seinen BA (Honors)-Abschluss in Mathematik von der Universität Madras. 1943 schloss er sein

---

[134] Abschn. 4, (TNS. 1).

MA-Studium am Presidency College ab. Im selben Jahr trat er als Teilzeitdozent am Madras Presidency College ein und begann unter der Leitung des berühmten Mathematikers K. Ananda Rau der Universität Madras mit der Forschung. 1946 schloss er seine Forschungsarbeit ab und erhielt den Ph.D.-Abschluss von der Universität Madras. Seine anfängliche Forschungsarbeit befasste sich mit der Summierbarkeitsmethode, insbesondere der von Bessel. Von Anfang an konzentrierten sich K. Chandrasekharans mathematische Interessen auf mathematische Analyse und analytische Zahlentheorie.

Zu dieser Zeit in Madras waren die bekanntesten und einflussreichsten Mathematiker der Stadt K. Ananda Rau und R. Vaidyanathaswamy von der neu gegründeten Mathematikabteilung der Universität Madras sowie Reverend Father Racine des Loyola College. Ananda Rau, ein Zeitgenosse des ikonischen Srinivasa Ramanujan, war von G. H. Hardy an der University of Cambridge ausgebildet worden. Er führte K. Chandrasekharan in die analytische Zahlentheorie ein. Father Racine hatte seinen Doktortitel unter der Leitung von Élie Joseph Cartan (1869–1951) in Paris erworben. Er und Vaidyanathaswamy machten Chandrasekharan mit anderen Zweigen der Mathematik vertraut. R. Vaidyanathaswamy hatte Interesse an vielen Zweigen der Mathematik. Er war der erste Mathematiker in Indien, der ein Buch über Topologie schrieb (veröffentlicht von Chelsea). Chandrasekharan hatte großen Respekt vor Vaidyanathaswamy und erwähnte in späteren Jahren, dass er mathematische Logik unter der Leitung von Prof. Vaidyanathaswamy studiert hatte.

Kurz nach Abschluss seiner Promotion kam K. Chandrasekharan in Kontakt mit einem führenden amerikanischen Mathematiker namens Marshall Stone (1903–1989), der auf einen kurzen Besuch in Madras war. Stone war sehr beeindruckt von Chandrasekharans bemerkenswerter mathematischer Begabung und seinen Fähigkeiten. Er setzte sich persönlich dafür ein, dass Chandrasekharan zum Institute for Advanced Study in Princeton, USA, gehen konnte. Er machte auch Pläne, um Chandrasekharan die Möglichkeit zu geben, als Assistent des Mathematikers und Physikers Hermann Weyl (1885–1955) zu arbeiten. Während seines

Aufenthalts in Princeton wurde Chandrasekharan sehr gut mit John Von Neumann (1903–1957) bekannt. Er arbeitete auch intensiv mit Salomon Bochner (1899–1982) von der Princeton University zusammen. Sie forschten hauptsächlich an Analysen, die sich um Fourier-Transformationen drehten. Sie schrieben und veröffentlichten gemeinsam das Buch *Fourier Transforms*.[135] Um eine Vorstellung von der Art der Arbeit zu geben, die Chandrasekharan zu Fourier-Reihen leistete, soll er hier selbst zu Wort kommen. In seinem Aufsatz mit dem Titel „On the summation of multiple Fourier series I"[136] schrieb er:

> Während eine einzelne Fourier-Reihe und, in geringerem Maße, doppelte Fourier-Reihen sehr detailliert untersucht wurden, hat die mehrfache Fourier-Reihe nicht den gleichen Grad an Aufmerksamkeit erhalten.

In seiner Arbeit über die Summation von mehrfachen Fourier-Reihen durch sphärische Mittel, die von S. Bochner eingeleitet wurde, ist zu beachten, dass die Definition der Summation durch sphärische Mittel definitiv allgemeiner ist als die von S. Bochner.

1945 wurde das Tata Institute of Fundamental Research (TIFR) in Bombay von Homi J. Bhabha gegründet. In den Anfangsjahren waren D. D. Kosambi und F. W. Levi die Fakultätsmitglieder in Mathematik. Levi hatte Deutschland während der repressiven Herrschaft des Nazi-Regimes verlassen und war Professor in der renommierten Abteilung für Reine Mathematik an der Universität Kalkutta gewesen. Nach dem Ende des Zweiten Weltkriegs blieb Levi für kurze Zeit am TIFR, kehrte dann aber nach Deutschland zurück, um seine frühere akademische Position wieder aufzunehmen. Kosambi war ein guter Mathematiker und vielseitiger Gelehrter. Er hatte große Kenntnisse und Interesse in so unterschiedlichen Disziplinen wie Differentialgeometrie, Statistik, Sanskrit und marxistischer Geschichte. Aber ihm fehlte die Führungsqualität, um ein neues akademisches Zentrum aufzubauen.

Kurz nach Gründung des TIFR suchte Bhabha nach sehr guten Gelehrten in verschiedenen Disziplinen für das Institut. Während seines Besuchs am Institute for Advanced Study in Princeton traf er dort Chandrasekharan. Auf die Doppelempfehlung von Hermann Weyl und Von Neumann hin entschied sich Homi Bhabha und lud K. Chandrasekharan ein, dem TIFR beizutreten. Der nahm das Angebot an. 1949 trat er dem Institut als Lektor für Mathematik bei. Kurz nachdem er die Verantwortung am TIFR übernommen hatte, lud er S. Minakshisundaram (1913–1968), einen führenden indischen Mathematiker des 20. Jahrhunderts, ein, dem Institut beizutreten. Beide arbeiteten anschließend zusammen in der mathematischen Analyse, was zur Veröffentlichung eines Buches mit dem Titel *Typical Means* führte.[137] Chandrasekharan war ein großartiger Mathematiker, aber seine Leistung beim Aufbau der weltbekannten Schule für Mathematik am TIFR ist ebenfalls erstaun-

---

[135] Princeton University Press, 1950.

[136] *Proceedings of the London Mathematical Society*, 50, (1948), 210–222.

[137] Oxford University Press, (1952).

lich. Er organisierte dort systematisch die verschiedenen mathematischen Aktivitäten. Die Kultur, die er am Advanced Center in Princeton kennengelernt hatte, beeinflusste ihn und er versuchte dieses Muster nachzuahmen. Er plante, etwas in der Art einer Graduiertenschule einer amerikanischen Universität aufzubauen, an der die Studenten zunächst einige Grundfächer studieren und sich dann auf eine bestimmte Disziplin spezialisieren, um einen Doktortitel zu erwerben. Zu dieser Zeit erwarb ein anderer berühmter indischer Zahlentheoretiker namens K. G. Ramanathan seinen Doktortitel von der Princeton University unter der Leitung von Carl Ludwig Siegel (1896–1981) am Institute for Advanced Study. K. Chandrasekharan lud K. G. Ramanathan ein und letzterer nahm das Angebot an und trat dem TIFR bei. Mithilfe von Ramanathan startete Chandrasekharan das Graduiertenprogramm am TIFR. Aus ganz Indien wurden nun jedes Jahr einige talentierte Studenten auf der Grundlage von Interviews ausgewählt. Um das Trainingsprogramm zu erleichtern und die Studenten ordnungsgemäß auszubilden, startete Chandrasekharan ein neuartiges Programm, um eine große Anzahl von Gastprofessoren aus dem Ausland zu gewinnen. Mit seinen früheren Kontakten in Princeton konnte er viele führende Mathematiker des 20. Jahrhunderts aus Europa und den USA dazu überreden, das TIFR für längere Zeiträume zu besuchen und die Graduiertenkurse zu unterrichten.

Dieses Programm zur Einladung ausländischer Gelehrter begann im Jahr 1953. Einige der berühmten Mathematiker, die das Institut in den Anfangsjahren besuchten, sind C. L. Siegel (1896–1981), S. Eilenberg (1913–1998), H. Rademacher (1892–1969), M. Eichler (1912–1992), O. Zariski (1899–1986) und L. Schwartz (1915–2002). Die Vorlesungsnotizen zu den spezialisierten Kursen dieser bedeutenden Mathematiker wurden von den teilnehmenden Studenten gemacht. Später wurden diese Mitschriften als *TIFR Lecture Notes Series* veröffentlicht. Mehrere talentierte Studenten traten dem TIFR bei und über einige Jahre bestand die Fakultät des TIFR aus eben diesen, die sich in ihren jeweiligen Spezialgebieten einen Namen gemacht hatten. Das TIFR erwarb nach und nach den Ruf, ein weltweit führendes Zentrum für Mathematik zu sein. Eine weitere wichtige Initiative von K. Chandrasekharan war die Organisation eines internationalen Kolloquiums über verschiedene Themen in der Mathematik alle vier Jahre. Dabei handelte es sich um geschlossene Treffen von eingeladenen Experten aus aller Welt zu einem spezifischen Thema, die für alle TIFR-Fakultätsmitglieder und -Studenten gedacht waren. Das Thema und die einzuladenden relevanter Experten wurden von den Mitgliedern der mathematischen Fakultät ausgewählt. Chandrasekharan überzeugte die Internationale Mathematische Union (IMU), solche Kolloquien zu sponsern, und beteiligte den Dorabji Tata Trust, um die erforderlichen Ausgaben gegenzufinanzieren.

Das erste solche Kolloquium fand 1956 zum Thema „*Zeta-Funktionen*" statt. Atle Selberg (1917–2007), der berühmte Zahlentheoretiker, hielt in diesem Kolloquium vier Vorträge. Die „Selberg-Spurenformel" [22] wurde in diesen Vorlesungen diskutiert.

Übrigens ist erwähnenswert, dass K. Chandrasekharan zu dieser Zeit Interesse an der Zeta-Funktion zeigte. H. Hamburger (1889–1956) hatte ein bestimmtes Ergebnis bewiesen. Durch die Verbindung der Funktionsgleichung mit der modularen Beziehung hatte C. L. Siegel einen einfachen Beweis erhalten. Bochner und Chandrasekharan stellten in ihrer Veröffentlichung mit dem Titel „On Riemann's functional equation"[138] einige Fragen und zur Beantwortung dieser Fragen assoziierten sie eine Konstante δ_λ mit jeder Sequenz $\lambda = (\lambda_n)$ und waren erfolgreich bei der Ermittlung einer Obergrenze für die Anzahl der Lösungen in Bezug auf d_λ und d_μ. Für einen bestimmten Fall bewiesen sie, dass $\delta = 1$ oder 3 ist, und tabellierten alle entsprechenden Lösungen. In einer weiteren Veröffentlichung, mit S. Mandelbrojt, diskutierte K. Chandrasekharan[139] im Detail die wichtigen Fälle von $\delta = 1$ und $\delta = 3$.

Professor Chandrasekharan betreute Raghavan Narasimhan (1926–2007), der später ein berühmter Zahlentheoretiker wurde. Chandrasekharan forschte in Zusammenarbeit mit Narasimhan intensiv an der analytischen Zahlentheorie. Beginnend 1960 trugen sie in 18 Jahren (bis 1978) 13 Forschungsarbeiten bei, die in bekannten internationalen Zeitschriften veröffentlicht und angemessen rezensiert wurden.

In den ersten vier Arbeiten arbeiteten sie an Heckes Funktionsgleichung und diskutierten auch die durchschnittliche Ordnung von arithmetischen Funktionen und arithmetische Identitäten in Bezug darauf. In einer 1962 veröffentlichten Arbeit mit dem Titel „Functional equations with multiple gamma factors and the average order of arithmetical functions"[140] schrieben die beiden Autoren eine asymptotische Formel für die Riesz-Mittelwerte des Koeffizienten als Hauptterm $M(x)$ plus einen Fehlerterm $E(x)$. Der Term $M(x)$ wird durch ein Integral gegeben. Sie bestimmten erfolgreich das O-Ergebnis und das Ω-Ergebnis in dieser Allgemeinheit. Dann wendeten sie diese Ergebnisse auf die klassischen arithmetischen Funktionen wie $d(n)$, $\sigma(n)$ und $\varphi(n)$ an. In einer 1964 veröffentlichten Arbeit[141] setzten Chandrasekharan und Narasimhan ihre Untersuchungen fort und erhielten eine L_2-Schätzung für den Fehlerterm. Später haben andere Forscher dieses Ergebnis ausgiebig genutzt.

Es sollte beachtet werden, dass G. H. Hardy und J. E. Littlewood viel früher eine ungefähre Funktionsgleichung für die Riemannsche Zeta-Funktion abgeleitet hatten. Dieses Ergebnis wurde von Chandrasekharan und Narasimhan verwendet, um eine asymptotische Formel für L_2-Mittelwert und eine Obergrenze für L_4-Mittelwert für die Riemannsche Zeta-Funktion auf der kritischen Linie zu erhalten. Angesichts der Bedeutung ihrer Forschung und inspiriert von deren Nützlichkeit veröffentlichten Chandrasekharan und Narasimhan 1963 eine Arbeit[142] und leiteten eine ungefähre Funktionsgleichung für jede Dirichlet-Reihe ab, die

---

[138] Ann. Math., 63, (1956), 336–360.

[139] Ann. Math., 66, (1957), 285–296.

[140] Abschn. 3, (KC. 5).

[141] Abschn. 3, (KC. 8).

[142] Abschn. 3, (KC. 7).

eine Funktionsgleichung mit mehreren Gamma-Faktoren unter einigen milden Bedingungen erfüllt. Sie wendeten diese Ergebnisse auf die Dedekind-Zeta-Funktionen an und leiteten eine L_2-Schätzung für dieselben auf der kritischen Linie ab. Bei der Untersuchung von Zeta-Funktionen, die in der algebraischen Zahlentheorie auftreten, ist dieses Ergebnis sehr nützlich gewesen.

Die Arbeiten von K. Chandrasekharan und R. Narasimhan über O- und Ω-Ergebnisse für Riesz-Mittelwerte, Mittelwerte von Fehlertermen für die Summenfunktionen einer breiten Klasse von arithmetischen Funktionen und über ungefähre Funktionsgleichungen sind sehr wichtige Beiträge auf dem Gebiet der analytischen Zahlentheorie.

Anhang

[22] *Selberg-Spurformel*: Erstmals 1956 von A. Selberg eingeführt, liefert diese nach ihm benannte Formel einen Ausdruck für den Charakter der unitären Darstellung von G auf dem Raum $L^2(G/\Gamma)$ der quadratisch integrierbaren Funktionen, wobei G eine Lie-Gruppe und Γ eine kofinite diskrete Gruppe ist. Der Charakter wird durch die Spur bestimmter Funktionen auf G gegeben.

2.4.2 Kollagunta Gopalaiyer Ramanathan (K. G. Ramanathan) (1920–1992)

Professor K. G. Ramanathan (Abb. 2.7) war ein sehr angesehener indischer Zahlentheoretiker, der zusammen mit Prof. K. Chandrasekharan eine Schlüsselrolle bei der Initiierung der Schule für Mathematik am Tata Institute of Fundamental Research (TIFR) und auch bei der Entwicklung einer der herausragendsten Schulen für Zahlentheorie dort spielte.

K. G. Ramanathan wurde am 13. November 1920 in der Stadt Hyderabad (heute Telangana) geboren. Sein Vater war K. Gopala Iyer und seine Mutter Smt. Anantalakshmi. Er besuchte die Wesleyan Mission High School in Secunderabad. Im Jahr 1940 schloss er sein Studium mit einem B.A. in Mathematik am Nizam College der Osmania-Universität in Hyderabad ab. Danach ging er nach Madras (heute Chennai), um weiterführende Studien in Mathematik zu absolvieren. Im Jahr 1942 schloss er seinen M.A. in Mathematik am Loyola College der Universität Madras ab. Dort wurde er von Reverend Father Racine unterrichtet. Nach seinem Postgraduiertenstudium arbeitete er in den Jahren 1945–1946 als Assistenzdozent für Mathematik an der Annamalai-Universität in Chidambaram. In den nächsten zwei Jahren arbeitete er als Dozent an der Osmania-Universität in Hyderabad. Dann kehrte er 1948 nach Madras zurück. Er trat als Forschungsstipendiat in die Mathematikabteilung der Universität Madras ein. Während dieser Zeit kam er in Kontakt mit den bekannten Mathematikern Prof. R. Viadyanathaswamy und Dr. T. Vijayaraghavan. Reverend Father Racine vom Loyola College in Madras, den er bereits kannte, inspirierte Ramanathan, Forschungen in höherer Mathematik zu betreiben. Während seines Postgraduiertenstudiums begann

Abb. 2.7 K. G. Ramanathan
(1920–1992)

er Forschungen zur Zahlentheorie durchzuführen. Noch bevor er seine M.A.-Prüfung ablegte, veröffentlichte er 1941 sein erstes Paper zur Zahlentheorie. In diesem Forschungspapier mit dem Titel „On Demlo numbers"[143] untersuchte er das
Problem, die Ziffern des Produkts von zwei Faktoren in Bezug auf die Ziffern der
Faktoren zu beschreiben. Er untersuchte auch einige spezielle Fälle. Einige andere
Papiere, die er in diesen vier Jahren (1941–1945) veröffentlichte, waren:

- „Congruence properties of $\sigma(n)$, the sum of the divisors of n" [Abschn. 2.3,
  (KGR. 2)]
- „On Ramanujan's trigonometrical sum $C_m(n)$" [Abschn. 2.3, (KGR. 4)]
- „Some applications of Ramanujan's trigonometrical sum $C_m(n)$" [Abschn. 2.3,
  (KGR. 6)]
- „Multiplicative arithmetic functions" [Abschn. 2.3, (KGR. 3)]
- „Congruence properties of Ramanujan's function $\tau(n)$" [Abschn. 2.3, (KGR. 5)]
- „Congruence properties of $\sigma_a(n)$" [Abschn. 2.3, (KGR. 7)]
- „Congruence properties of Ramanujan's function $\tau(n)$ II" [Abschn. 2.3, (KGR. 8)]

Alle diese Papiere wurden vom berühmten Zahlentheoretiker D. H. Lehmar begutachtet. Bei der Begutachtung des 1945 veröffentlichten Papiers über Ramanujans
Funktion $\tau(n)$ schrieb Lehmar:

> Dieses Papier befasst sich mit einer Summe, die tatsächlich die Summe der n-ten Poten
> zen der primitiven m-ten Einheitswurzeln ist. Der Autor weist auf ihren Zusammenhang
> mit Partitionen m hin, wobei die fragliche Summe die Differenz zwischen der Anzahl der
> Partitionen von n in eine gerade Anzahl von inkongruenten Teilen modulo m und denen in
> eine ungerade Anzahl solcher Teile ist. Einfache Beweise werden für eine Reihe von be
> kannten Theoremen gegeben, wie zum Beispiel das, welches behauptet, dass das Produkt
> von 2 sin $\pi(n/m)$ über alle n, die kleiner und prim zu m sind, den Wert p oder 1 hat, je
> nachdem, ob m eine Potenz der Primzahl p ist oder nicht.

---

[143] Abschn. 3, (KGR. 1).

Kurz darauf, in der Mitte des 20. Jahrhunderts, ging K. G. Ramanathan in die USA. Dort trat er dem Institute for Advanced Study in Princeton bei und arbeitete als Assistent von Prof. Hermann Weyl. Er kam anschließend in Kontakt mit dem international bekannten Zahlentheoretiker Prof. C. L. Siegel und wurde stark von diesem beeinflusst. Dies markierte den Wendepunkt von Ramanathans Karriere. Siegels Einfluss war lang anhaltend und zeigte sich in seinen späteren Forschungsaktivitäten. An der Princeton University arbeitete Ramanathan unter der Aufsicht des berühmten Zahlentheoretikers Prof. Emil Artin (1898–1962) und erhielt 1951 seinen Ph.D. für seine Doktorarbeit mit dem Titel „The Theory of Units of Quadratic and Hermitian Forms".

Kurz darauf kehrte Ramanathan nach Indien zurück und trat 1951 dem TIFR in Bombay bei. Es wurde bereits früher diskutiert, wie er sich mit Prof. K. Chandrasekharan zusammentat und die School of Mathematics am TIFR aufbaute. Aber Ramanathans Rolle beim Aufbau der hervorragenden Forschungsschule für Zahlentheorie verdient besondere Erwähnung. Er verfügte über bemerkenswerte Fachkenntnisse und eine große Leidenschaft für die Zahlentheorie. Dies half ihm sicherlich, sein Ziel zu erreichen. Professor K. G. Ramanathan war ein großartiger Lehrer. Er bereitete seine Vorlesungen mit besonderer Sorgfalt vor und trug sie im Unterricht sehr klar vor. Die informellen Diskussionen, die er im Unterricht anregte, eröffneten vielen angehenden Wissenschaftlern grandiose Einblicke in die aufregende mathematische Welt der größten Zahlentheoretiker der Neuzeit wie Fermat, Euler, Lagrange, Gauß, Abel, Jacobi, Dirichlet, Kummer, Galois, Eisenstein, Kronecker, Riemann, Dedekind, Minkowski, Siegel, Hilbert, Hecke, Artin, Weil und so weiter. Seine anhaltende Begeisterung und endlose Leidenschaft, gute Mathematik sowie eine verfeinerte mathematische Kultur zu verbreiten, kamen nicht nur dem TIFR zugute, sondern trugen auch zur allgemeinen Verbesserung des mathematischen Unterrichts und der Forschung in Indien bei.

K. G. Ramanathan war ein hoch angesehener indischer Zahlentheoretiker des 20. Jahrhunderts. Seine Beiträge stießen auf internationale Anerkennung. Seine besten Forschungsarbeiten beziehen sich auf die analytische und arithmetische Theorie der quadratischen Formen über involutorischen Divisionsalgebren. Zu Beginn seiner Karriere, während 1943–1950, arbeitete Ramanathan hauptsächlich mit Kongruenzeigenschaften einiger arithmetischer Funktionen, Ramanujans trigonometrischen Summen und bestimmten Identitäten des Ramanujan-Typs. In den Jahren 1951 und 1952 arbeitete er an quadratischen Formen. Der Einfluss von Siegels Arbeit über quadratische Formen zusammen mit P. Humberts (1891–1953) Reduktionstheorie führte dazu, dass er die folgenden beiden Arbeiten veröffentlichte:

- „The theory of units of quadratic and Hermitian forms" [Abschn. 2.3, (KGR. 12)]
- „Units of quadratic forms" [Abschn. 2.3, (KGR. 14)]

In den oben genannten Arbeiten untersuchte er die Eigenschaften von Einheitengruppen von quadratischen und hermiteschen Formen über algebraischen

Zahlkörpern wie ihre endliche Erzeugung oder Endlichkeit ihrer Faltung. Sein anhaltendes Interesse an quadratischen Formen führte zu weiteren Veröffentlichungen zu verwandten Themen im Jahr 1956. In einer weiteren wichtigen Forschungsarbeit, die 1959 veröffentlicht wurde,[144] hat Ramanathan eine allgemeine Formel von Siegel über Gitterpunkte in spezifizierten Bereichen verwendet und eine Formel für die Diskriminante der Divisionsalgebra erhalten. Dies führte zum bekannten Hasse-Brauerschen lokal-globalen Spaltungssatz [23] für Quaternionenalgebren [24] über den Rationalen.

Seine Veröffentlichung von zwei Arbeiten im Jahr 1961 ist besonders wichtig. In der ersten Arbeit[145] machte Ramanathan eine systematische Untersuchung der Äquivalenz der Darstellung durch quadratische Formen über Divisionsalgebren [25] mit Involution. In der zweiten Arbeit der Serie[146] betrachtete er den Fall der Theta-Reihe, die mit den oben genannten quadratischen Formen verbunden ist.

Mithilfe von Ideen aus seinen eigenen früheren Ergebnissen zusammen mit bestimmten Techniken von Siegel und einigen Theoremen von A. Selberg und A. Borel leistete Ramanathan bemerkenswerte Arbeit über diskontinuierliche Gruppen. Er veröffentlichte zwei Forschungsarbeiten zu diesen Untersuchungen. In der ersten dieser beiden Arbeiten[147] löste Ramanathan das Problem der Kombination von unendlich vielen Klassen von gegenseitig inkommensurablen diskreten Gruppen der ersten Art in klassischen halbeinfachen Gruppen. In der zweiten Arbeit[148] klärte er die Frage nach der Maximalität von diskreten Untergruppen von arithmetisch definierten klassischen Gruppen und erzeugte damit bestimmte Ergebnisse von Hecke und Maass.

In Zusammenarbeit mit seinem Studenten und bekannten Zahlentheoretiker S. Raghavan veröffentlichte Ramanathan drei Arbeiten, die sich mit diophantischen Ungleichheiten und quadratischen Formen befassen. Gemeinsam mit S. Raghavan bewies er ein Analogon über algebraische Zahlkörper eines Ergebnisses von A. Oppenheim über die Dichte von Werten unbestimmter quadratischer Formen in $n \geq 5$ Variablen, die keine skalaren Vielfachen von rationalen Formen sind und null darstellen (was bedeutet, dass sie nichttriviale ganzzahlige Lösungen zulassen).

Von 1974 bis 1990 war K. G. Ramanathan aktiv an den veröffentlichten wie unveröffentlichten Arbeiten von Srinivasa Ramanujan beteiligt. Seine Hauptinteressengebiete waren Ramanujans schöne Arbeit über singuläre Werte bestimmter modularer Brüche, Rogers-Ramanujansche fortgesetzte Brüche und hypergeometrische Reihen. Er versuchte unermüdlich, viele seiner Kollegen in Indien dazu zu bringen, ernsthafte Studien über Ramanujans faszinierende unveröffentlichte Arbeiten aufzunehmen. Trotz seiner nachlassenden Gesundheit

---

[144] Abschn. 3, (KGR. 20).

[145] Abschn. 3, (KGR. 21).

[146] Abschn. 3, (KGR. 22).

[147] Abschn. 3, (KGR. 23).

[148] Abschn. 3, (KGR. 24).

und daraus resultierenden Behinderung arbeitete er weiter an einer „Monografie über Ramanujans fortgesetzte Brüche", in der er ihre beiden Aspekte in Bezug auf hypergeometrische Reihen und grundlegende hypergeometrische Reihen hervorhebt.

Die persönlichen Forschungsbeiträge von Professor K. G. Ramanathan belaufen sich auf mehr als 45. Er war auch der Autor von zwei Büchern über fortgeschrittene Mathematik, von denen eines von ihm allein und das andere in Zusammenarbeit mit anderen Mathematikern geschrieben wurde.

Wie bereits erwähnt und früher diskutiert, war er ein Zahlentheoretiker höchsten Ranges und einer der Architekten der Zahlentheorie-Schule des TIFR. Ein Zitat aus der „K. G. Ramanathan Memorial Issue" der *Proceedings of the Indian Academy of Sciences*, die im Februar 1994 veröffentlicht wurde, spiegelt seinen akademischen Status wider:

> Professor K. G. Ramanathan war von kleiner Statur, hatte aber einen großen Einfluss auf die indische mathematische Szene nach der Unabhängigkeit. Trotz des Erbes des legendären Srinivasa Ramanujan und mehrerer Mathematiker von hohem Ansehen zu Beginn dieses Jahrhunderts blieb die Beschäftigung mit Mathematik in Indien bis in die fünfziger Jahre eher schwach. Er war einer der wenigen Menschen, die für die Stärkung verantwortlich waren, die Indien fest auf die internationale mathematische Landkarte zurückgebracht hat. Er war nicht nur selbst ein führender Mathematiker von internationalem Ruf, sondern trug auch viel zur Entstehung einer starken mathematischen Basis am Tata Institute of Fundamental Research sowie zur allgemeinen Entwicklung der Forschung und Lehre der Mathematik in Indien sowie in gewissem Maße sogar über unsere Grenzen hinaus bei. Er war für seine Leistungen in der Zahlentheorie anerkannt, insbesondere für die analytische und arithmetische Theorie der quadratischen Formen über Divisionsalgebren mit Involution.

Anhang

[23] *Brauer-Hasse-Theorem*: Das Albert-Brauer-Hasse-Noether-Theorem stellt ein lokal-globales Prinzip für die Spaltung einer zentralen einfachen Algebra *A* über einem algebraischen Zahlkörper *K* auf.

[24] *Quaternionenalgebra*: Eine Quaternionenalgebra über einem Körper *F* ist eine zentrale einfache Algebra *A* über *F*, die über *F* die Dimension 4 hat. Durch Erweiterung der Skalare (ähnlich der Tensorierung mit einer Körpererweiterung) wird jede Quaternionenalgebra zur Matrixalgebra.

[25] *Divisionsalgebra*: Eine *Divisionsalgebra*, die auch als *Divisionsring* oder *schiefer Körper* bezeichnet wird, ist ein Ring, in dem jedes Nicht-Null-Element ein multiplikatives Inverses hat, aber die Multiplikation nicht notwendigerweise kommutativ ist.

2.4.3   *Srinivasacharya Raghavan (1934–2014)*

Srinivasacharya Raghavan (oder S. Raghavan) wurde am 11. April 1934 im Distrikt Thanjavur (heute Tamil Nadu) geboren. Nach Abschluss seiner Schulaus-

Abb. 2.8 S. Raghavan

bildung in der Stadt Palayamkottai erwarb er 1954 seinen B.A. (Honors)-Abschluss in Mathematik am St. Joseph's College in Trichinapally (heute Tiruchirapally). Kurz darauf wurde er ausgewählt und trat als Forschungsstudent in die berühmte Schule für Mathematik am Tata Institute of Fundamental Research (TIFR) in Mumbai ein (Abb. 2.8). Er spezialisierte sich unter der gemeinsamen Leitung von Prof. K. Chandrasekharan und K. G. Ramanathan auf Zahlentheorie.

Professor Raghavan begann ab 1959 Forschungsarbeiten zu verschiedenen Themen der Zahlentheorie zu veröffentlichen. 1960 erwarb er seinen Doktortitel an der Universität Bombay. Danach wurde er Mitglied der Fakultät des TIFR und absolvierte eine lange und illustre Karriere am Institut. Seine herausragende Forschungsleistung führte dazu, dass er bereits im relativ jungen Alter von 41 Jahren im Jahr 1975 Professor wurde. Er trat schließlich 1994 als Senior Professor für Mathematik in den freiwilligen Ruhestand.

In den frühen Tagen seiner Forschungskarriere während der späten sechziger Jahre des 20. Jahrhunderts arbeitete S. Raghavan mit S. S. Rangachari vom TIFR zusammen. Das zentrale Thema ihrer Forschung waren quadratische und modulare Formen. Sie führten detaillierte Untersuchungen zu Ramanujans integralen Identitäten durch. In Zusammenarbeit mit Rangachari, R. Narasimhan und Sunder Lal war S. Raghavan an der Erstellung von mathematischen Broschüren zur algebraischen Zahlentheorie beteiligt, die 1966 vom TIFR, Mumbai, veröffentlicht wurden. Während der Jahre 1969–1970 veröffentlichten Raghavan und Rangachari zwei Forschungsarbeiten zu quadratischen und modularen Formen. Diese wurden im *Journal of the Indian Mathematical Society* und in *Acta Arithmetica* veröffentlicht. In den achtziger Jahren des 20. Jahrhunderts (1980–1981) veröffentlichten Raghavan und Rangachari gemeinsam zwei weitere Arbeiten zur Poisson-Formel vom Hecke-Typ. 1989 publizierten sie gemeinsam eine Arbeit zu Ramanujans elliptischen Integralen und modularen Identitäten. Dieser Aufsatz wurde 1988/1989 vom TIFR veröffentlicht und ist von besonderer Bedeutung. Raghavan hat viel Forschung zu Ramanujans Identitäten betrieben. Mithilfe der Theorie der modularen Formen lieferte er Beweise für einige der Identitäten. 1997 hielt er eine Vorlesungsreihe über Ramanujans Arbeit an der Madurai-Kamaraj-Universität in Tamil Nadu. Der Inhalt seiner Vorlesungen wurde von ihm als technischer Bericht verfasst. Er schrieb auch einen Artikel, in dem er die Auswirkungen von Ramanujans Arbeit auf die Post-Ramanujan- und moderne Mathematik hervorhob. Wie viele indische Mathematiker des 20. Jahrhunderts war S. Raghavan stark von Srinivasa Ramanujan beeinflusst.

Zurück zu seinen anderen Forschungsaktivitäten ist zu bemerken, dass er unter der gemeinsamen Leitung von Chandrasekharan und Ramanathan schnell Siegels Theorie der modularen Formen des Grades 3 erlernte und beherrschte. Er wandte sie effektiv an, um das klassische Problem der Darstellung von positiven Ganzzahlen als Werte von positiven quadratischen Formen zu verallgemeinern. Dabei bezog sich seine Arbeit auf die Verallgemeinerung der früheren Ergebnisse von Hardy, Ramanujan, Hecke und Peterson. Seine erste Forschungsarbeit[149] befasste sich mit der Darstellung von modularen Formen des Grades n durch quadratische Formen.

Wahrscheinlich beeinflusst von K. G. Ramanathan, lag in den folgenden Jahren seiner langen akademischen Karriere, die sich über mehr als 50 Jahre erstreckte, Raghavans Hauptforschungsinteresse bei modularen Formen, automorphen Funktionen [26], quadratischen und Hermiteschen Formen. Er untersuchte sie aus verschiedenen Blickwinkeln und wies auf ihre Zusammenhänge hin. In seiner Arbeit trifft man regelmäßig auf solche Themen wie die Schätzung von Fourier-Koeffizienten von Siegel-modularen Formen, eine Vielzahl von strukturellen Aspekten von modularen Formen und die Verteilung von Werten von quadratischen Formen. Dazu der renommierte Mathematiker Prof. S. G. Dani:

> Seine [Raghavans] Anwendung von Heckes Grenzprozess zur analytischen Fortsetzung von nichtholomorphen Eisenstein-Reihen des Grades 3 wurde zum Vorläufer von Weissauers tiefer Verallgemeinerung für allgemeines n.

Unter seinen anderen wichtigen Forschungsinitiativen zeigte Raghavan besonderes Interesse an der Oppenheim-Vermutung [27] über die Dichte der Werte von unbestimmten quadratischen Formen, die eine wichtige Vermutung in der Zahlentheorie darstellt. In Zusammenarbeit mit K. G. Ramanathan gelang es ihm, ein Analogon zu dieser Vermutung über algebraische Zahlkörper zu etablieren. Seine Arbeit zur Oppenheim-Vermutung für Formen, die möglicherweise keine Null darstellen, beeinflusste indirekt junge Forscher am TIFR zu dieser Zeit. M. S. Raghunathan und S. G. Dani leisteten bemerkenswerte Arbeit in diesem Bereich. Ihre Arbeit sollte wiederum die bahnbrechende Forschung von G. A. Margulis und

---

[149] Abschn. 3, (SR. 1).

Marina Ratner zu verwandten Themen beeinflussen. Später arbeitete S. Raghavan mit S. G. Dani zusammen und führte bemerkenswerte Forschungen zur Dichte von Bahnen irrationaler euklidischer Rahmen unter der Wirkung verschiedener Arten bekannter diskreter Gruppen von Bedeutung in der diophantischen Approximation von Systemen linearer Formen durch.

Schließlich ist im Kontext seiner Karriere zu bemerken, dass er während seines gesamten akademischen und beruflichen Lebens ein hervorragender Performer war. Seit er als Student das TIFR betreten hatte, war er ein integraler Bestandteil der mathematischen Forschungsgemeinschaft des Instituts. Während seiner langen und illustren Karriere war S. Raghavan Gastwissenschaftler an verschiedenen renommierten akademischen Zentren mathematischer Exzellenz. Als Akademiker besuchte er das Institute for Advanced Study, Princeton, USA, während der Jahre 1986–1987. In seiner Heimat war er sechs Jahre lang, von 1968 bis 1974, Gastprofessor an der Universität Bombay. Während der Jahre 1991–1994 war er Gastprofessor am SPIC Mathematical Institute, Chennai. Dieses Institut ist heute als Chennai Mathematical Institute bekannt.

Neben akademischen Aufgaben führte S. Raghavan wichtige gemeinsame Forschungen mit R. J. Cook von der University of Sheffield in England durch. Sie arbeiteten an den Werten von quadratischen Formen. In Zusammenarbeit mit J. Sengupta vom TIFR schrieb er mehrere Forschungsarbeiten und veröffentlichte sie. Diese Arbeiten befassten sich mit modularen Formen, insbesondere mit Fourier-Koeffizienten von Maass-Spitzenformen im dreidimensionalen hyperbolischen Raum. Prof. S. Raghavan hat etwa 50 Forschungsarbeiten zu verschiedenen Themen der Zahlentheorie veröffentlicht. Vier Studenten erwarben unter seiner Leitung ihren Doktortitel.

Im Jahr 2014 verstarb er in Chennai.

Anhang

[26] *Automorphe Funktion:* Dies sind Funktionen auf einem Raum, die invariant unter der Wirkung einer Gruppe sind. Alternativ kann sie als Funktion des Quotientenraums definiert werden. Oft ist der Raum eine komplexe Mannigfaltigkeit und die Gruppe eine diskrete Gruppe.

[27] *Oppenheim-Vermutung*: In der diophantischen Approximation betrifft die „Oppenheim-Vermutung" Darstellungen von Zahlen durch reale quadratische Formen in mehreren Variablen.

2.4.4 Kanakanahalli Ramachandra (1933–2011)

Kanakanahalli Ramachandra (oder K. Ramachandra) wurde am 18. August 1933 in Mandya im Bundesstaat Mysore (heute Karnataka) im Süden Indiens geboren (Abb. 2.9). Er stammte aus einer Familie mit bescheidenen Mitteln und verlor seinen Vater im zarten Alter von 13 Jahren. Seine Mutter verpfändete ihr kleines landwirtschaftliches Eigentum und schaffte es mit dem geliehenen Geld, die Ausbildung ihres Sohnes zu finanzieren.

(a)

(b)

Abb. 2.9 Kanakanahalli Ramachandra (1933–2011): **a** beim Unterrichten, **b** mit einer Statue von Srinivasa Ramanujan

Als Schüler erhielt Ramachandra eine kurze Biografie des ikonischen mathematischen Genies Srinivasa Ramanujan als Preis in einem Wettbewerb. Dieses Buch wirkte als Katalysator und entfachte das Interesse für Mathematik im Geist des jungen Ramachandra. Eine kleine Anekdote über den Schüler Ramachandra soll hier für eine kurzweilige Lektüre sorgen und zugleich sein frühes Versprechen als großer Mathematiker der Zukunft demonstrieren. Für Mathematiker mit einigem Wissen über Ramanujan ist seine Taxinummer $1729 = 9^3 + 10^3 = 1^3 + 12^3$ sehr bekannt. Als Student war Ramachandra in eine ähnliche Episode verwickelt. Der Direktor seines College hatte ein Auto mit der Nummer 3430 auf dem Nummernschild. Ramachandra untersuchte sorgfältig die mathematischen Möglichkeiten der Zahl und entdeckte schließlich, dass die Zahl 3435, also wenn man 5 hinzufügt, die einzige Zahl mit der einzigartigen Eigenschaft ist, dass, wenn jede Ziffer auf eine Potenz gleich sich selbst erhoben wird und die resultierenden Zahlen addiert werden, die Summe der ursprünglichen Zahl entspricht. Das heißt $3^3 + 4^4 + 3^3 + 5^5 = 3435$. Für einen jungen College-Studenten war dies in der Tat eine bemerkenswerte Entdeckung. Ramachandra hatte sowohl seinen Abschluss als auch seinen Postgraduiertenabschluss am Central College in Bangalore (jetzt Bengaluru) gemacht. Während seiner Studienzeit dort stieß er in einer öffentlichen Bibliothek der Stadt auf eine Kopie der berühmten Vorlesungsreihe von G. H. Hardy über Ramanujans Forschungsarbeiten. Das Buch trug den Titel *Ramanujan: Twelve Lectures on subjects suggested by his Life and Work*. Ramachandra studierte konzentriert das gesamte Buch mit großem Interesse. Es inspirierte Ramachandra sicherlich dazu, eine Forschungskarriere in der Mathematik und insbesondere in der Zahlentheorie aufzunehmen. Bis zum Ende seines Lebens bewahrte Ramachandra eine Kopie davon auf, es war eines seiner persönlichen Lieblingsbücher.

Nach einer anfänglichen Phase von vorübergehenden niedrig bezahlten Jobs arbeitete er einige Zeit als Dozent an einer Ingenieurhochschule und unterrichtete eine Woche lang am Indian Institute of Science. Nach ein paar Jahren des Kampfes wurde er 1958 schließlich für das Graduiertenstudium am TIFR ausgewählt. Dort traf er Prof. K. Chandrasekharan, der zu dieser Zeit als einer der Experten für die Theorie der Riemannschen Zeta-Funktion in Indien anerkannt war. Ramachandra studierte diese Theorie mit großer Sorgfalt und Hingabe unter der Anleitung von Prof. Chandrasekharan. Später wurde Ramachandra selbst zu einem der führenden Experten auf dem Gebiet der Riemannschen Zeta-Funktion. Er leistete bemerkenswerte Beiträge in diesem Zweig der Zahlentheorie.

Ramachandra arbeitete fast drei Jahrzehnte lang als Forschungsprofessor am TIFR, bis er 1995 in den Ruhestand ging. In gewisser Weise war er vielleicht der wahre Nachfolger von Srinivasa Ramanujan in der modernen indischen Mathematik. Wenn man verschiedene Vorfälle berücksichtigt, wäre es nicht übertrieben zu sagen, dass ohne die unermüdlichen Bemühungen und Anstrengungen von Prof. K. Ramachandra die Zahlentheorie in Indien in der Mitte des siebten Jahrzehnts des 20. Jahrhunderts ausgestorben wäre.

Professor Ramachandra ist wohl der beste analytische Zahlentheoretiker, der nach 1960 in Indien gearbeitet hat. In seiner fast ein halbes Jahrhundert andauernden Arbeit hat er sich in verschiedenen Bereichen der Zahlentheorie einen Namen gemacht. In seiner ersten Arbeit, die in der führenden mathematischen Zeitschrift *Annals of Mathematics* erschien, erzielte er bemerkenswerte Ergebnisse beim Aufbau von Strahlklassenfeldern eines imaginären quadratischen Feldes unter Verwendung von Berechnungen mit speziellen Modulfunktionen im Zusammenhang mit der Grenzformel von Kronecker.

Professor Ramachandra hat bemerkenswerte Beiträge in verschiedenen Bereichen der Zahlentheorie geleistet:

1. *Elementare Zahlentheorie*: Er hat ernsthafte Untersuchungen zu verschiedenen Fragen durchgeführt, die summatorische Funktionen mehrerer arithmetischer Funktionen betreffen, zu Vinogradovs Drei-Primzahlen-Theorem usw.
2. *Algebraische Zahlentheorie:* Ein Jahr, nachdem Ramachandra dem TIFR beigetreten war, besuchte 1959 der international bekannte Zahlentheoretiker C. L. Siegel (1896–1987) das TIFR und hielt eine Vorlesungsreihe über die Grenzformel von Kronecker. Ramachandra besuchte den Kurs und sah sich auf Anregung von K. G. Ramanathan die Anwendbarkeit der Grenzformeln von Kronecker an [28]. In seiner ersten Arbeit, die in der führenden mathematischen Zeitschrift *Annals of Mathematics* erschien, erzielte er bemerkenswerte Ergebnisse beim Aufbau von Strahlklassenfeldern eines imaginären quadratischen Feldes, unter Verwendung von Berechnungen mit speziellen Modulfunktionen im Zusammenhang mit der Grenzformel von Kronecker.

Diese Arbeit mit dem Titel „Some applications of Kronecker's limit formula"[150] wurde von dem Gutachter M. Eichler hoch gelobt. In seinen Kommentaren schrieb Letzterer:

> Diese Arbeit enthält einige bemerkenswerte neue Ergebnisse über den Aufbau des Strahlklassenfeldes eines imaginären quadratischen Zahlkörpers.

Ramachandra hat eine bemerkenswerte Anwendung der zweiten Grenzformel von Kronecker auf die Theorie der komplexen Multiplikation durchgeführt. Er verwendete sie für die Konstruktion einer bestimmten, maximal unabhängigen Einheitensammlung in einem gegebenen Klassenfeld eines imaginären quadratischen Feldes und die Auswertung eines bestimmten elliptischen Integrals. Dieses elliptische Integral wurde ursprünglich von Chowla und Selberg und auch von Ramanujan gefunden.

Die Berechnung der Einheiten des zyklotomischen Feldes, das durch die p-te Wurzel der Einheit für eine Primzahl p erzeugt wird, ist eine klassische Berechnung, wie sie von E. Kummer durchgeführt wurde. Die Frage, die Einheiten im zyklotomischen Feld zu studieren, das durch die m-te Wurzel der Einheit erzeugt wird, ist ein schwierigeres Problem. Ramachandra nahm den Fall auf und die von ihm konstruierten Einheiten sind als Siegel-Ramachandra-Robert-Einhei-

---

[150] Abschn. 3, (KR. 1).

ten bekannt geworden. Für Abelsche Erweiterungen von imaginären quadratischen Feldern, die mit elliptischen Funktionen konstruiert wurden, sind die Siegel-Ramachandra-Robert-Einheiten explizite Einheiten. Siegel leistete die Anfangsarbeit und sie wurden von Ramachandra in den sechziger Jahren konstruiert, später von Robert optimiert. Vielleicht wurden sie deshalb eine Zeit lang Siegel-Ramachandra-Robert-Einheiten genannt. Diese elliptischen Einheiten spielen eine sehr wichtige Rolle in vielen Untersuchungen, die sich mit Arithmetik und elliptischen Kurven mit komplexer Multiplikation befassen. Die grundlegenden Arbeiten von Coates und Wiles sowie Rubin verdienen in diesem Zusammenhang besondere Erwähnung.

Es wird angenommen, dass für jede ausreichend große ganze Zahl n das Intervall der Länge $(n)^{1/2}$, das von n ausgeht, eine Primzahl enthalten muss, aber der damalige Wissensstand war nicht ausreichend, um das Ergebnis zu beweisen, selbst wenn die Riemannsche Hypothese verwendet wurde. Ramachandra stellte das Problem, zu untersuchen, ob das Intervall immer eine Zahl mit einem „großen" Primfaktor enthielt. Er bewies, dass dies tatsächlich der Fall war und dass es eine ganze Zahl m im Intervall gab, die einen Primfaktor hatte, der $m^{(1/2)+(1/3)}$ überstieg. Ramachandras Methode beinhaltet eine geschickte Verwendung der Siebmethoden und auch Schätzungen für exponentielle Summen, die ursprünglich von Van der Corput stammen. Ramachandras Problem hat die Aufmerksamkeit einer Reihe führender Zahlentheoretiker auf sich gezogen und bleibt auch heute noch eine wichtige Frage.

Übrigens könnte es hier relevant sein zu erwähnen, dass viele indische Forscher auf dem Gebiet der elliptischen Kurven und Kurven höherer Gattung einen bedeutenden Beitrag geleistet haben. Bei der expliziten Bestimmung der Anzahl der Punkte auf einer elliptischen Kurve mit komplexer Multiplikation haben die Zahlentheoretiker der Punjab-Schule aus Chandigarh, bestehend aus A. R. Rajwade, M. K. Agarwal, J. C. Parnami, D. B. Rishi, S. A. Katre, und die Studenten von Prof. R. Balasubramanian, nämlich R. Padma und S. Venkataraman vom MatScience (neuer Name, Institute of Mathematical Sciences), Madras (Chennai), eine große Anzahl von Forschungsarbeiten beigetragen.

3. *Transzendentale Zahlentheorie* [29]: In den sechziger Jahren des 20. Jahrhunderts veröffentlichte Alan Baker eine bahnbrechende Arbeit über transzendentale Funktionen [30]. Er machte wichtige Fortschritte in der transzendentalen Zahlentheorie, die ihm die Fields-Medaille einbrachten. Danach begann auch K. Ramachandra großes Interesse an diesem Zweig der Zahlentheorie zu zeigen. Sein erstes Ergebnis in dieser Theorie, das etwa zur gleichen Zeit von Prof. Serge Lang bewiesen wurde, wird „Six-Exponentials- Theorem" [31]. In der transzendentalen Zahlentheorie ist dieses spezielle Theorem ein Ergebnis, das unter den richtigen Bedingungen für die Exponenten die Transzendenz von mindestens einer Gruppe von Exponentialfunktionen garantiert. Dies bleibt ein grundlegendes Ergebnis in dieser Theorie. Irgendwann in den 1960er-Jahren wurde das Theorem explizit formuliert und vollständig unabhängig von S. Lang und K. Ramachandra bewiesen. Die detaillierten Dis-

kussionen über Ramachandras Beiträge finden sich in Michel Waldschmidts Aufsatz mit dem Titel „On Ramachandra's contributions to Transcendental Number Theory".[151]

Ramachandras andere Forschungsbeiträge in diesem Bereich basieren auf Bakers Theorie über lineare Formen und Logarithmen, transzendentale Maße bestimmter irrationaler Zahlen und so weiter. Ramachandra und seine Studenten, insbesondere T. N. Shorey, haben die Forschung zur transzendentalen Zahlentheorie ernsthaft verfolgt und bemerkenswerte Beiträge sowohl zur Theorie als auch zu ihren Anwendungen auf Probleme der klassischen Zahlentheorie geleistet.

Bakers Hauptergebnis kann in Erinnerung gerufen werden. Wenn $a_1, a_2, ..., a_n$ Logarithmen algebraischer Zahlen sind, dann zeigte Baker, dass wenn die a_i linear unabhängig über dem Feld der rationalen Zahlen sind, sie linear unabhängig über dem Feld der algebraischen Zahlen sind. Baker erhielt tatsächlich eine untere Schranke für die lineare Kombination der $a_1, a_2, ..., a_n$. Diese untere Schranke von Baker wurde von vielen Mathematikern, einschließlich K. Ramachandra, verbessert.

Ramachandra ist besser bekannt für Anwendungen der Baker-Theorie auf arithmetische Fragen. Es wird versucht, eine solche Frage zu erklären. Sei $n+1, n+2, n+3, ..., n+k$ eine Reihe aufeinanderfolgender Ganzzahlen. Man möchte wissen, ob es unterschiedliche Primzahlen $p_1, p_2, ..., p_k$ gibt, sodass die Primzahl $p_j n + j$ für jedes j teilt. C. A. Grimm vermutete 1969, dass dies immer möglich wäre, wenn die Reihe der aufeinanderfolgenden Zahlen keine Primzahl enthält. Mithilfe der Baker-Theorie der linearen Formen bewiesen Ramachandra, Shorey und Tijdeman, dass Grimms Vermutung gilt, wenn k höchstens $c(\log n)^3/(\log\log n)^3$, ist. Es sei darauf hingewiesen, dass dieses 1974 festgestellte Ergebnis bis heute allen Verbesserungsversuchen widerstanden hat.

4. *Theorie der Riemannschen Zeta-Funktion und L-Funktionen*: Nach der Veröffentlichung einiger wichtiger Arbeiten zur Hardy-Ramanujan-Kreismethode und einer Arbeit im Zusammenhang mit dem Thue-Siegel-Roth-Theorem wandte sich K. Ramachandra ab 1973 der klassischen analytischen Zahlentheorie zu, insbesondere der Theorie der Riemannschen Zeta-Funktion und allgemeinen Dirichlet-Reihen. Er hat in diesem Bereich umfangreiche Beiträge geleistet. Um nur einige zu nennen, hat er Omega-Theoreme, untere und obere Schätzungen zu verschiedenen Fragen, Null-Dichte-Schätzungen bestimmter *L*-Funktionen, Mittelwert-Theoreme auf bestimmten vertikalen Linien bestimmter *L*-Funktionen aufgestellt und so weiter.

Einige seiner bemerkenswerten Ergebnisse beinhalten einen einfachen Beweis für eine asymptotische Formel für das vierte Potenzmittel der Zeta-Funktion. Diese

---

[151] Ramanujan Mathematical Society, Lecture Notes Series No. 2, (2006).

Methode wird nun weitgehend verwendet, um quadratische Mittelwertschätzungen für die Dirichlet-Reihen zu erhalten. Er zeigte auch durch eine Methode, die er Hooley-Huxley-Kontur nannte, dass man Perrons Formel sogar für jene Dirichlet-Reihen verwenden kann, die Singularitäten haben könnten.

Ein weiterer wichtiger Beitrag (ein Teil davon wurde in Zusammenarbeit mit seinem Studenten R. Balasubramanian und M. V. Subbarao geleistet) besteht darin, eine untere Grenze für das L^1, L^2-Mittel der Dirichlet-Reihen zu erhalten. Er verwendete dies, um Omega-Ergebnisse für die Riemannsche Zeta-Funktion auf der Linie $s = \frac{1}{2}$ zu erzielen. Er verwendete dieses Konzept auch erfolgreich, um ein Omega-Ergebnis für den Fehlerterm in den Summenfunktionen arithmetischer Funktionen zu erhalten.

Die Beiträge Ramachandras zur Theorie der Riemannschen Zeta-Funktion wurden treffend vom britischen Mathematiker Roger Heath-Brown, einem Fellow der Royal Society, beschrieben. An Prof. Ramachandra gerichtet, schrieb er:

> Sobald ich mit der Forschung begann, vor 30 Jahren, wurde Ihr Name mir vertraut; und Ihr Einfluss auf mich besteht seitdem unverändert. Die Zeit erlaubt es mir, nur einen Aspekt Ihrer Arbeit im Detail zu erwähnen – aber es ist einer, der deutlich zeigt, wie wichtig Ihre Forschung war. Vor etwas mehr als 20 Jahren haben Sie die ersten Ergebnisse über fraktionale Momente der Riemann-Zeta-Funktion bewiesen. Zunächst konnte ich nicht glauben, dass sie korrekt waren! Seitdem wurden die Ideen jedoch auf verschiedene Weisen erweitert. Sie haben natürlich zu einer Reihe wichtiger neuer Ergebnisse über die Zeta-Funktion und andere Dirichlet-Reihen geführt. Aber genauso bedeutsam haben die Ideen zu neuen Vermutungen über die Momente der Riemann-Zeta-Funktion geführt. Diese Vermutungen stellen den ersten erfolgreichen Test für die Anwendung der Theorie der Zufallsmatrizen in diesem Bereich dar. Heutzutage ist dies ein wachsendes Gebiet, das viel zu unserem Verständnis von Zeta-Funktionen beigetragen hat. Und alles lässt sich auf Ihre Arbeit in den späten 1970er-Jahren zurückführen.

Professor Ramachandra war ein großartiger Lehrer und hat erfolgreich einige der begabtesten Zahlentheoretiker Indiens betreut. R. Balasubramanian und T. N. Shorey sind zwei seiner erfolgreichsten Schüler, die aufgrund ihrer bemerkenswerten Beiträge in ihren jeweiligen Bereichen als herausragende Zahlentheoretiker gelten. T. N. Shorey, S. Srinivasan, R. Balasubramanian, M. J. Narlikar, V. V. Rane, A. Sankaranarayanan, K. Srinivas und Kishore Bhat erhielten ihre jeweiligen Doktortitel unter der Aufsicht von K. Ramachandra.

Anhang

[28] *Kronecker-Grenzformel*: Die klassische „Kronecker-Grenzformel" beschreibt den konstanten Term bei $s = 1$ einer reell-analytischen Eisenstein-Reihe (oder Epstein-Zeta-Funktion) in Bezug auf die Dedekind-Eta-Funktion.

[29] *Transzendentale Zahlentheorie*: Es handelt sich um einen Zweig der Zahlentheorie, der transzendentale Zahlen (Zahlen, die keine Lösungen irgendeiner Polynomgleichung mit ganzzahligen Koeffizienten sind) sowohl qualitativ als auch quantitativ untersucht.

[30] *Transzendentale Funktion*: Es handelt sich um eine Art von Funktion, die nicht als endliche Kombination der algebraischen Operationen Addition,

Subtraktion, Multiplikation, Division, Potenzieren und Wurzelziehen aus-
drückbar ist, zum Beispiel $\log x, \sin x, \cos x, e^x$ oder jede Funktion, die eine
davon enthält.

[31] *Six-Exponentials-Satz*: In der transzendentalen Zahlentheorie ist der „Six-Exponentials-Satz" ein Ergebnis, das unter gegebenen Bedingungen für die Exponenten die Transzendenz von mindestens einer Gruppe von Exponentialen
garantiert.

Ein weiterer sehr talentierter Zahlentheoretiker, der in sehr kurzer Zeit bemerkenswerte Beiträge zur algebraischen Zahlentheorie geleistet hat, wird nun besprochen.
Es handelt sich um C. P. Ramanujam. Wie sein Namensvetter, der ikonische Srinivasa Ramanujan, hatte auch er ein kurzes tragisches Leben.

2.4.5   Chakravarti Padmanabhan Ramanujam (1938–1974)

Chakravarti Padmanabhan Ramanujam (oder C. P. Ramanujam, Abb. 2.10), wurde
am 9. Januar 1938 in der Stadt Madras (heute Chennai) geboren. Sein Vater C.
Padmanabhan war Anwalt am Obersten Gericht von Madras. Im Jahr 1952 bestand
der Sohn seine Hochschulreifeprüfung und trat in das berühmte Loyola College
von Madras ein. Im Jahr 1957 schloss er sein Studium mit Auszeichnung in Mathematik ab, schaffte es jedoch nicht, die erste Klasse zu erreichen. Während seiner College-Zeit wurde er von Pater C. Racine vom Loyola College in den Ehren-
klassen unterrichtet. Ramanujam hatte großen Respekt und Achtung vor Pater Racine und pflegte bis zum Ende seines Lebens einen regelmäßigen Briefwechsel mit
diesem. Auf Vorschlag von Pater Racine bewarb sich Ramanujam an der School

Abb. 2.10 C. P. Ramanujam
(1938–1974)

of Mathematics am TIFR und wurde ausgewählt. Pater Racine hatte ihm ein gutes Empfehlungsschreiben mitgegeben, in dem es heißt:

> Er [Ramanujam] hat sicherlich Originalität des Geistes und die Art von Neugier, die darauf hindeutet, dass er sich zu einem guten Forscher entwickeln wird, wenn man ihm genügend Gelegenheit gibt.

Zukünftige Entwicklungen sollten das Vertrauen von Pater Racine in seinen Schüler bestätigen. Bevor er ins TIFR eintrat, hatte Ramanujam eine kurze Begegnung mit dem berühmten Zahlentheoretiker Prof. T. Vijayaraghavan, der bis 1954 Direktor des Ramanujan Institute of Mathematics in Madras war.

Ramanujams wichtigste Beiträge zur Zahlentheorie liegen im Bereich des Waringschen Problems für Zahlkörper. Nach dem erfolgreichen Abschluss seiner ersten Ausbildung an der School of Mathematics (am TIFR) begann C. P. Ramanujam unter der Leitung von Prof. K. G. Ramanathan zu arbeiten. Er begann an einem Problem zu arbeiten, das mit Lie-Gruppen und Differentialgeometrie in Verbindung mit der Arbeit von C. L. Siegel zusammenhing. Anfang 1961 startete er mit Untersuchungen zu einem Problem bezüglich diophantischer Gleichungen, insbesondere solchen über Zahlkörper. Zuvor hatte C. L. Siegel ein Problem bezüglich der Verallgemeinerung des Waringschen Problems auf algebraische Zahlkörper aufgeworfen. Davenport und seine Mitarbeiter D. J. Lewis und B. J. Birch hatten in diesem Zusammenhang wichtige Ergebnisse erzielt. H. Davenport hatte festgestellt, dass jede kubische Form mit rationalen Koeffizienten in mindestens $g = 32$ Variablen eine nichttriviale rationale Nullstelle hatte. Mit Siegels Verallgemeinerung der Haupt- und Nebenbögen der Hardy-Littlewood-Ramanujan-Kreismethode versuchte Ramanujam, Davenports Methode auf kubische Formen über algebraische Zahlkörper zu verallgemeinern. Er vereinfachte zunächst Siegels Methode und konnte dann beweisen, dass jede kubische Form in 54 Variablen über einem beliebigen algebraischen Zahlkörper K eine nichttriviale Nullstelle über diesem Körper hatte. Sein Theorem wurde später von P. Pleasants und C. Hooley verfeinert.

Ramanujams Theorem lautet wie folgt.

Theorem 1 (C. P. Ramanujam): Jede kubische Form über einem beliebigen algebraischen Zahlkörper in ≥ 54 Variablen hat eine nichttriviale Nullstelle.

P. Pleasants verfeinerte die von C. P. Ramanujam verwendete Methode und zeigte, dass Ramanujams Ergebnis mit $g = 16$ gilt. Dies ist das stärkste bisher in diesem Bereich aufgestellte Theorem. Das Theorem lautet wie folgt:

Theorem (P. Pleasants): Jede kubische Form über einem beliebigen algebraischen Zahlkörper in ≥ 16 Variablen hat eine nichttriviale Nullstelle.

Ramanujam war immer an Warings Problem in algebraischen Zahlkörpern interessiert. Eine natürliche Frage wäre, ob Warings Problem auch in einem Zahlkörper eine positive Antwort hat. Aber aufgrund lokaler Bedingungen könnte das Problem keine positive Antwort haben. Als Ramanujam dieses Problem aufgriff, waren bereits einige interessante Ergebnisse in dieser Richtung veröffentlicht worden. Ramanujam hatte das von Siegel aufgeworfene Problem unabhängig gelöst. Das ihm zugeschriebene Theorem lautet wie folgt:

Theorem 2 (C. P. Ramanujam): Jede total positive algebraische Ganzzahl in einem beliebigen algebraischen Zahlkörper, die zur Ordnung gehört, die von den m-ten Potenzen der algebraischen Ganzzahlen in diesem Zahlkörper erzeugt wird, ist tatsächlich eine Summe von höchstens $\max(2^m + 1, 8m^5)$ m-ten Potenzen von total positiven Ganzzahlen.

Später interessierte sich C. P. Ramanujam mehr für algebraische Geometrie und mathematische Analyse. Aber seine Beiträge zur Zahlentheorie sind äußerst bedeutend. Im Jahr 1973 wurde er zum Mitglied der Indian Academy of Sciences gewählt. Ramanujam war ein guter Lehrer und bei seinen Studenten sehr beliebt. Aber dieser brillante Mathematiker war Opfer einer grausamen Krankheit, die immer wieder auftrat. Schließlich beendete er sein Leben durch eine Überdosis Barbiturate und starb am 27. Oktober 1974.

Nun werden einige Schüler von Prof. K. Ramachandra besprochen, die wichtige Beiträge zur Entwicklung der Forschung in der Zahlentheorie geleistet haben.

2.4.6 S. Srinivasan (1943–2005)

S. Srinivasan wurde am 8. September 1943 in Mysore geboren. Dort erhielt er auch seine frühe Bildung. Er schloss die Sekundarschule im Jahr 1957 ab und erwarb einen B.Sc.-Abschluss vom Yuvaraja's College in Mysore. Er war ein begeisterter Mathematikstudent während seiner gesamten Studienzeit und verfolgte einen postgradualen Kurs in Mathematik an der Universität Mysore. Er erwarb seinen M.Sc.-Abschluss im Jahr 1964. Nach einigen Jahren in einer kleinen Stadt in Süd-Karnataka trat er Ende der 1960er-Jahre der Mathematikabteilung der Punjab-Universität in Chandigarh als Forschungsstipendiat bei. Schließlich trat S. Srinivasan Anfang der siebziger Jahre des 20. Jahrhunderts dem TIFR, Mumbai, bei, um unter der Aufsicht von Prof. K. Ramachandra zu arbeiten.

Dr. S. Srinvasan war ein angesehener Zahlentheoretiker und hatte einen Hang zur Perfektion und Einfachheit. Er arbeitete an verschiedenen wichtigen Problemen und seine Lösungsmethoden spiegeln sein Verständnis der tiefen Mathematik wider. Er versuchte einfache und elegante Argumente zu liefern und erzielte fast die gleichen Ergebnisse. Sein Artikel mit dem Titel „A remark on Goldbach's problem", der 1980 im *Journal of Number Theory* veröffentlicht wurde, gilt als einer seiner wichtigsten Beiträge in diesem Bereich. In diesem speziellen Forschungspapier bewies er bestimmte asymptotische Formeln für die Goldbachsche binäre Vermutung [32] und die damit verbundene Zwillingsprimzahlvermutung. Andere wichtige Arbeiten beziehen sich auf die „Unendlichkeit von Primzahlen" [33], die „Brun-Titchmarsh-Ungleichheit" [34] und „Hilberts Ungleichheit". Einfachheit, Präzision und Perfektion sind Markenzeichen, die mit seinen Forschungsergebnissen verbunden sind. Den größten Teil seiner Karriere arbeitete er als

Fakultätsmitglied des Tata Institute of Fundamental Research (TIFR), Mumbai. Er trat dort im Jahr 2003 in den Ruhestand und wechselte zum TIFR-CAM, Bangalore. Dort traf er nach vielen Jahren wieder auf seinen Mentor Prof. K. Ramachandra. Dr. Srinivasan verstarb im Jahr 2005.

Anhang

[32] *Goldbachsche Vermutung*: Es handelt sich um eines der ältesten und bekanntesten ungelösten Probleme der Zahlentheorie. Es ist auch bekannt als „Goldbachsche binäre Vermutung", um es von einer schwächeren Vermutung zu unterscheiden. Diese noch unbewiesene oben genannte Vermutung besagt, dass jede ganze Zahl größer als 2 die Summe von zwei Primzahlen ist.

[33] *Unendlichkeit von Primzahlen*: Dies ist eine grundlegende Aussage in der Zahlentheorie, die besagt, dass es unendlich viele Primzahlen gibt.

[34] *Brun-Titchmarsh-Ungleichheit*: In der analytischen Zahlentheorie gibt es einen wichtigen Satz namens Brun-Titchmarsh-Theorem. Er ist nach Viggo Brun und Edward Charles Titchmarsh benannt. Dieser Satz ist eine obere Grenze für die Verteilung von Primzahlen in arithmetischer Progression. Die oben genannten Ungleichheiten beziehen sich auf den genannten Satz.

2.4.7   *Tarlok Nath Shorey*

Professor Tarlok Nath Shorey (oder T. N. Shorey) ist ein berühmter Schüler von Prof. K. Ramachandra. T. N. Shorey wurde am 30. Oktober 1945 geboren. Er absolvierte das DAV College, Amritsar, und machte 1965 seinen M.A. an der Punjab-Universität in Chandigarh. Später, im Jahr 1968, trat er dem TIFR, Mumbai, bei und begann unter der Aufsicht von Prof. K. Ramachandra mit der Arbeit an der Zahlentheorie. Er erwarb seinen Ph.D.-Abschluss Mitte der siebziger Jahre des 20. Jahrhunderts. Das Thema seiner Dissertation war „Lineare Formen in Logarithmen algebraischer Zahlen". Er trat dem TIFR, Mumbai, als Fakultätsmitglied bei und ging schließlich als Senior Professor von dort aus in den Ruhestand.

Er ist einer der führenden Zahlentheoretiker Indiens. Seine am meisten anerkannten Forschungsbeiträge liegen auf dem Gebiet der transzendentalen Zahlentheorie. Er war erfolgreich bei der Erzielung der besten Schätzungen für lineare Formen algebraischer Zahlen. Er hat auch neue Anwendungen von Bakers Methode [35] auf diophantische Gleichungen und Ramanujans τ-Funktionen gemacht. Shoreys umfangreiche Arbeit über die Irreduzibilität des Laguerre-Polynoms [36] ist bedeutend. In den frühen neunziger Jahren des 20. Jahrhunderts leisteten Shorey und Tijdeman wichtige Arbeiten im Zusammenhang mit der größten Primfunktion einer arithmetischen Progression.

Was Shoreys Beiträge zu Schätzungen linearer Formen und Anwendungen betrifft, so sei erwähnt, dass J. J. Sylvester (1814–1897) erstmals 1892 bewies, dass ein Produkt von k aufeinanderfolgenden positiven Zahlen, die größer als k sind, durch eine Primzahl teilbar ist, die k übersteigt. Unter Verwendung eines Ergebnisses von M. Jutila, das auf Schätzungen für Exponentialsummen und einer

Schätzung linearer Formen im Logarithmus beruht, bewies Shorey in einer 1974 veröffentlichten Publikation[152], dass es ausreicht, wenn konstante Zeiten $k(\log\log k)/\log k$ aufeinanderfolgende Zahlen anstelle von k aufeinanderfolgenden Zahlen in dem oben genannten Ergebnis von Sylvester genommen werden. Dies war eine Verbesserung früherer Ergebnisse, die von P. Erdös, Q. Tijdeman, K. Ramachandra und T. N. Shorey erzielt wurden. Tatsächlich handelt es sich um das bis heute bekannteste Ergebnis.

In den sechziger Jahren wurde die Theorie zur Schätzung linearer Formen in Logarithmen algebraischer Zahlen von A. Baker (1939–2018) entwickelt. Die Schätzung für die linearen Formen zu Bakers Theorie ist ein wichtiger Beitrag von Shorey. In zwei 1974[153] und 1976[154] veröffentlichten Publikationen präsentierte Shorey eine Schätzung linearer Formen in einem allgemeineren Fall. Ein weiterer sehr wichtiger Beitrag ist seine Schätzung linearer Formen in Bezug auf die Vermutung von K. A. Grimm (1926–2018). In seiner berühmten Vermutung, die 1969 veröffentlicht wurde,[155] hatte Grimm behauptet, dass wenn $x, x+1, …, x+k-1$ alle zusammengesetzten Ganzzahlen sind,[156] dann ist die Anzahl der Primfaktoren von $x(x+1)\cdots(x+k-1)$ mindestens k. Ramachandra, Shorey und Tijdeman zeigten in ihrer 1976 veröffentlichten Publikation[157], dass Grimms Vermutung gültig war, wenn $(\log x)/(\log x)^2$ eine positive Konstante übersteigt. Bei der Beweisführung dieses Ergebnisses zeigten sie auch, dass die Annahme, dass $x, x+1, …, x+k-1$ alle zusammengesetzt sind, nicht notwendig ist.

Shorey hat einige bedeutende Forschungen im Bereich der Anwendungen von linearen Formabschätzungen auf Werte von Polynomen, Rekurrenzsequenzen und Kettenbrüchen in den späten siebziger Jahren. In einer 1976er-Veröffentlichung[158] erläuterte T. N. Shorey in Zusammenarbeit mit R. Tijdeman die größten Primfaktoren von Polynomen an ganzzahligen Punkten. Wiederum im Jahr 1977 wendete Shorey in Zusammenarbeit mit A. J. Vander Poorten, R. Tijdeman und A. Schinzel in einem Artikel[159] die Gel'fond-Baker-Methode auf diophantische Gleichungen an. Für teilerfremde positive ganze Zahlen A und B mit $A > B$ wurde vermutet, dass $P(A^n - B^n)/n$ gegen unendlich strebt, wenn n gegen unendlich strebt, wobei $P(k)$ den größten Primfaktor von k bezeichnet. Im Jahr 1904 zeigten Birkoff und Vandiver, dass $P(A^n - B^n) > n$ für $n > 6$. Im Jahr 1962 wurde das Ergebnis

---

[152] Abschn. 3, (TNS. 5).

[153] Abschn. 3, (TNS. 6).

[154] Abschn. 3, (TNS. 11).

[155] *Amer. Math. Month.* 76 (1969), 1126–1128.

[156] Eine *zusammengesetzte Ganzzahl* ist eine ganze Zahl, die genau durch Zahlen außer 1 und sich selbst geteilt werden kann. Zum Beispiel kann 4 genau durch 2 sowie 1 und 4 geteilt werden. Daher ist 4 eine zusammengesetzte Zahl. Aber 5 kann nicht genau außer durch 1 und sich selbst geteilt werden. Daher ist 5 keine zusammengesetzte Zahl, sondern eine Primzahl.

[157] Abschn. 3, (TNS. 15).

[158] Abschn. 3, (TNS. 13).

[159] Abschn. 3, (TNS. 16).

von Schinzel weiter verbessert. Im Jahr 1975 bestätigte Stewart die Vermutung für alle n mit $w(n) \leq \log \log n$, wobei $w(n)$ die Anzahl der Primteiler von n ist. In einer 1976 veröffentlichten Arbeit[160] bestimmten P. Erdös und T. N. Shorey durch Anwendung von Abschätzungen für lineare Formen in Logarithmen untere Schranken für $P(A^n - B^n)/n$. Insbesondere zeigten sie für Primzahlen p, dass $P(2^p - 1) > C_8 p$ $\log p$, wobei $C_8 > 0$ eine absolute Konstante ist. Weiterhin kombinierten sie die Theorie der linearen Formen in Logarithmen mit dem „Brunschen Sieb"[161], um zu zeigen, dass $P(2^p - 1) > p (\log p)^2/(\log \log p)^3$ für fast alle Primzahlen gilt. Während der Jahre 1975–1976 veröffentlichte Shorey zwei weitere Forschungsarbeiten, die sich mit linearen Formen in Logarithmen und ihren Anwendungen befassten.

Ein weiterer Bereich, in dem Shorey gearbeitet hat, sind Irrationalitätsmaße und Transzendenzresultate. Er bewies ein p-adisches[162] Analogon zur algebraischen Unabhängigkeit bestimmter durch eine Exponentialfunktion gegebener Zahlen, ein Ergebnis von Tijdeman.[163] In den frühen Jahren des 21. Jahrhunderts hat Shorey in Zusammenarbeit mit Tijdeman weitere Forschungen in diesem Bereich durchgeführt. Aber das liegt außerhalb des Zeitrahmens dieses Buches.

Wie viele andere Zahlentheoretiker in Indien war auch T. N. Shorey von dem ikonischen Srinivasa Ramanujan inspiriert und fasziniert. Er leistete bedeutende Forschungsarbeit zu Ramanujans τ-Funktion und den Ramanujan-Nagell-Gleichungen. Die Definition von Ramanujans τ-Funktion wurde bereits früher in diesem Buch gegeben. In einer Forschungsveröffentlichung von 1987[164] wandte Shorey die Theorie der linearen Formen in Logarithmen an und bewies, dass $\tau(p^m) \neq \tau(p^n)$, wobei p eine Primzahl und $\tau(p) \neq 0$; $m > n$ und $m \geq C_{14}$, wobei C_{14} eine absolute Konstante ist. In einer 1987 veröffentlichten Arbeit stellte Shorey tatsächlich eine absolute untere Grenze für die Differenz dieser Zahlen fest. Kumar Murty, Ram Murty und Shorey zeigten, dass für ungerade Ganzzahlen $a \neq 0$ die Gleichung $\tau(n) = a$ nur endlich viele Lösungen in Ganzzahlen $n \geq 1$ hat.[165]

Ramanujan hatte vermutet, dass $x^2 + 7 = 2^n$ in Ganzzahlen $x \geq 1$, $n \geq 1$ Lösungen hat $(x,n) = (1, 3)$, $(3, 4)$, $(5, 5)$, $(11, 7)$, $(181, 15)$. Nagell hatte das Gleiche bewiesen. Die oben geschriebene Gleichung ist daher als *Ramanujan-Nagell-Gleichung* bekannt. Shorey und Bugeaud arbeiteten zusammen und veröffentlichten eine Arbeit über die Anzahl der Lösungen der verallgemeinerten Ramanujan-Nagell-Gleichung. Aber die Arbeit wurde 2001 veröffentlicht und wird daher in der vorliegenden Abhandlung wegen des zeitlichen Rahmens nicht berücksichtigt.

---

[160] Abschn. 3, (TNS. 12).

[161] Das Brunsche Sieb wurde 1915 von Viggo Brun entwickelt. In der Zahlentheorie bezeichnet es eine Technik zur Abschätzung der Größe von „gesiebten Mengen" positiver ganzer Zahlen, die eine Reihe von Bedingungen erfüllen, die durch Kongruenzen ausgedrückt werden.

[162] Es handelt sich um ein spezielles Zahlensystem für jede Primzahl p. Solche Zahlen gelten als nahe beieinander, wenn ihre Differenz durch eine hohe Potenz von p teilbar ist. Je höher die Potenz, desto näher sind sie beieinander.

[163] *Indag. Math.* 34 (1972), 423–435.

[164] Abschn. 3, (TNS. 35).

[165] Abschn. 3, (TNS. 38).

Shorey leistete bemerkenswerte Beiträge zu Problemen im Zusammenhang mit der Nagell-Ljunggren-Gleichung. Die Gleichung $y^m = (x^n - 1)/(x - 1)$ in Ganzzahlen $x > 1$, $y > 1$, $m > 1$, $n > 2$ wird als Nagell-Ljunggren-Gleichung bezeichnet. Die Gleichung hat Lösungen gegeben durch $(x, y, m, n) = (3, 11, 5, 2)$, $(7, 20, 4, 2)$, $(18, 7, 3, 3)$. Es wurde vermutet, dass die oben genannte Gleichung nur endlich viele Lösungen hat. In einer 1986 veröffentlichten Arbeit[166] zeigte Shorey, dass die genannte Gleichung nur endlich viele Lösungen hat, wenn n durch eine Primzahl teilbar ist, die kongruent zu 1 mod m ist.

Bereits 1976 hatten Shorey und Tijdeman[167] gezeigt, dass die Nagell-Ljunggren-Gleichung nur endlich viele Lösungen hat, wenn x festgelegt ist. In einer 1999 veröffentlichten Arbeit[168] zeigten Shorey und seine Mitarbeiterin Saradha, dass die genannte Gleichung nicht gilt, wenn $x = Z^2$, wobei Z alle Ganzzahlen > 31 und $Z \in \{2, 3, 4, 8, 9, 16, 27\}$ durchläuft. In der gleichen Arbeit zeigten sie auch, dass die Nagell-Ljunggren-Gleichung impliziert, dass x durch eine Primzahl teilbar ist, die kongruent zu 1 mod m ist, wann immer max (x, y, m, n) eine ausreichend große absolute Konstante übersteigt. Später zeigten Y. Bugeaud, M. Mignotte, Y. Roy und T. N. Shorey in einer 1999 veröffentlichten Forschungsarbeit[169], dass die Nagell-Ljunggren-Gleichung keine Lösung mit x-Quadrat hat.

Eine weitere Gleichung, die die Aufmerksamkeit von T. N. Shorey erregte, war die von Goormaghtigh: $(y^m - 1)/(y - 1) = (x^n - 1)/(x - 1)$ in ganzen Zahlen $x > 1$, $y > 1$, $m > 2$, $n > 2$, $m > n$ ist als Goormaghtighs Gleichung bekannt. Im Jahr 1917 hatte Goormaghtigh gezeigt:

$$31 = \frac{2^5 - 1}{2 - 1} = \frac{5^3 - 1}{5 - 1}; \; 8191 = \frac{2^{13} - 1}{2 - 1} = \frac{90^3 - 1}{90 - 1}$$

Auf der Grundlage dieser Erkenntnisse wurde vermutet, dass dies die einzigen Lösungen für die genannte Gleichung sind. Shorey zeigte in einer 1989 veröffentlichten Arbeit[170], dass 31 und 8191 die einzigen Primzahlen N mit $w(N - 1) \le 5$ sind, wobei $w(N - 1)$ die unterschiedliche Anzahl von Primteilern von $(N - 1)$ ist, sodass alle Ziffern von N in Bezug auf zwei verschiedene Basen gleich 1 sind.

Bereits zuvor hatte Shorey in einer 1986 veröffentlichten Arbeit[171] bewiesen, dass es für positive ganze Zahlen A, B, $x > 1$, $y > 1$, mit $x \ne y$, höchstens 24 Zahlen gibt, bei denen alle Ziffern in ihrer x-adischen Darstellung gleich A und alle Ziffern in ihrer y-adischen Darstellung gleich B sind.

---

[166] Abschn. 3, (TNS. 30).

[167] Abschn. 3, (TNS. 14).

[168] Abschn. 3, (TNS. 81).

[169] Abschn. 3, (TNS. 82).

[170] Abschn. 3, (TNS. 44).

[171] Abschn. 3, (TNS. 32).

Sechs Jahre zuvor, im Jahr 1980, hatten R. Balasubramanian und T. N. Shorey eine Arbeit veröffentlicht[172] und bewiesen, dass Goormaghtighs Gleichung impliziert, dass max (x, y, m, n) durch eine Zahl begrenzt ist, die nur vom größten Primfaktor von x und y abhängt.

Arithmetische Progressionen und vollkommene Potenzen sind ein weiterer Bereich der Zahlentheorie, der T. N. Shorey interessierte. Zwischen 1990 und 1992 veröffentlichten T. N. Shorey und R. Tijdeman drei Arbeiten über arithmetische Progressionen, Primfaktoren und verwandte Themen in renommierten internationalen Zeitschriften. In diesem Zusammenhang verdient eine von Shorey veröffentlichte Forschungsarbeit[173] besondere Erwähnung.

Shorey und sein Mitarbeiter N. Saradha haben im 21. Jahrhundert einige Arbeiten zu diesen und verwandten Themen veröffentlicht, so etwa mit der Studentin Shanta Laishram (vom Indian Statistical Institute, Delhi) und in Zusammenarbeit mit nichtindischen Forschern einige Arbeiten zu verschiedenen Arten von Erweiterungen des Satzes von Sylvester. Aber sie wurden alle im 21. Jahrhundert veröffentlicht und werden daher hier nicht diskutiert.

T. N. Shorey und sein Mitarbeiter N. Saradha haben eine beträchtliche Menge an Arbeit im Bereich der arithmetischen Progressionen mit gleichen Produkten geleistet. Zunächst sei erwähnt, dass Erdös und Graham vermutet hatten, dass die Gleichung

$$X(X+1)\cdots(X+K-1)Y(Y+1)\cdots(Y+L-1) = Z^2$$

in ganzen Zahlen $K \le 3$, $L \le 3$, und $X \le Y+L$ nur endlich viele Lösungen in allen ganzzahligen Variablen $X > 0$, $Y > 0$, $Z > 0$, K, und L hat. In vereinfachter Form impliziert diese Vermutung, dass

$$x(x+1)\cdots(x+k-1) = y(y+1)\cdots(y+k+1-1)$$

nur endlich viele Lösungen in $x > 0$, $y > 0$, $k \ge$ und $1 \ge 0$ hat, die $x \ge y+k+1$ erfüllen. Zwischen 1991 und 1994 veröffentlichten Shorey und Saradha vier Arbeiten zu diesem Thema und untersuchten verschiedene Möglichkeiten. Sie führten eine detaillierte Studie in diesem Bereich durch und versuchten nach und nach das Problem zu verallgemeinern. In den Jahren 1994 und 1996 veröffentlichten Shorey und seine Mitarbeiter zwei weitere Arbeiten in dieser Richtung und stellten einige wichtige Ergebnisse auf.

Professor T. N. Shorey war auch im ersten Teil des 21. Jahrhunderts sehr aktiv und führte wichtige Forschungsarbeiten zu verschiedenen Themen der Zahlentheorie durch. Aufgrund des festgelegten Zeitrahmens dieses Buches werden sie hier jedoch nicht diskutiert. Er hat über 143 Forschungsarbeiten veröffentlicht,

---

[172] Abschn. 3, (18).

[173] Abschn. 3, (TNS. 71).

aber seine wichtigsten Beiträge stehen im Zusammenhang mit den Anwendungen der Baker-Theorie. Professor Shorey hat auch zwei bekannte Zahlentheoretiker in Indien, nämlich Shanta Laishram und Saranya Nair, betreut und gefördert.

Anhang

[35] *Bakers Methode*: In der transzendentalen Zahlentheorie gibt das Baker-Theo-
     rem eine untere Grenze für den absoluten Wert von linearen Kombinationen
     von Logarithmen algebraischer Zahlen an. Alan Baker löste ein Problem, das
     von Alexander Gelfond aufgeworfen worden war. Mit diesem Ergebnis und
     anderen zuvor festgestellten Ergebnissen bewies er die Transzendenz vieler
     Zahlen, um effektive Grenzen für die Lösung einiger diophantischer Glei-
     chungen abzuleiten und das Klassenzahlproblem zu lösen, alle imaginären
     quadratischen Felder mit Klassenzahl 1 zu finden.

[36] *Laguerre-Polynom*: Diese Polynome sind nach Edmond Laguerre (1834–
     1886) benannt. Sie sind die Lösungen der Laguerre-Gleichung $xy'' + (1 -
     x)y' + ny = 0$, die eine lineare Differentialgleichung zweiter Ordnung ist.
     Diese Gleichung hat nur dann nichtsinguläre Lösungen, wenn n eine nicht-
     negative ganze Zahl ist.

Der nächste Zahlentheoretiker, dessen Beiträge diskutiert werden, war ebenfalls ein Student von Prof. K. Ramachandra. Er handelt sich um R. Balasubramanian.

2.4.8 Ramachandran Balasubramanian

Ramachandran Balasubramanian (R. Balasubramanian) wurde am 15. März 1951 in einem Dorf namens Sikkal in Tamil Nadu geboren (Abb. 2.11). Er erhielt seine Grund- und Sekundarschulbildung im damaligen Tanjore-Bezirk (heute Thiru-varur). Er absolvierte sein Grundstudium (1967–1970) und sein Aufbaustudium (1970–1972) in Mathematik am Pushpam College, Poondy, im selben Bezirk. Während seiner College-Zeit wurde er von seinem Lehrer Prof. V. Krishnamurthy inspiriert.

Danach zog er 1972 nach Bombay (heute Mumbai) und trat dort dem renom-mierten Tata Institute of Fundamental Research (TIFR) bei. Er ging dorthin, um seinen Traum von der Forschung in Mathematik zu verwirklichen. Dort ent-wickelte er ein tiefes Interesse an Zahlen. Nach erfolgreichem Abschluss seines ersten Studienjahres am TIFR begann Balasubramanian unter der Leitung des füh-renden Zahlentheoretikers Prof. K. Ramachandra zu arbeiten. Balasubramanian entschied sich für die analytische Zahlentheorie als sein Forschungsthema, da er das Thema als nicht so abstrakt und somit konkreter empfand. Als R. Balasubra-manian 1973 bei Prof. Ramachandra begann, konzentrierte sich Ramachandras In-teresse hauptsächlich auf die Theorie der Riemannschen Zeta-Funktion.

Balasubramanians Doktorarbeit unter der Leitung von Prof. K. Ramachan-dra befasste sich mit einer Verbesserung eines Theorems von Titchmarsh (1934)

Abb. 2.11 R. Balasubramanian
(geb. 1951)

über das Quadratmittel der Riemannschen Zeta-Funktion und einem Theorem von
Hardy (1914) über die Lücken zwischen den Nullstellen der Riemannschen Zeta-
Funktion auf den kritischen Linien. Diese Arbeiten wurden hoch gelobt und brach-
ten ihm 1978 den Young Scientist Award der Indian National Science Academy
(INSA) ein. Nach Abschluss seiner Promotion setzte er seine Forschungsarbeit am
TIFR fort und erhielt 1981 eine Einladung, das Institute for Advanced Study (IAS)
in Princeton, USA, zu besuchen. Dort kam er in Kontakt mit vielen großen und
international bekannten Mathematikern, darunter der Fields-Medaillengewinner
Atle Selberg. Während seines Aufenthalts in Princeton arbeitete Dr. Balasubramanian mit einem bekannten indischen Zahlentheoretiker zusammen, der sich in
Kanada niedergelassen hatte, nämlich M. Ram Murty. Sie arbeiteten gemeinsam
an den Schwankungen der Werte der Ramanujanschen Tau-Funktion. Im nächsten
Jahr wechselte er an die University of Illinois, Urbana-Champaign, und arbeitete
dort ein Jahr lang. Während seines Aufenthalts dort leitete Dr. Balasubramanian
in Zusammenarbeit mit J. B. Conrey und D. R. Heath-Brown eine asymptotische
Formel für das Quadratmittel des Produkts der Riemannschen Zeta-Funktion und
eines Dirichlet-Polynoms [37]. Diese Methode führte zu einer Verbesserung der
unteren Schätzung für die Dichte der Nullstellen der Zeta-Funktion auf der kritischen Linie.

Nach seiner Rückkehr nach Indien setzte Dr. Balasubramanian seine Arbeit
am TIFR in den Jahren 1983–1984 fort. 1985 nahm er ein Angebot an, in einem
relativ neuen Institut zu arbeiten, nämlich dem Institute of Mathematical Sciences (IMSc.) in Chennai. Dort wurde auf Initiative von Prof. C. S. Seshadri eine
Gruppe für reine Mathematik gegründet.

Während seiner frühen Jahre am TIFR hatte der junge Forscher Balasubramanian ein Interesse an einem der 300 Jahre alten klassischen Probleme der Zahlentheorie entwickelt, nämlich dem Waringschen Problem. Das wurde bereits früher in diesem Buch ausführlich diskutiert. Ein wichtiger Durchbruch wurde von

Dr. Balasubramanian im Fall $k=4$ des genannten Problems erzielt. Gegeben sei eine positive ganze Zahl k, dann sei $g(k)$ die kleinste Anzahl von k-ten Potenzen, die benötigt werden, um eine sehr positive ganze Zahl als ihre Summe auszudrücken. 1986 bewiesen Dr. Balasubramanian in Zusammenarbeit mit J. M. Deshouillers und F. Dress den schwierigen Fall $k=4$, indem sie $g(4)=19$ bewiesen.

1990 wurde Dr. Balasubramanian in Anerkennung seiner brillanten Forschungsarbeit zur Zahlentheorie der renommierte S. S. Bhatnagar Award verliehen. Im selben Jahr wurde er Professor am IMSc und auch zum Fellow der drei nationalen Akademien Indiens gewählt. Professor Balasubramanian hat sein gesamtes Berufsleben als Fakultätsmitglied und später als Direktor des IMSc verbracht.

Während der Jahre 1990–2000 hat Prof. Balasubramanian in Zusammenarbeit mit einem weiteren bekannten indisch-kanadischen Zahlentheoretiker, Prof. V. Kumar Murty, viele wichtige Beiträge zur Dirichlet-L-Funktion geleistet. Von 1994–1996 haben Balasubramanian und K. Soundararajan zusammen die „Vermutung von Graham" vollständig geklärt. Im Jahr 1996 bewies er mit N. Koblitz den Menezes-Okamoto-Vanstone-Algorithmus zur Reduzierung des diskreten Logarithmusproblems der elliptischen Kurve (DLP) auf klassisches DLP über endlichen Feldern. Diese Arbeit garantiert, dass die auf Kryptografie basierende elliptische Kurve sicherer ist als die auf klassischem DLP basierende. Dies ist ein bemerkenswertes Ergebnis.

Professor R. Balasubramanian ist einer der führenden Zahlentheoretiker Indiens und hat eine lebendige Forschungsschule zur Zahlentheorie in Indien aufgebaut. Bereits elf Studenten haben unter seiner Aufsicht ihren Doktortitel erworben: S. D. Adhikari, C. S. Yogananda, M. Vellammal, R. Padma, N. Amora, R. Venkataraman, M. Kulkarni, S. V. Nagaraj, D. S. Ramana, G. Prakash und P. P. Pandey.

Anhang

[37] *Dirichlet-Polynome*: Insbesondere sind sie Teilschritte der entsprechenden Dirichlet-Reihen. Es existieren Inversionsformeln für die Dirichlet-Reihen, die einen Integralausdruck des Dirichlet-Polynoms durch eine Summe entsprechender Dirichlet-Reihen liefern.

[38] *Dirichlet-L-Funktion*: In der Zahlentheorie ist die Dirichlet-L-Reihe eine Funktion der Form $L(s,X)=\sum X(n)/n^s$, wobei die Summation über n von 1 bis unendlich geht, X ein Dirichlet-Charakter ist und s eine komplexe Variable mit einem Realteil größer als 1. Durch analytische Fortsetzung kann diese Funktion zu einer meromorphen Funktion auf der gesamten komplexen Ebene erweitert werden und wird dann Dirichlet-L-Funktion genannt. Sie wird mathematisch durch $L(s, X)$ bezeichnet.

2.4.9 Ayyadurai Sankaranarayanan

Ayyadurai Sankaranarayanan (A. Sankaranarayanan) wurde 1961 im Dorf Harikesavanallur im Distrikt Tirunelveli in Tamil Nadu geboren. Er schloss sein Studium 1982 am M. D. T. Hindu College ab, das der Madurai-Kamaraj-Universität angeschlossen ist, und machte seinen M.Sc. in Mathematik an derselben Universität im Jahr 1984. Er promovierte unter der Leitung des berühmten Zahlentheoretikers Prof. K. Ramachandra vom TIFR, Mumbai. Er arbeitete von 1985–1989 als Forschungsstipendiat am TIFR und erhielt 1991 seinen Doktortitel. Der Titel seiner Dissertation war „Some Problems in Analytic Number Theory". Professor Sankaranarayanan hat sein gesamtes Berufsleben als Fakultätsmitglied des TIFR, Mumbai, verbracht.

Eine kurze Darstellung seiner Forschungsbeiträge wird hier gegeben. Identitäten, die die Werte der Riemannschen Zeta-Funktion bei geraden positiven Ganzzahlen betreffen, Omega-Ergebnisse der Hurwitzschen Zeta-Funktionen [38] auf jeder vertikalen Linie im kritischen Streifen und verbesserte Omega-Ergebnisse für die Riemannsche Zeta-Funktion auf den linken vertikalen Linien näher an der Linie 1 wurden von ihm festgestellt. In einer Reihe von Arbeiten hat er die Ergebnisse von Littlewood und Selberg zur Riemannschen Zeta-Funktion allgemeiner untersucht. Ein bedingungsloses Ergebnis über das Wachstum der Riemannschen Zeta-Funktion auf bestimmten horizontalen Linien in einem begrenzten Streifen wurde von Prof. Sankaranarayanan festgestellt, und dies verbesserte ein Ergebnis von Littlewood, der ein schwächeres Ergebnis ähnlicher Art unter der Annahme der Riemannschen Hypothese erhielt. Es sollte auch angemerkt werden, dass er quantitative Ergebnisse über den Unterschied zwischen aufeinanderfolgenden Nullstellen von quadratischen Zeta-Funktionen festgestellt hat, die früher bekannte Ergebnisse verbesserten. Er hat auch Hardys Theorem für Zeta-Funktionen von quadratischen Formen bewiesen. Fehlerbegriffe in Bezug auf einige wichtige arithmetische Funktionen wurden von Prof. Sankaranarayanan untersucht und interessante Ergebnisse mithilfe von realanalytischen Methoden bewiesen.

Professor Sankaranarayanan ist immer noch aktiv in die Forschung zur Zahlentheorie involviert. Aber aufgrund der zeitlichen Beschränkungen dieses Buches sind seine Beiträge aus dem 21. Jahrhundert nicht vollständig erwähnt.

Anhang

[39] *Hurwitzsche Zeta-Funktion*: Sie ist nach Adolf Hurwitz benannt und eine der vielen Zeta-Funktionen. Sie ist eine Verallgemeinerung der Riemannschen Zeta-Funktion ζ (s). Die Hurwitzsche Zeta-Funktion ist formal definiert für komplexe Argumente s mit Re $(s) > 1$ und q mit Re $(q) > 0$ durch den Ausdruck $\zeta(s,q) = \sum 1/(q + n)^s$ Summation über n von 0 bis unendlich. Die Reihe konvergiert absolut für die gegebenen Werte von s und q und kann zu einer meromorphen Funktion erweitert werden, die für alle $s \neq 1$ definiert ist.

2.4.10 Sukumar Das Adhikari

Sukumar Das Adhikari (S. D. Adhikari) wurde 1957 in einem Dorf im Distrikt Burdwan in Westbengalen geboren. Er erwarb seinen M.Sc.-Abschluss in Mathematik von der Universität Burdwan. Er erhielt seinen Doktortitel vom Institute of

Mathematical Sciences, Madras (jetzt Chennai), unter der Leitung von Prof. R. Balasubramanian im Jahr 1991. Der Titel seiner Dissertation war „Some Omega Theorems and Related Questions in Number Theory". Professor S. D. Adhikari hat den größten Teil seiner Karriere als leitender Dozent am Harishchandra Research Institute (HRI), Allahabad, verbracht.

S. D. Adhikari hat im letzten Teil des 20. Jahrhunderts einige wichtige Beiträge geleistet. Er ist immer noch ein aktiver und wichtiger Forscher auf dem Gebiet der analytischen Zahlentheorie. Aber aufgrund der zeitlichen Beschränkung des vorliegenden Buches werden nur seine Beiträge aus dem 20. Jahrhundert diskutiert.

Ein klassisches Problem in der Zahlentheorie bezieht sich auf die Anzahl $A_k(x)$ der ganzzahligen Gitterpunkte, das heißt Punkte $(n_1, n_2, …, n_k)$, bei denen n_i Ganzzahlen sind, in einer k-dimensionalen Kugel mit dem Radius $\sqrt{x}$.

Es ist nicht schwer zu beobachten, dass, wenn x gegen Unendlich tendiert, $A_k(x)$ ungefähr die Größe von $V_k(x)$ hat, wobei $V_k(x)$ das Volumen der Kugel ist. Das Problem hier besteht darin, die Schwankungen des Fehlerterms $P_k(x) = A_k(x) - V_k(x)$ zu schätzen und zu bestimmen.

Für $k \geq 5$ wurde das Problem vollständig gelöst und es ist bekannt, dass $P_k(x)$ von der Größenordnung $(x^{k/2} - 1)$ ist. Für die Fälle $k = 2$, 3, 4 ist das Problem noch offen. Der Fall $k = 2$ ist das „Kreisproblem", welches eines der bekanntesten ungelösten Probleme in der analytischen Zahlentheorie ist. Bezüglich des Fehlerterms $P_4(x)$ bewies Walfisz, dass $P_4(x) = O(x(\log x)^{2/3})$. Das heißt, $|P_4(x)| \leq C(x(\log x)^{2/3})$ für eine positive Konstante C.

In die andere Richtung, aus einem Theorem von Szegö, erhält man für $k = 3$, 4, dass $P_k(x) = \Omega((x \log x)^{k-1/4})$. Das heißt, $P_k(x)$ wird kleiner als $-C_1((x \log x)^{k-1/4})$ für eine positive Konstante C_1, für unendlich viele Werte von x, die gegen unendlich tendieren.

Für den Fall $k = 4$ machte Walfisz die eher einfache Beobachtung, dass die Tatsache $\sigma(n) = \Omega(n \log \log n)$ verwendet werden kann, um $P_4(x) = \Omega(x \log \log x)$ abzuleiten. Das heißt, die Schwankung der Größenordnung $(n \log \log n)$ kann verwendet werden, um $P_4(x) = \Omega(x \log \log x)$ abzuleiten. Das heißt, die Schwankung ist mindestens in positiver oder negativer Richtung von der Größenordnung $(n \log \log n)$. Man stellt fest, dass das oben zitierte entsprechende Ergebnis von Szegö, obwohl etwas genauer, viel Raum für Verbesserungen lässt, da es sich von dem von Walfisz in der Potenz von x selbst unterscheidet. In den beiden folgend genannten Forschungsarbeiten gelang es Adhikari und seinen Mitarbeitern, diese Lücke mit der Methode von Erdös und Shapiro zu schließen:

- Adhikari, S. D., Balasubramanian, R., und Sankaranarayanan, A., „An Ω-Result related to $r_4(n)$" [Abschn. 2.3, (SDA. 1)]
- Adhikari, S. D. und Pétermann, Y. F. S. „Lattice points in ellipsoids" [Abschn. 2.3, (SDA. 5)]

Adhikari hat weitere Forschungen in diesem Bereich durchgeführt und Verweise auf seine Arbeit finden sich in jüngsten Veröffentlichungen so wie dem bekannten Buch des Springer-Verlags mit dem Titel *Rational Number Theory in 20th Cen-*

tury: From PNT to FLT (von W. Narkiewicz). Aber alle diese wurden im 21. Jahrhundert veröffentlicht und finden daher hier keine weiterer Berücksichtigung.

Eine Frage von Erdös, Gruber und Hammer bezüglich der Sichtbarkeit von Gitterpunkten wurde in einer 1996 veröffentlichten Forschungsarbeit von Adhikari und Balasubramanian beantwortet.

Es ist zu beachten, dass die Forschungsarbeiten von Prof. S. D. Adhikari in Bezug auf Ω-Ergebnisse und Gitterpunkte in Ellipsoiden international anerkannt sind und einen bemerkenswerten Einfluss auf die moderne Forschung in diesem Bereich haben.

2.4.11 Dipendra Prasad

Geboren 1960, absolvierte Dipendra Prasad das St. Xavier's College in Mumbai im Jahr 1980 und schloss sein Masterstudium in Mathematik am IIT Kanpur ab. Er erhielt seinen Doktortitel von der Harvard University, USA, im Jahr 1989, unter der Betreuung von Prof. Benedict H. Gross. Der Titel seiner Dissertation lautete „Trilinear Forms für GL(2) of a Local Field and Epsilon-factors". Er verbrachte ein Jahrzehnt seiner frühen Karriere als Dozent am HRI, Allahabad, und ist derzeit Professor am TIFR, Mumbai. Professor Dipendra Prasad ist einer der bekanntesten Zahlentheoretiker Indiens. Die Beiträge, die er zu Beginn seiner Karriere (im 20. Jahrhundert) geleistet hat, werden im Folgenden kurz diskutiert.

Viele Probleme in der Darstellungstheorie beinhalten das Verständnis, wie eine Darstellung einer Gruppe zerfällt, wenn sie auf eine Untergruppe eingeschränkt wird. Situationen, die eine Eindeutigkeit beinhalten, in denen die triviale Darstellung der Untergruppe höchstens einmal auftritt, sind besonders nützlich. Um einige Beispiele zu nennen: Die sphärischen Funktionen und die Theorie der Whittaker-Modelle hängen von einem solchen Eindeutigkeitsphänomen ab. Der Clebsch-Gordon-Satz über das Tensorprodukt von Darstellungen von SU(2) – wieder mit Eindeutigkeit – ist sowohl in der Physik als auch in der Mathematik sehr nützlich gewesen. Viele der Arbeiten von Prof. Dipendra Prasad haben sich mit der Suche nach solchen Eindeutigkeitssituationen für unendlichdimensionale Darstellungen von reellen und p-adischen Gruppen beschäftigt. Die Ergebnisse wurden in Bezug auf die arithmetischen Informationen ausgedrückt, die zur Parametrisierung von Darstellungen beitragen, die sogenannten „Langlands-Parameter". Insbesondere wurde der Clebsch-Gordon-Satz von Prasad für unendlichdimensionale Darstellungen von reellen und p-adischen GL(2) verallgemeinert. Mehrere seiner Arbeiten, die in Zusammenarbeit mit B. H. Gross verfasst wurden, weisen auf die Bedeutung des sogenannten Epsilon-Faktors in diesen Verzweigungsgesetzen hin. Es gibt viele Parallelen zwischen globalen Periodenintegralen, die in vielen Situationen als spezieller Wert von L-Funktionen ausgedrückt werden, und lokalen Verzweigungsgesetzen, die in Bezug auf Epsilon-Faktoren ausgedrückt werden.

Seine Forschungsarbeit zu automorphen Darstellungen [39] ist weithin anerkannt. Im Jahr 2012 wurde die Gan-Gross-Prasad-Vermutung aufgestellt und sie wird als bedeutender Beitrag angesehen. Da das vorliegende Buch jedoch nur die Beiträge des 20. Jahrhunderts behandelt, erfolgen keine diesbezüglichen detaillierten Diskussionen.

Anhang

[40] *Automorphe Darstellung*: Innerhalb eines L^2-Raums für einen Quotient der adelischen Form von G ist eine automorphe Darstellung eine Darstellung, die ein unendliches Tensorprodukt von Darstellungen von p-adischen Gruppen ist, mit spezifischen einhüllenden Algebra-Darstellungen für die unendliche Primzahl (s).

2.4.12   K. Soundararajan

Die ungewöhnliche Erfolgsgeschichte des jungen vielversprechenden indischen Mathematikers K. Soundararajan soll diesen kurzen Bericht über bekannte Zahlentheoretiker dieses Landes, die im 20. Jahrhundert bemerkenswerte Beiträge geleistet haben, vervollständigen.

Als er 1985 in der achten Klasse einer Schule in Chennai studierte, wurde K. Soundararajan als hochbegabter Mathematikschüler entdeckt und erhielt Zugang zu Matscience (neuer Name, Institute of Mathematical Sciences, Chennai). Er besuchte regelmäßig das Institut und studierte in der dortigen ausgezeichneten Bibliothek. Später kam er in engen Kontakt mit Prof. R. Balasubramanian, Prof. C. S. Seshadri F.R.S. und anderen Fakultätsmitgliedern, die dort arbeiteten. Im selben Jahr entdeckte Soundararajan, dass die einzige vierstellige Zahl, die zwei wiederholte benachbarte Ziffern hat und die selbst das Quadrat einer Zahl mit wiederholten Ziffern ist, $7744 = 88^2$ ist. Ermutigt durch seine Mentoren in Matscience, seine Eltern und Lehrer in der Schule, nahm er von 1987 bis 1991 an den All India Olympiad Tests in Mathematik teil. Er belegte in diesen Tests den ersten Platz in Indien. Während er noch in der Schule in Madras studierte, hatte er schon viel Erfolg und gewann zahlreiche internationale Auszeichnungen für seine mathematischen Leistungen. Nach dem Abschluss der Schule ging er in die USA, um höhere Mathematik zu studieren. Während der Sommerprogramme arbeitete er weiterhin mit Prof. R. Balasubramanian zusammen und veröffentlichte mehrere Forschungsarbeiten zur Zahlentheorie. Er schloss seine Promotion an der Princeton University unter der Betreuung von Prof. Peter Sarnack ab. Er ist ein bekannter Zahlentheoretiker und wie viele andere indische Mathematiker in den USA ansässig.

Dieser kurze Absatz ist K. Soundararajan gewidmet, weil er in gewisser Weise von den Fakultätsmitgliedern von Matscience in den frühen prägenden Jahren seines Lebens entdeckt und gefördert wurde.

Literatur

1. Ramanujan, S.: Some properties of Bernoulli's numbers. J. Indian Math. Soc. **3**, 219–234 (1911)
2. Ramanujan, S.: On certain arithmetical functions. Trans. Cambridge Philos. Soc. **22**(9), 159–184 (1916)
3. Ramanujan, S.: Some properties of $p(n)$, the number of partitions of n. Proc. Cambridge Philos. Soc. **19**, 207–210 (1919)
4. Ramanujan, S.: Congruence properties of partitions. Proc. Lond. Math. Soc. **2**, 18 (1920)
5. Ramanujan, S.: Congruence properties of partitions. Mathematische Zeitschrift, 147–153 (1921)
6. Ramanujan, S.: Modular equations and approximations to π. Q. J. Math. **45**, 350–372 (1914)
7. Ramanujan, S., Hardy, G.H.: Une formulae asymptotique pour le nombre des partitions de n. Comptes Rendus (1917)
8. Ramanujan S. (with G. H. Hardy): Asymptotic formulae in combinatory analysis. Proc. Lond. Math. Soc. **2**(17)(1918), 75–115.
9. Ramanujan, S., Hardy, G.H.: Asymptotic formulae for the distribution of integers of various types. Proc. Lond. Math. Soc. **2**(16), 112–132 (1917)
10. Ramanujan, S., Hardy, G.H.: Asymptotic formulae in combinatory analysis. Proc. Lond. Math. Soc. **2**, 16 (1917)
11. Ramanujan, S.: Proof of certain identities in combinatory analysis. Proc. Cambridge Philos. Soc. **19**, 214–216 (1919)
12. Ramanujan, S.: Highly composite numbers. Proc. Lond. Math. Soc. **2**(14), 347–409 (1915)
13. Ramanujan, S., Hardy, G.H.: The normal number of prime factors of a number n. Q. J. Math. **48**, 76–92 (1917)
14. Ananda Rau, K.: The infinite product for $(s-1)\zeta(s)$. Mathematische Zeitschrift **20**, 156–164 (1924)
15. Ananda Rau, K.: On the boundary behaviour of elliptic modular functions. Acta Math. **52**, 143–168 (1929)
16. Ananda Rau, K.: Additional note on the boundary behaviour of elliptic modular functions. Acta Math. **53**, 77–86 (1929)
17. Ananda Rau, K.: On the representation of a number as the sum of an even number of squares. J. Madras Univ. B **24**, 61–89 (1954)
18. Ananda Rau, K.: On the behaviour of elliptic theta functions near the line of singularities. J. Indian Math. Soc. **20**, 148–156 (1933)
19. Ananda Rau, K.: On the summation of singular series associated with certain quadratic forms I. J. Indian Math. Soc. (N. S.) **23**, 65–96 (1959)
20. Ananda Rau, K.: Application of modular equations to some quadratic forms. J. Indian Math. Soc. (N. S.) Jubilee Issue, **24**, 77–130 (1960)
21. Ananda Rau, K.: Relation between sums of singular series associated with certain quadratic forms. J. Madras Univ. B **31**, 7–10 (1961)
22. Ananda Rau, K.: On the summation of singular series associated with certain quadratic forms II. J. Indian Math. Soc. (N. S.) **25**, 173–195 (1961)
23. Pillai, S.S.: On some diophantine equations. J. Indian Math. Soc. **18**, 291–295 (1930)
24. Pillai, S.S.: On the inequality $0 < a^x - b^y < n$. J. Indian Math. Soc. **19**, 1–11 (1931)
25. Pillai, S.S.: On $a^x - b^y = c$. J. Indian Math. Soc. (N. S) **II**, 119–122 (1936)
26. Pillai, S.S.: Correction to the paper ‚On $a^x - b^y = c$‘. J. Indian Math. Soc. (N. S) **II**, 215 (1936)
27. Pillai, S.S.: On numbers of the form $2^a 3^b$ – I. Proc. Indian Acad. Sci., Abschn. A **XV**, 128–132 (1942)
28. Pillai, S.S., George, A.: On numbers of the form $2^a 3^b$ – II. Proc. Indian Acad. Sci., Abschn. A **XV**, 133–134 (1942)

29. Pillai, S.S., Chowla, S.: On the error terms in some asymptotic formulae in the theory of numbers I. J. Lond. Math. Soc. **5**, 95–101 (1930)
30. Pillai, S.S., Chowla, S.: On the error terms in some asymptotic formulae in the theory of numbers II. J. Indian Math. Soc. **18**, 181–184 (1930)
31. Pillai, S.S., Chowla, S.: Hypothesis K of Hardy and Littlewood. Mathematische Zeitschrift **41**, 537–540 (1936)
32. Vijayaraghavan, T.: Periodic simple continued fractions. Proc. Lond. Math. Soc. **26**, 403–414 (1927)
33. Pillai, S.S.: On a linear diophantine equation. Proc. Indian Acad. Sci., Abschn. A **XII**, 199–201 (1940)
34. Vijayaraghavan, T.: A note on diophantine approximation. J. Lond. Math. Soc. **2**, 13–17 (1927)
35. Vijayaraghavan, T.: On the irrationality of a certain decimal. Proc. Indian Acad. Sci. A **10**, 341 (1939)
36. Vijayaraghavan, T.: On decimals of irrational numbers. Proc. Indian Acad. Sci. A **12**, 20 (1940)
37. Vijayaraghavan, T.: On the fractional parts of the powers of a number, I. J. Lond. Math. Soc. **15**, 159–160 (1940)
38. Vijayaraghavan, T.: On the fractional parts of the powers of a number, III. J. Lond. Math. Soc. **17**, 137–138 (1942)
39. Vijayaraghavan, T.: On the fractional parts of the powers of a number, IV. J. Indian Math. So. **12**, 33–39 (1948)

Kapitel 3
Auswirkungen der Forschung der indischen Zahlentheoretiker auf die moderne Mathematik

Sobald man sich hinsetzt, um über die Auswirkungen der zahlentheoriebezogenen Forschung indischer Mathematiker auf die moderne Mathematik zu schreiben, ist der erste Name, der einem natürlich in den Sinn kommt, der von Srinivasa Ramanujan. Hier wäre es durchaus passend, Freeman J. Dyson zu zitieren, der schrieb:

> Die Samen aus Ramanujans Garten sind im Wind verweht und haben überall in der Landschaft gekeimt.

Das Gesamtvolumen von Ramanujans Arbeit ist so umfangreich, dass ein selektiver Ansatz unerlässlich ist. Die erste Diskussion bezieht sich auf Ramanujans viel gelobte Arbeit über *Partitionsfunktion-Kongruenzen*.

Die Partitionsfunktion wurde bereits früher definiert. Für eine positive ganze Zahl n ist die Partitionsfunktion $p(n)$ die Anzahl der Partitionen von n in positive ganze Teile. In einer Partition sind die Teile nicht unbedingt unterschiedlich und die Reihenfolge, in der die Teile angeordnet sind, ist nicht relevant. Aus MacMahons Tabelle für $p(n)$ vermutete Ramanujan in seiner Arbeit mit dem Titel „Some properties of $p(n)$, the number of partitions of n"[1] die folgenden Kongruenzeigenschaften von $p(n)$:

$$\text{Wenn } 24m \equiv 1 \left(\operatorname{mod} 5^a 7^b 11^c\right), \text{ dann } p(m) \equiv 0 \left(\operatorname{mod} 5^a 7^b 11^c\right). \tag{3.1}$$

In der oben erwähnten Arbeit bewies Ramanujan auch die speziellen Fälle von $p(5n+4) \equiv 0 \ (\operatorname{mod} 5)$ und $p(7n+5) \equiv 0 \ (\operatorname{mod} 7)$.

---

[1] Abschn. 1 (SR 20).

P. Mukherji, *Forschungsinstitute für Zahlentheorie in Indien*, https://doi.org/10.1007/978-981-99-9992-7_3

Hardy verwendete Materialien aus Ramanujans „Unpublished manuscript on the partition and tau functions"[2] und veröffentlichte posthum im Namen von Ramanujan eine Arbeit mit dem Titel „Congruence properties of partitions"[3]. Dort wurde die folgende Kongruenz bewiesen: $p(11n+6) \equiv 6 \pmod{11}$. In einer Arbeit mit dem Titel „Ramanujan's manuscript on the partition and tau functions with proofs and commentary"[4] haben Bruce C. Berndt und Ken Ono das klargestellt, korrigiert und einen ausgezeichneten Kommentar zur posthumen Veröffentlichung gegeben. Zufällig, wie bereits früher in Kap. 2 diskutiert, wurde aus den erweiterten Tabellen von $p(n)$ von Hansraj Gupta bemerkt, dass $p(243)$ von S. Chowla im Jahr 1934 nicht durch 7^3 teilbar war. Dies führte zur geeigneten Modifikation von Ramanujans erster Vermutung (1), die zuvor von G. N. Watson erwähnt wurde.

In dem zuvor erwähnten unveröffentlichten Manuskript schlug Ramanujan eine Beweislinie für die Kongruenz $p(121n - 5) \equiv 0 \pmod{121}$ vor. J. M. Rushforth hat in seinem Artikel mit dem Titel „Congruence properties of the partition function and associated functions"[5] den Beweis vervollständigt. Er folgte nicht genau der von Ramanujan angegebenen Methode und verwendete seine eigene Technik. In seinen beiden Artikeln mit den Titeln „Ramanujan identities involving the partition function for the moduli 11^a betreffen"[6] und „Proof of Ramanujan's partition congruence for the moduli 11^3"[7] folgte D. H. Lehmer Rademacher, entwickelte eine von der Ramanujan-Watson-Methode abweichende Methode und bewies die modifizierte Vermutung für 11^3 und 11^4. Später gelang es A. O. L. Atkin in seinem Artikel mit dem Titel „Proof of a conjecture of Ramanujan"[8] erstmals, Watsons modifizierte Vermutung für 11^n für alle positiven Ganzzahlen n zu beweisen. Es wurde eine sehr viel Forschung zu Kongruenzen von Partitionierungsfunktionen modulo Potenzen von 5, 7 und 11 durchgeführt. Im Vergleich zu 5 und 7 waren die Beweise der Kongruenz modulo 11 schwieriger. In einem Artikel mit dem Titel „An elementary proof of $p(11n+6) \equiv 0 \pmod{11}$"[9] lieferte L. Winquist den elementaren Beweis von $p(11n+6) \equiv 0 \pmod{11}$. In den neunziger Jahren des 20. Jahrhunderts leisteten F. Garavan und D. Stanton[10] sowie F. Garavan, D. Kim und D. Stanton[11] erhebliche Arbeit in diesem Bereich. In Anlehnung an seine Vor-

[2] *The Lost Notebook and other Unpublished Papers*. Neu-Delhi: Narosa. 1988.

[3] Abschn. 1 (SR 23).

[4] (Maartea, 1998), Sém Lothar, Combin, 42, (1999).

[5] *Proceedings of the Cambridge Philosophical Society* 48 (1952), 402–413.

[6] *American Journal of Mathematics* 65 (1943), 492–520.

[7] *Proceedings of the American Mathematical Society* 1 (1950), 172–181.

[8] *Glasgow Mathematical Journal* 8 (1967), 14–32.

[9] *Journal Combinatorial Theory* 6 (1969), 56–59.

[10] *Math. Comp.* 55 (1990), 299–311.

[11] *Invent. Math.* 101 (1990), 1–17.

gänger gab M. D. Hirschhorn in seinem Artikel mit dem Titel „Ramanujan's partition congruence"[12] vereinfachte Versionen der Beweise aller drei Kongruenzen:

$$P(5n + 4) \equiv 0(\text{mod } 5), p(7n + 5) \equiv 0(\text{mod } 7) \text{ und } p(11n + 6) \equiv 0(\text{mod } 11).$$

Ramanujans Vermutungen über Partitionierungsfunktionen waren eine Quelle der Suche für viele berühmte Mathematiker im gesamten 20. Jahrhundert. Neben den oben diskutierten Mathematikern haben F. J. Dyson, G. E. Andrews, B. C. Berndt, K. Ono, A. Schinzel, E. Wirsing, M. Newman, P. Erdö, P. Swinnerton-Dyer und viele andere bemerkenswerte Forschungen in diesem Bereich durchgeführt, die den Vermutungen eine neue Dimension verleihen und sie zur Lösung anderer Probleme in anderen Bereichen der Mathematik nutzen. Daher ist die Auswirkung von Ramanujans Vermutungen auf Partitionierungsfunktionen offensichtlich.

Das nächste Diskussionsthema ist die Auswirkung von *Ramanujans τ-Funktion*. Diese Funktion wurde bereits im Detail in Kap. 2 besprochen. Hier liegt unser Hauptaugenmerk darauf, diese Funktion als gutes Beispiel für Ramanujans Einsicht und Einfallsreichtum bei der Entdeckung neuer und interessanter Bereiche der Mathematik zu verwenden, die von anderen angesehenen Mathematikern unberührt blieben. Es wird auch gezeigt, wie seine Vermutungen in diesem Bereich einen enormen Einfluss auf die moderne Mathematik hatten.

Aus historischen Aufzeichnungen geht hervor, dass Ramanujan der erste Mathematiker war, der Interesse an dem Koeffizienten $\tau(n)$ zeigte. Er fand und untersuchte drei Haupttypen von Eigenschaften:

(i) $\tau(mn) = \tau(m)\, \tau(n)$ für $(m \cdot n) = 1$
(ii) $T(p^{r+1}) = \tau(p)\tau(p^r) - p^{11}\tau(p^{r-1})$ [p ist prim, $r \geq 1$]
(iii) Größenordnung von $\tau(n)$ und insbesondere die Vermutung $|\tau(p)| \leq 2p^{11/2}$ (p prim)

Ramanujan hatte die oben genannten Eigenschaften in einem klassischen Papier mit dem Titel „On certain arithmetical functions" ausführlich diskutiert.[13]

Im Jahr 1917 bewies L. J. Mordell in seinem Papier mit dem Titel „On Ramanujan's empirical expansions of modular functions"[14] die ersten beiden Vermutungen. E. Hecke[15] verallgemeinerte in diesen beiden Forschungsarbeiten die von Mordell gegebenen Beweise und erklärte die dahinterstehende Theorie. R. A. Rankin konnte in seinen zwei Veröffentlichungen[16] zeigen, dass $\tau(n) = O(n^{11/2 + 3/10})$ durch die Verwendung analytischer Methoden. Das war das beste Ergebnis, das bis dahin erzielt worden war.

Es sei daran erinnert, dass Ramanujan seine Vermutungen im Jahr 1916 aufstellte. Eine ganze Galaxie von Mathematikern war fast sechs Jahrzehnte lang bis

---

[12] *Discrete Mathematics* 131 (1994), 351–355.

[13] Abschn. 1 (SR 10).

[14] *Proceedings of the Cambridge Philosophical Society* 19 (1920), 117–124.

[15] *Math. Ann.* 114 (1937), 316–351.

[16] *Proceedings of the Cambridge Philosophical Society* 35 (1939), 357–372; 36 (1940), 150–151.

1974 erfolglos. Die Gültigkeit der dritten Vermutung wurde durch den herausragenden französischen Mathematiker P. Deligne festgestellt. Er verwendete sehr ausgefeilte und leistungsstarke Techniken aus der algebraischen Geometrie, um die Vermutung zu beweisen. Deligne wurde für diese Arbeit die Fields-Medaille verliehen.

Der dritte und vielleicht bemerkenswerteste Einfluss von Ramanujans Arbeit bezieht sich auf seine Vermutung über die Größenordnung der Fourier-Koeffizienten von Spitzenformen. Sie hat einen enormen Einfluss auf die heutige Mathematik gehabt und damit schnelle Fortschritte in der Disziplin vorangetrieben. Wenn man ein wenig in der Geschichte der Mathematik zurückgeht, kann man feststellen, dass André Weil unter dem Einfluss von E. Artin in seinem Papier mit dem Titel „Number of solutions of equations in finite fields"[17] das Konzept der Zeta-Funktion eines algebraischen Typs über einem endlichen Körper einführte. Seine Vermutung war, dass die genannte Zeta-Funktion eine rationale Funktion war, die eine geeignete funktionale Gleichung erfüllte und auch ein Analogon zur Riemann-Hypothese war. Diese sind als die berühmten *Weil-Vermutungen* bekannt.

Beeinflusst und motiviert durch Ramanujan, stellten A. Selberg in seinem Papier mit dem Titel „On the estimation of Fourier coefficients of modular forms"[18] und U. V. Linnik in seinem Papier mit dem Titel „Additive problems and eigenvalues of modular operators"[19] unabhängig voneinander die Vermutung auf, dass $\tau(p) = O_\varepsilon(p^{11/2+\varepsilon})$ für jedes $\varepsilon > 0$. Ohne auf die detaillierte Mathematik einzugehen, sei darauf hingewiesen, dass die Sato-Tate-Vermutung auf J. P. Serres Vorschlag folgte. In seinem Papier mit dem Titel „On the Sato-Tate conjecture"[20] lieferte V. Kumar Murty einige wichtige Ergebnisse in diesem Zusammenhang. Im Jahr 1943 vermutete D. H. Lehmer in seinem Papier mit dem Titel „Ramanujan's function $\tau(n)$"[21] auf der Grundlage empirischer Beweise, dass $\tau(p) \neq 0$ für jedes p. Als Teil einer allgemeineren Vermutung über Fourier-Koeffizienten von Spitzenformen stellten S. Lang und H. Trotter in ihrem Artikel mit dem Titel „Frobenius distributions in GL_2 extensions"[22] eine weitere Vermutung auf. M. Ram Murthy, V. Kumar Murthy und T. N. Shorey bewiesen in ihrem Papier mit dem Titel „Odd values of the Ramanujan τ-function"[23] eine Variante der Vermutung von Lang und Trotter. Die oben genannten Vermutungen und ihre Beweise, die hier wegen der komplizierten Mathematik nicht diskutiert wurden, sind alle Ableger der bahnbrechenden Ideen, wie sie von Srinivasa Ramanujan konzipiert wurden. In diesem

---

[17] *Bulletin of the American Mathematical Society* 55 (1949), 497–508.

[18] *Proc. Symposia in Pure Maths.* VIII (1965), 1–15, American Mathematical Society, Providence.

[19] *Proceedings of the International Congress of Mathematics*, Stockholm, (1962), 270–284.

[20] *Number Theory Related to Fermat's Last Theorem*, hrsg. von N. Koblitz (1982), 195–205. Birhauser-Verlag, Boston.

[21] *Duke Mathematical Journal* 10 (1943), 483–492.

[22] *Springer Lecture Notes in Mathematics* 504 (1976), Springer-Verlag.

[23] *Bulletin Soc. Math. France*, (1987), 115.

Zusammenhang ist es relevant, den bekannten Zahlentheoretiker M. Ram Murty zu zitieren.

Er schrieb im Kontext verschiedener wichtiger Vermutungen und ihrer Beweise, die als Folge von Ramanujans Untersuchungen über τ-Funktionen entstanden:

Diese Ergebnisse offenbaren in gewissem Maße die arithmetische Bedeutung der τ-Funktion und der Fourier-Koeffizienten von Spitzenformen im Allgemeinen. Die Geschichte ist noch nicht zu Ende. Die Zukunft wartet auf einige tieferen Verbindungen zwischen der nicht-Abelschen Klassenkörpertheorie und den Fourier-Koeffizienten von Spitzenformen.

3.1 Rogers-Ramanujan-Identitäten

In der gesamten Theorie der Partitionen und q-Reihen sind die Rogers-Ramanujan-Identitäten die einfachsten, elegantesten und tiefgründigsten Ergebnisse. Die Aussage der ersten Identität lautet:

Die Anzahl der Partitionen einer Ganzzahl in Teile, die sich um mindestens 2 unterscheiden, entspricht der Anzahl der Partitionen dieser Ganzzahl in Teile, die bei Division durch 5 den Rest 1 oder 4 ergeben.

Die Aussage der zweiten Identität ist ebenfalls ähnlich. Dieses Paar von Identitäten wurde unabhängig von L. J. Rogers im Jahr 1894 und von S. Ramanujan im Jahr 1910 entdeckt. Beide hatten jedoch nur die analytische Form der Identitäten angegeben. I. Schur aus Deutschland hatte unabhängig gearbeitet und die Identitäten erfolgreich bewiesen und war der erste Mathematiker, der ihre kombinatorische Bedeutung erkannte. Er konnte den nächsten Partitionssatz erhalten, der heute als *Schurs Partitionssatz* bekannt ist.

Wie anderswo diskutiert wurde, war Ramanujan motiviert, an Identitäten zu arbeiten, während er einen unendlichen Kettenbruch studierte. Ihm gelang es, die Bedeutung dieses Kettenbruchs in der Theorie der Modulformen zu erkennen. Dieser Kettenbruch kann als Verhältnis von zwei Rogers-Ramanujan-Reihen erhalten werden. Ramanujans Kettenbruch ist eines der grundlegenden Objekte in der Theorie der Modulformen. Seit Anfang der 1960er-Jahre wurde in diesem Bereich über zwei Jahrzehnte hinweg eine erhebliche Menge an Forschung geleistet.

Aus historischer Sicht ist es vielleicht wichtig zu beachten, dass diese schönen Identitäten in Kap. 16 von Ramanujans zweitem *Notebook* erschienen. Das Kapitel mit dem Titel „Theta functions and q-series" wurde von C. Adiga, B. C. Berndt, S. Bhargava und G. N. Watson sorgfältig analysiert und bearbeitet.

Ramanujan hatte 40 Identitäten solcher Art an den englischen Mathematiker L. J. Rogers geschickt, aber die Beweise fehlten. Diese Identitäten betrafen modulare Funktionen für Kongruenzuntergruppen. Rogers konnte neun von ihnen beweisen und veröffentlichte die Beweise. G. N. Watson bewies mehrere dieser Identitäten. G. N. Watson, W. N. Bailey, B. Gordon, L. J. Rogers, L. J. Slater und G. E. Andrews leisteten einen erheblichen Beitrag zur Verallgemeinerung der Rogers-Ramanujan-Identitäten.

Die Rogers-Ramanujan-Identitäten sind in verschiedenen Zusammenhängen aufgetreten, so in der Studie von euklidischen Lie-Algebren. In diesem Kontext führte die Suche nach Beweisen zu einem tieferen Verständnis einiger der Darstellungstheorien der Lie-Algebren. Im Jahr 1980 erschienen die genannten Identitäten natürlich in R. J. Baxters Lösung für das harte Hexagon-Modell in der statistischen Mechanik. Anschließend konnten Andrews und Baxter eine vollständige Lösungsgruppe erarbeiten. In jüngerer Zeit waren Prof. Barry McCoy in Zusammenarbeit mit Alexander Berkovich, Anne Schilling und Ole Warner erfolgreich bei der Erarbeitung neuer Erweiterungen verschiedener Rogers-Ramanujan-artiger Identitäten durch das Studium von Modellen in der konformen Feldtheorie in der Physik.

Andrews und Bressoud konnten feststellen, dass es ein Muster unter den Koeffizienten bestimmter Rogers-Ramanujan-artiger Produkte mit dem Wert null gab. Die Professoren Krishnaswami Alladi und B. Gordon haben diese Ergebnisse kürzlich auf allgemeine Rogers-Ramanujan-artige Produkte ausgedehnt. Nach diesen Mathematikern besteht in diesem Bereich noch weiterer Forschungsbedarf.

3.2 Hypergeometrische Reihen

In Ramanujans zweitem *Notebook*, Kap. 10 und 11, findet sich eine Reihe von Ergebnissen, die sich auf die hypergeometrische Reihe beziehen. Ramanujan machte asymptotische Erweiterungen für solche Reihen und verwandte Funktionen. G. N. Watson, R. Askey und B. Berndt haben detaillierte Diskussionen über diese Arten von Arbeiten geführt. Ohne auf die mathematischen Details einzugehen, kann gesagt werden, dass klassische grundlegende hypergeometrische Funktionen einer Variablen (das heißt q-Reihen) nützlich und effektiv auf verschiedene Bereiche der reinen und angewandten Mathematik angewendet wurden. In jüngster Zeit haben q-Reihen zu neuen und wichtigen Entwicklungen in der Physik, Lie-Algebra, transzendentalen Zahlentheorie und Statistik geführt.

Wie bereits eingangs erwähnt, ist das Gesamtvolumen von Ramanujans Arbeit enorm und die Auswirkungen seiner Beiträge sind immens. Die Lösung seiner ungelösten Probleme und Vermutungen ist ein Teil davon. Aber die zahlreichen von ihm aufgeworfenen Fragen haben weitere Fragen ausgelöst und neue Untersuchungswege eröffnet, die die Entstehung völlig neuer Disziplinen beinhalten. Darin liegt die immense Bedeutung der Arbeit dieses ikonischen Genies.

3.3 Das Waringsche Problem

Die nächsten bedeutenden Forschungsbeiträge einiger bekannter indischer Zahlentheoretiker, die einen großen Einfluss auf die traditionelle Zahlentheorie haben, beziehen sich auf ein Problem, das als *Waringsches Problem* bekannt ist. Eine kurze historische Entwicklung des Problems und die Auswirkungen der Beiträge indischer Zahlentheoretiker werden hier kurz diskutiert.

E. Waring (1734–1798) betrachtete die Möglichkeit, positive Ganzzahlen als Summe von Potenzen darzustellen. In dieser Hinsicht gab er keinen Beweis, formulierte aber eine Behauptung, die als das „Waringsche Problem" bekannt wurde. Er schrieb:

Jede Ganzzahl ist eine Summe von 2, 3, ..., 9 Würfeln, jede Ganzzahl ist auch das Quadrat eines Quadrats oder bis zur Summe von 19 solchen und so weiter. Ähnliche Gesetze können für die entsprechend definierten Zahlen oder Mengen jedes Grades behauptet werden.

$g(k)$ kann als die kleinste Anzahl von Termen bezeichnet werden, die ausreichen, um jede positive Ganzzahl als Summe von k-ten Potenzen von nichtnegativen Ganzzahlen darzustellen. Das bedeutet, dass $g(3) = 9$, $g(4) = 19$ usw. Es kann gesagt werden, dass $g(k)$ für jedes $k \geq 2$ endlich ist.

Im Fall von Quadraten hatten Descartes, Fermat und andere ihren Satz formuliert. L. Euler versuchte mehrmals, ihn zu beweisen, hatte aber keinen Erfolg. C. Bachet (1581–1638) hatte versucht, das Problem für $k = 2$ zu beweisen, aber letztendlich stellte der berühmte französische Mathematiker J. L. Lagrange im Jahr 1770 fest, dass $g(2) = 4$.

Waring selbst hatte für Zahlen bis 3000 überprüft, dass jede Zahl die Summe von neun Würfeln ist. C. G. J. Jacobi führte die Übung für Zahlen bis 12.000 durch. Als Folge seiner Erkenntnisse vermutete er, dass alle großen Ganzzahlen die Summe von höchstens fünf Würfeln sind, und jede Ganzzahl größer als 8042 ist die Summe von höchstens sechs positiven Würfeln. Beides ist jedoch noch unbewiesen und sie bleiben offene Vermutungen. Die gegenwärtige modifizierte Version des Waringschen Problems lautet wie folgt:

Für jede natürliche Zahl k gibt es eine natürliche Zahl n_k, sodass jede natürliche Zahl die Summe von höchstens n_k k-ten Potenzen von natürlichen Zahlen ist.

Die kleinste solche Zahl n_k wird nach Konvention mit $g(k)$ bezeichnet. Dies wird als Waringsche Konstante für den Exponenten k bezeichnet.

Es gab also tatsächlich zwei Probleme zu lösen. Erstens musste die Existenz von $g(k)$ bewiesen werden. Zweitens musste $g(k)$ bestimmt werden. In der Mitte des 19. Jahrhunderts begann J. Liouville, das Problem der vierten Potenzen zu untersuchen. Er erhielt $g(4) \leq 53$. Weitere Forschungen wurden von verschiedenen Mathematikern durchgeführt und im 19. Jahrhundert die Werte von $g(3)$, $g(4)$ und $g(5)$ als endlich gefunden; explizite Grenzen für $g(3)$, $g(4)$ und $g(5)$ wurden von E. Maillet und É. Lucas festgelegt. Im Jahr 1907 bewies E. Maillet die Existenz von $g(7)$. Im Jahr 1909 bewies I. Schur zum ersten Mal die Existenz von $g(10)$. A. Fleck, E. Landau, A. J. R. Wieferich und viele andere Mathematiker arbeiteten und stellten die Grenzen für $g(4)$, $g(5)$ und $g(7)$ fest. Im Jahr 1909 war Wieferich der erste Mathematiker, der $g(k)$ für k ungleich 1 und 2 bestimmte und zeigte, dass $g(3) = 9$. Kempner fand denselben Wert auch im Jahr 1912. Im Jahr 1909

gab D. Hilbert den vollständigen Beweis für die Existenz der Zahl $g(k)$ für beliebige k und veröffentlichte ihn. Dies implizierte, dass $g(k)$ für jedes k endlich
ist. Er war erfolgreich bei der Feststellung des wesentlichen Teils der Waringschen
Vermutung. Allerdings erwies sich Hilberts Beweis als recht schwierig und be-
inhaltete die Auswertung komplizierter mehrdimensionaler Integrale. Seine Methode war ineffektiv, weil sie die Endlichkeit von $g(k)$ zeigte, aber keine obere
Grenze von $g(k)$ in Bezug auf k liefern konnte.

Hardy und Ramanujan entwickelten in ihrer Arbeit mit dem Titel „Asymptotic
formulae in combinatory analysis",[24] während sie die Partitionierungsfunktionen
$p(n)$ untersuchten, eine neue analytische Methode zur Bestimmung des asymptotischen Verhaltens einer arithmetischen Funktion. Die als „Kreismethode" bekannte
Methode ist eine schöne Idee, die in der additiven Zahlentheorie verwendet wird.
Nach dem Tod von Ramanujan modifizierten und verfeinerten Hardy und Littlewood diese Methode weiter und wendeten sie auf das Waringsche Problem an. Sie
stellten fest, dass die minimalen nichtnegativen k-ten Potenzen, die benötigt werden, um jede hinreichend große ganze Zahl darzustellen, durch $G(k)$ bezeichnet
werden. Mit der „Kreismethode" erhielten Hardy und Littlewood im Jahr 1922 die
Grenze $G(k) <$ oder $= (k-2) \cdot 2^{k-1} + 5$ für jedes $k \geq 1$.

Aus der Arbeit von Hardy und Littlewood wurde klar, dass das Problem der
Verbesserung ihrer oberen Grenze $G(k)$ das zentrale Thema für weitere Fortschritte beim Waringschen Problem war. Es sei darauf hingewiesen, dass bereits
1908 A. Hurwitz und E. Maillet erfolgreich die untere Grenze $G(k) \geq 1+k$ bewiesen hatten. Diese Ungleichung gilt immer noch. I. M. Vinogradov veröffentlichte 1928 eine Arbeit, in der er wesentliche technische Vereinfachungen in die
Methode von Hardy und Littlewood einführte. Diese neue modifizierte Methode
half Vinogradov, die von Hardy und Littlewood festgelegte Grenze in Kürze und
Einfachheit wiederherzustellen. Im Jahr 1936 verbesserte Vinogradov in einer
anderen Forschungsarbeit Weyls Summe und verwendete sie, um zu zeigen, dass
die asymptotische Formel für die Anzahl der Darstellungen einer ganzen Zahl als
Summe von Sk-ten Potenzen für $S > 10k^3 \log k$ gilt. Im Jahr 1938 reduzierte Vinogradov seine Grenze auf $G(k) \leq 4 k (\log k + 2 \log \log k + 3)$ (für $k \geq 800$).

Durch diese intensive Arbeit, die von Vinogradov zwischen 1935 und 1940 geleistet wurde, konnte eine Menge an Forschung zur Bestimmung von $g(k)$ durchgeführt werden. S. S. Pillai aus Indien spielte dabei eine führende Rolle, unabhängig von
diesem auch L. E. Dickson. Im Jahr 1936 konnte Letzterer die Wahrheit des idealen Waringschen Theorems für $11 \leq k \leq 15$ und $k = 17$ feststellen. Er konnte den
Wert von $g(k)$ für die meisten k durch die Aufstellung eines nützlichen Theorems
reduzieren. Das Theorem half, die Wahrheit des idealen Waringschen Theorems
für $7 \leq k \leq 180$ zu beweisen. Im selben Jahr stellte H. S. Zuckerman unabhängig
das Ergebnis für $15 \leq k \leq 20$ fest.

---

[24] Abschn. 1 (SR 14).

Von 1936–1937 hat S. S. Pillai unabhängig den ersten Teil von Dicksons Theorem aufgestellt. 1939 wurde dies von S. Chowla in seinem Aufsatz mit dem Titel „A Remark on $g(n)$"[25] verwendet, um zu beweisen, dass das ideale Waringsche Theorem für eine Menge von Ganzzahlen mit oberer Dichte 1 gilt. 1936 zeigte S. S. Pillai, dass $g(6) \leq 104$, und 1940, nach der Arbeit von Van der Corput über Weyls Ungleichheit, erhielt er $g(6) = 73$. Zuvor hatte er die Bestimmung von $g(7)$ abgeschlossen, indem er zeigte, dass $g(7) = 143$. Diese Ergebnisse von Pillai waren wahrscheinlich die wichtigsten mathematischen Errungenschaften seiner Zeit in Indien. Dies hatte auch einen enormen Einfluss auf die internationale Forschung zum Waringschen Problem.

Die verbleibenden Fälle kleiner Ganzzahlen k, $k = 4$ und $k = 5$, wurden viel später geklärt. 1964 zeigte J. R. Chen, dass $g(5) = 37$. Ein weiterer bekannter indischer Zahlentheoretiker, R. Balasubramanian, zeigte in Zusammenarbeit mit J. M. Deshouillers und F. Dress, dass $g(4) = 19$, was bedeutet, dass jede natürliche Zahl die Summe von höchstens 19 Biquadraten ist, also die vierten Potenzen natürlicher Zahlen. Dies war eine ursprüngliche Behauptung von Waring. Neben diesen wichtigen Beiträgen der beiden führenden indischen Zahlentheoretiker S. S. Pillai und R. Balasubramanian haben viele ihrer Landsleute wichtige Beiträge auf diesem Gebiet geleistet. Dazu gehören S. Chowla, F. C. Auluck und C. P. Ramanujam. Ramanujams Arbeit steht in Bezug zum Waringschen Problem für Zahlkörper.

Das nächste Thema ist die „Geometrie der Zahlen". Dies ist ein Bereich der Zahlentheorie, der von Minkowski in seiner Arbeit über Diskriminanten und Klassenzahlen von Zahlkörpern eingeführt wurde. Die Punjab School of Number Theory in Chandigarh unter der Leitung von R. P. Bambah hat wertvolle Beiträge in diesem Bereich geleistet. Einige ihrer Ergebnisse wurden international anerkannt und haben einen bemerkenswerten Einfluss auf die moderne Zahlentheorie gehabt.

Historisch gesehen ist R. P. Bambah der erste indische Zahlentheoretiker, der im Bereich der Geometrie der Zahlen gearbeitet hat. Seine Forschungsarbeit, die er als Dissertation für den Ph.D.-Grad an der University of Cambridge einreichte, wurde unter der Aufsicht des international renommierten Zahlentheoretikers L. G. Mordell durchgeführt. In seiner Dissertation mit dem Titel „Some results in the geometry of numbers" entwickelte Bambah eine Technik zur Bestimmung der kritischen Determinante von nichtkonvexen Sternregionen mit hexagonaler Symmetrie. Er erweiterte auch einige der Ergebnisse, die zuvor von Prof. Mordell festgestellt worden waren. 1952 veröffentlichten Bambah in Zusammenarbeit mit C. A. Rogers und K. F. Roth eine Reihe von zwei Aufsätzen[26], die sich mit Gitterüberdeckungen befassten. Nach seiner Rückkehr nach Indien im Jahr 1951 entwickelte Bambah die Theorie der Überdeckungen. Die Arbeit, die er in den fünfziger und sechziger Jahren des 20. Jahrhunderts leistete, führte zur Untersuchung

---

[25] Abschn. 2 (SC 96).

[26] Abschn. 2 (RPB 23, 24).

von endlichen Überdeckungen. Nach der Teilung Indiens wurde die Punjab -Universität in Lahore (heute in Pakistan) verlegt und der neue Campus in Chandigarh gegründet. Wie bereits früher erwähnt, gründeten Bambah und Hansraj Gupta gemeinsam die „School of Number Theory" auf dem neuen Campus der Punjab-Universität.

In der „Geometrie der Zahlen" gibt es eine klassische Vermutung über das Produkt von n nichthomogenen linearen Formen, die von H. Minkowski (1864–1909) aufgestellt wurde. Bekannt als *Minkowskis Vermutung*, ist sie eines der herausforderndsten Probleme auf diesem Gebiet.

Minkowski selbst im Jahr 1899, später dann Mordell in den Jahren 1928, 1941, 1953, Landau im Jahr 1931, Perron im Jahr 1938, Pall im Jahr 1943, Macbeth in den Jahren 1948 und 1961, Sawyer im Jahr 1948, Cassels im Jahr 1953 sowie einige andere Zahlentheoretiker haben die Vermutung für $n = 2$ bewiesen. Der erste Beweis der Vermutung für $n = 3$ wurde 1923 von Remak geliefert. Ein vereinfachter Beweis erfolgte 1939 von Davenport. Birch und Swinnerton-Dyer lieferten 1956 sowie Narzullaev 1968 Beweise auf verschiedenen Wegen. Die Methode von Remak-Davenport besteht aus zwei Teilen. Für $n = 4$ bewies Dyson 1948 beide Teile und damit die Vermutung. Für den Beweis des ersten Teils verwendete er mächtige Werkzeuge aus der algebraischen Topologie. Bambah und Woods gaben 1974[27] einen elementaren Beweis für den ersten Teil ab. 1973 lieferte Skubenko einen Beweis für den ersten Teil für $n = 5$.

1980 bewies Bambah in Zusammenarbeit mit A. C. Woods in ihrem Aufsatz mit dem Titel „Minkowski's conjecture for $n = 5$; a theorem of Skubenko"[28] den ersten Teil der genannten Vermutung für $n = 5$. Da Woods bereits den zweiten Teil bewiesen hatte, war der Beweis für Minkowskis Vermutung für $n = 5$ damit vollständig.

Da der Zeitrahmen dieses Buches das 20. Jahrhundert ist, werden Diskussionen darüber hinaus nicht geführt. Allerdings sollte der Vollständigkeit halber erwähnt werden, dass die Zahlentheoretiker der Punjab-Schule auch im 21. Jahrhundert umfangreiche Forschungen zu diesem Thema durchgeführt haben.

Eine weitere wichtige Vermutung im Bereich „Geometrie der Zahlen" ist die *Watson-Vermutung*. Diese betrifft nichthomogene reale unbestimmte quadratische Formen. Die Forscher der Punjab-Schule haben wichtige Beiträge im Bereich der quadratischen Formen geleistet, die zum Beweis der Watson-Vermutung im Jahr 1962 führten. In ihrer Doktorarbeit hat Madhu Raka in Zusammenarbeit mit R. J. Hans-Gill[29] die relevanten Konstanten $C_{n,\sigma}$ für $n = 5$ und alle Signaturen bestimmt. In ihren Arbeiten[30] erhielt sie auch $C_{n,\sigma}$ für Signaturen ± 1, ± 2, ± 3, ± 4 und alle n.

---

[27] Abschn. 2 (RPB 53).

[28] Abschn. 2 (RPB 56).

[29] Abschn. 2 (MR 1, 2, 3, 4).

[30] Abschn. 2 (MR 7, 8, 9, 10).

Mehrere andere Mathematiker wie Davenport, Birch und Dumir haben an der Lösung dieser Vermutung gearbeitet. Da der vermutete Wert von $C_{n,\sigma}$ von der Klasse von σ modulo 8 abhing, war dies ein wichtiger und großer Beitrag zum Beweis, der 1994 von Dumir, Hans-Gill und Woods abgeschlossen wurde.

Die dritte wichtige Vermutung im Bereich „Geometrie der Zahlen" ist die *Oppenheim-Vermutung*. In der diophantischen Approximation betrifft die Oppenheim-Vermutung Darstellungen von Zahlen durch reale quadratische Formen in mehreren Variablen. Sie wurde erstmals 1929 von Alexander Oppenheim formuliert und später von Harold Davenport und Oppenheim weiter konkretisiert. Ursprünglich hatten die Forscher bei diesem Problem vermutet, dass die Zahl n Variablen groß ist, und wandten eine Version der Harry-Littlewood-Kreismethode an. Mit Methoden aus der Ergodentheorie und der Untersuchung diskreter Untergruppen von halbeinfachen Lie-Gruppen löste Grigory Margulis die Vermutung in den Jahren 1986–1987. In diesem Zusammenhang ist es vielleicht relevant zu erwähnen, dass Margulis tatsächlich eine Vermutung von M. S. Raghunathan vom TIFR über den Abschluss von Bahnen unipotenter Flüsse auf $\Gamma\backslash G$, wo G eine Lie-Gruppe und Γ eine arithmetische Untergruppe ist, bewiesen hat. S. G. Dani hat auch erhebliche Beiträge in diesem Bereich geleistet. Viel Arbeit zur Oppenheim-Vermutung wurde von Bambah, Raghavan und Ramanathan, Raghunathan und Dani geleistet. Dies wird später diskutiert.

Es gibt ein weiteres Theorem, das sich auf die Werte quadratischer Formen bezieht und von H. Blaney in seinem Artikel „Indefinite quadratic forms in n variables" erwähnt wurde.[31] Blaney erwähnte in seinem Theorem die Existenz einer Konstanten $\Gamma_{r,s}$, die nur von der Signatur (r, s) von Q (wo Q eine unbestimmte quadratische Form in n Variablen und von Diskriminante $D \neq 0$ ist) im Unendlichen abhängt und nicht von Q selbst. Viel Arbeit wurde von Bambah, Hans-Gill, Madhu Raka und Urmila Rani, alle von der Punjab-Schule in Chandigarh, geleistet. In einem Übersichtsartikel, der von Bambah, Dumir und Hans-Gill verfasst und mit „Non-homogeneous problems: conjectures of Minkowski and Watson" betitelt wurde,[32] wurde ein detaillierter Bericht über die Werte von $\Gamma_{r,s}$ gegeben. Einige bemerkenswerte Beispiele sind im Folgenden aufgeführt:

(i) $\Gamma_{1,1} = 4$ (berechnet von Davenport und Heilbronn)
(ii) $\Gamma_{2,1} = 4$ (Blaney)
(iii) $\Gamma_{1,2} = 8, \Gamma_{3,1} = 16/3, \Gamma_{2,2} = 16$ (alle bestimmt von Dumir)
(iv) $\Gamma_{1,3} = 16$ (berechnet von Dumir und Hans-Gill).

Die einzige bisher nicht bestimmte Konstante ist $\Gamma_{5,3}$, für die Madhu Raka und ihre Mitarbeiter 1997 eine obere Grenze von 12 ermittelt haben. Der erwartete Wert ist 8.

---

[31] *Journal of the London Mathematical Society* 23, (1948), 153–160.
[32] *Number Theory*, 15–41, *Trends Math.*, Birkhäuser, Basel 2000.

In einer gemeinsamen Arbeit haben Madhu Raka und ihre wissenschaftlichen Mitarbeiter auch mehrere aufeinanderfolgende Extremwerte für ternäre und quaternäre quadratische Formen in Bezug auf $C_{n,\sigma}$ und $\Gamma_{r,s}$ bestimmt. Dabei entdeckten sie einen Fehler von Rieger (1976) und lieferten 1994 in einem gemeinsam mit Urmila Rani verfassten Artikel einen korrekten Beweis. 1991 entdeckte Madhu Raka auch einen Fehler in der Arbeit von Barnes und Swinnerton-Dyer (1954) über binäre nichthomogene quadratische Formen, lieferte in Zusammenarbeit mit Grover einen korrekten Beweis, verwendete diese Ergebnisse zur Bestimmung der zweiten nichthomogenen Minima für nicht null ternäre und quaternäre Formen und veröffentlichte diese Ergebnisse in den Jahren 1994–2001.

Sudesh K. Khanduja von der Punjab-Schule hat mehrere wichtige Forschungsarbeiten rund um Hensels Lemma veröffentlicht. Ein weiterer wichtiger Beitrag dieser bekannten Zahlentheoretikerin aus Chandigarh bezieht sich auf den „Brauer-Siegel-Satz". Dieser berühmte Satz in der algebraischen Zahlentheorie beschreibt, wie die verschiedenen grundlegenden Invarianten eines Zahlkörpers wie Klassenzahl, Regulator und Diskriminante variieren, wenn der Zahlkörper variiert. S. K. Khanduja (bekannt als Sudesh K. Gogia vor ihrer Heirat) und ihr Doktorvater I. S. Luthar bewiesen das Analogon für Funktionenkörper.

Es gab eine Reihe von Veröffentlichungen von A. R. Rajwade, M. K. Agrawal, J. C. Parnami, D. B. Rishi und S. A. Katre, alle von der Punjab-Schule in Chandigarh, die sich mit der expliziten Bestimmung der Anzahl der Punkte auf einer elliptischen Kurve mit komplexer Multiplikation beschäftigen.

Die aktiven Zahlentheoretiker der Punjab-Schule sind immer noch an wichtigen Forschungsaktivitäten beteiligt, aber diese werden aufgrund des festgelegten Zeitrahmens für dieses Buch nicht diskutiert.

Schließlich verdienen die bedeutenden Beiträge einiger der Zahlentheoretiker des TIFR besondere Erwähnung. K. Chandrasekharans Arbeiten mit Raghavan Narasimhan waren die ersten bedeutenden Forschungsbeiträge zur Theorie der Zeta-Funktionen in Indien nach S. Chowla. In einer langen Reihe von Arbeiten konnten sie für eine breite Klasse von Dirichlet-Reihen, die eine Funktionengleichung erfüllen, die der der Riemannschen Zeta-Funktion ähnelt, einige Schlüsseleigenschaften ermitteln, die zu dieser Zeit im Wesentlichen nur für die Riemannsche Zeta-Funktion bekannt waren.

K. Ramachandra hat bemerkenswerte Beiträge zu verschiedenen Bereichen der Zahlentheorie geleistet. Es ist wichtig, einige seiner bekanntesten Arbeiten zu erwähnen. Ramachandra gelang eine bemerkenswerte Anwendung der zweiten Grenzformel von Kronecker auf die Theorie der komplexen Multiplikation, auf die Konstruktion einer bestimmten maximal unabhängigen Menge von Einheiten in einem gegebenen Klassenfeld eines imaginären quadratischen Feldes und auf die Auswertung eines bestimmten elliptischen Integrals, das ursprünglich von Chowla und Selberg und auch von Ramanujan gegeben worden war. Er war an der Konstruktion der „Siegel-Ramachandra-Robert-Einheiten" beteiligt. Dabei handelt es sich um explizite Einheiten in Abelschen Erweiterungen von imaginären quadratischen Feldern, die mit elliptischen Funktionen konstruiert wurden. Siegel leistete die Anfangsarbeit. Danach wurden sie von Ramachandra konstruiert und dann von Robert optimiert. Eine Zeit lang waren sie als „Siegel-Ramachandra-Robert-Einheiten" bekannt. Jetzt werden sie elliptische Einheiten genannt und spielen eine grundlegende Rolle in vielen Arbeiten, die sich mit der Arithmetik von elliptischen Kurven mit komplexer Multiplikation befassen. Diese Einheiten wurden in den grundlegenden Arbeiten von Coates-Wiles und Rubin verwendet. Ramachandra interessierte sich Ende der sechziger Jahre des 20. Jahrhunderts für Bakers Methode in der transzendentalen Zahlentheorie. Unter der Anleitung von Ramachandra unternahm T. N. Shorey ernsthafte Forschungen auf diesem Gebiet. Shorey ist bekannt für seine Beiträge zur Anwendung der Bakerschen Theorie.

Die Forschungsarbeit, die zur Oppenheimschen Vermutung von den Zahlentheoretikern der Punjab-Schule von Chandigarh durchgeführt wurde, wurde bereits diskutiert. Im TIFR haben auch S. Raghavan, K. G. Ramanathan, M. S. Raghunathan und S. G. Dani bemerkenswerte Beiträge auf diesem speziellen Gebiet geleistet. S. Raghavan und K. G. Ramanathan bewiesen gemeinsam ein Analogon über algebraische Zahlkörper eines Ergebnisses von A. Oppenheim. Oppenheim hatte zuvor ein Ergebnis über die Dichte der Werte von unbestimmten quadratischen Formen in $n \geq 5$ Variablen, die keine Skalarmultiplikatoren von rationalen Formen waren und null darstellten, geliefert. Raghavans Interesse an der Oppenheimschen Vermutung für Formen, die möglicherweise nicht null darstellen, beeinflusste indirekt einige nachfolgende Entwicklungen im TIFR. Die Mathematiker, die sich an der Weiterentwicklung der Arbeit im Zusammenhang mit der Oppenheimschen Vermutung beteiligten, waren M. S. Raghunathan und S. G. Dani. Irgendwann im Jahr 1975 hatte M. S. Raghunathan beiläufig eine Aussage über das Verhalten dessen, was als *unipotente Flüsse* bezeichnet wird, vorgeschlagen und Dani gebeten, sie als *Raghunathans Vermutung* zu bezeichnen und zu beweisen. Raghunathan wies auch darauf hin, dass, wenn seine Vermutung bewiesen werden könnte, sie insbesondere die Vermutung von Oppenheim über die Dichte der Werte von unbestimmten Formen an integralen Punkten klären würde. Die Raghunathan-Vermutung wurde erstmals von Dani in seiner Arbeit mit dem Titel „Invariant measures and minimal sets of horospherical flows" aufgezeichnet.[33] In dieser Arbeit schlug Dani eine weitere Vermutung vor, als Schritt zur Beweisführung der Raghunathan-Vermutung. In den 1980er-Jahren waren viele Teilergebnisse bekannt, die die Oppenheimsche Vermutung unter verschiedenen Einschränkungen bestätigten. Aber eine allgemeine Lösung konnte immer noch nicht gefunden werden. Die Forschung von Raghunathan und Dani beeinflusste die bahnbrechenden Arbeiten von G. A. Margulis und Marina Ratner auf diesem Gebiet. G. Margulis bewies die vollständige Vermutung und gab einen schönen Überblick über seine Arbeit, die zu dieser Lösung führte, in seinem Vortrag nach Erhalt der Fields-Medaille. Dort erklärte er:

---

[33] *Inventiones Mathematicae* 64, (1981), 357–385.

Die verschiedenen Ansätze zu dieser und verwandten Vermutungen (und Theoremen) beinhalten analytische Zahlentheorie, die Theorie der Lie-Gruppen und algebraischen Gruppen, Ergodentheorie, Darstellungstheorie, Reduktionstheorie, Geometrie der Zahlen und einige andere Themen.

Kurz nach Margulis' Durchbruch wurde der Beweis von Dani und Margulis vereinfacht und verallgemeinert. Marina Ratners tiefgreifende Beiträge zur Aufstellung der Raghunathan-Vermutung und ihrer Varianten in den neunziger Jahren des 20. Jahrhunderts gelten als Meilensteine in der „homogenen Dynamik". Ihre Arbeit auf diesem Gebiet hat großen Einfluss auf verschiedene Bereiche der Mathematik gehabt, einschließlich Dynamik, diophantische Approximationen, Ergodentheorie, Geometrie, Lie-Gruppentheorie und so weiter. S. Raghavan und S. G. Dani arbeiteten zusammen und leisteten bemerkenswerte Arbeit zur Dichte der Bahnen irrationaler euklidischer Rahmen unter den Aktionen verschiedener bekannter diskreter Gruppen von Bedeutung in der diophantischen Approximation von Systemen linearer Formen.

Schließlich ist zu bemerken, dass die Beiträge von R. Balasubramanian im Bereich der Riemannschen Zeta-Funktion hoch anerkannt wurden. Balasubramanian leitete in Zusammenarbeit mit J. B. Conrey und D. R. Heath-Brown eine asymptotische Formel für das Quadratmittel des Produkts der Riemannschen Zeta-Funktion und eines Dirichlet-Polynoms ab. Diese Methode führte zu einer Verbesserung der unteren Schätzung für die Dichte der Nullstellen der Zeta-Funktion auf der kritischen Linie. Dies hat Wege für weitere Forschungen in diesem Bereich der Zahlentheorie eröffnet.

Es ist zu bemerken, dass die Forschungsarbeit von Prof. R. Balasubramanians erstem Doktoranden, S. D. Adhikari, in Bezug auf Ω-Ergebnisse und Gitterpunkte in Ellipsoiden international anerkannt wurde und einen bemerkenswerten Einfluss auf die moderne Forschung auf diesem Gebiet hatte.

Die funktionale analytische Interpretation und Verallgemeinerung von Veronins Universalitätstheorem zur Riemannschen Hypothese, wie sie von Bhaskar Bagchi vom Indian Statistical Institute durchgeführt und 1982 in der *Mathematischen Zeitschrift* veröffentlicht wurde, ist eine viel zitierte Arbeit und wird immer noch zitiert. E. Kowalski, ein prominenter Schweizer Mathematiker, fand diese Arbeit interessant und verallgemeinerte sie weiter auf den Kontext von Modulformen. Der probabilistische Aspekt von Bagchis Arbeit wurde auch von Kowalski unter dem Namen *Bagchi's theorem* wiederbelebt. Das Universalitätstheorem, wie es von Bagchi aufgestellt wurde, wurde in Heath-Browns überarbeiteter Ausgabe des klassischen Werkes von E. C. Titchmarsh mit dem Titel *The Riemann Zeta-function* im Jahr 1988 reproduziert.

Kapitel 4
Epilog

Dieses Kapitel ist zweigeteilt: Im ersten Abschnitt erfolgt die Darstellung der Anwendung einiger Ergebnisse der Zahlentheorie, wie sie von indischen Mathematikern in allen Lebensbereichen etabliert wurden. Der zweite Abschnitt beinhaltet abschließende Bemerkungen.

4.1 Praktische Anwendungen

Die theoretischen Auswirkungen der im 20. Jahrhundert von verschiedenen Zahlentheoretikern Indiens durchgeführten Forschungen auf die moderne Mathematik wurde bereits in diesem Buch diskutiert.[1]

Darüber hinaus ist es notwendig, die praktischen Anwendungen der auf der Zahlentheorie basierenden und verwandten Forschung hervorzuheben, die im gleichen Zeitraum von den indischen Zahlentheoretikern realisiert wurde. Nach einer intensiven Literaturrecherche konnte festgestellt werden, dass viele Ergebnisse Srinivasa Ramanujans zur Zahlentheorie und zu zahlentheoriebasierten Disziplinen mit großem Erfolg in verschiedenen praktischen Anwendungen eingesetzt wurden. Die Anwendungen betrafen so unterschiedlichen Bereichen wie Kristallografie, statistische Mechanik, Kommunikationsnetzwerke, Biologie und sogar die String-Theorie. Später, gegen Ende des 20. Jahrhunderts, wurden einige Forschungsarbeiten anderer indischer Zahlentheoretiker ebenfalls auf praktische Probleme angewendet.

---

[1] Siehe Kap. 3.

P. Mukherji, *Forschungsinstitute für Zahlentheorie in Indien*, https://doi.org/10.1007/978-981-99-9992-7_4

4.1.1 Kristallografie

Es handelt sich um eine experimentelle Wissenschaft zur Bestimmung der Anordnung von Atomen in kristallinen Strukturen. Der bekannte indische Kristallograf S. Ramaseshan hat gezeigt, wie Ramanujans Arbeit über Partitionen Licht auf Kunststoffe wirft. Kunststoffe sind, wie allgemein bekannt, im Wesentlichen Polymere. Sie wiederholen molekulare Einheiten, die sich auf verschiedene Weisen kombinieren. Angenommen, es gibt eine solche, die 1 Million Einheiten lang ist, eine andere 8474 Einheiten lang, eine andere 2.35.819 Einheiten lang, und so weiter. Ramanujan zeigte in seiner Partitionstheorie, wie sich kleinere Einheiten zu größeren verbinden. Daher hat diese Theorie eindeutig Auswirkungen auf den genannten Prozess.

4.1.2 Statistische Mechanik

Die Verteilung eines Films aus flüssigem Helium auf einer Grafitplatte ist ein physisches Beispiel für das *harte Hexagon-Modell*. Die Rogers-Ramanujan-Identitäten treten natürlich in R. J. Baxters Lösung des oben genannten Modells in der statistischen Mechanik auf. Mathematisch zeigte Baxter, dass das harte Hexagon-Modell auf einer bestimmten Reihe von unendlichen Reihen aufgebaut war. Er entdeckte auch, dass diese Reihen genau diejenigen sind, die in den berühmten Rogers-Ramanujan-Identitäten vorkommen. Vorhersagen, die mit diesen Arten von Modellen gemacht werden, stimmen eng mit experimentellen Ergebnissen überein.

Eine relativ neue Entwicklung, die Primzahlen und Physik verbindet, wurde in einem Artikel von H. Gopalkrishna Gadiyar und R. Padma diskutiert. Der von ihnen gemeinsam verfasste Artikel mit dem Titel „Ramanujan-Fourier series, the Weiner-Khintchine formula and the distribution of prime pairs" wurde in *Physica A* veröffentlicht.[2] In der Zusammenfassung erklären die Autoren, dass die *Weiner-Khintchine-Formel* ein zentraler Bestandteil der statistischen Mechanik ist. In dem oben genannten Artikel haben die Autoren gezeigt, dass das Problem der Primzahlpärchen mit der Autokorrelation und daher mit der Weiner-Khintchine-Formel zusammenhängt. Sie haben auch experimentelle Beweise dafür geliefert. Die Autoren stellten fest:

> Es ist eine angenehme Überraschung, dass die Weiner-Khintchine-Formel, die normalerweise in praktischen Problemen der Brownschen Bewegung, der Elektrotechnik und anderen angewandten Bereichen der Technologie und der statistischen Physik auftritt, eine Rolle im Verhalten von Primzahlen spielt, die von reinen Mathematikern untersucht werden.

---

[2] Bd. 269, (1999), 503–510.

4.1.3 Berechnung des Wertes von π (Pi)

Ramanujans Veröffentlichung von 1914 über *Modular Equations and Approximations to Pi* lieferte die Algorithmen zur Auswertung von π, die heute am schnellsten in Gebrauch sind. Erst kürzlich wurden Ramanujans Transformationen für elliptische Funktionen von David und Gregory Chudnovsky verwendet, um sehr schnell konvergierende Algorithmen zur Berechnung von π zu erzeugen. Nun hat Chudnovsky π in der Größenordnung von einer Milliarde Ziffern berechnet.

4.1.4 Ramanujan-Graphen

Die mathematische Disziplin, die für das Studium der komplexen Netzwerke in Biologie, Kommunikation und anderswo benötigt wird, ist die Graphentheorie. Die Kenntnis der elementaren Zahlentheorie ist für das Erlernen der Graphentheorie obligatorisch.

Ramanujan-Graphen werden ausgiebig in Kommunikationsnetzwerken verwendet. Es handelt sich um regelmäßige Graphen mit kleinen nichttrivialen Eigenwerten. Ramanujan-Graphen sind regelmäßig zu regelmäßigen Zufallsgraphen. Sie werden in Kommunikationsnetzwerken und auch beim Bau von Low-Density-Parity-Check-Codes verwendet. Ein zentrales Problem in der Kommunikationstechnologie ist der Bau von effizienten Netzwerken zu Kosten, die einen festgelegten Betrag nicht überschreiten. Mathematisch kann das Netzwerk durch einen Graphen G dargestellt und die Effizienz durch die Vergrößerungskonstante C des Graphen gemessen werden. Die gewünschte Übung besteht darin, eine explizite Konstruktion von Graphen mit einer unteren Grenze der Vergrößerungskonstante zu erhalten. Für die explizite Konstruktion von Ramanujan-Graphen sind drei systematische Wege in Gebrauch. Sie werden mit den unten aufgeführten zahlentheoretischen Methoden konstruiert:

(a) Ramanujan-Graphen basierend auf adelischen Quaternionengruppen,
(b) Ramanujan-Graphen basierend auf endlichen Abelschen Gruppen,
(c) Ramanujan-Graphen basierend auf endlichen nicht-Abelschen Gruppen.

Neben diesen Anwendungen haben Ramanujan-Graphen in jüngster Zeit neue Möglichkeiten für andere Anwendungen eröffnet. Die Theorie der komplexen Netzwerke spielt eine wichtige Rolle in einer Vielzahl von Disziplinen, von der Kommunikations- und Energiesystemtechnik bis zur molekularen und Populationsbiologie. So haben beispielsweise das Internet und das World Wide Web (www) in den letzten Jahren sowohl an Bedeutung als auch an Volumen bemerkenswert zugenommen. Auch in der Soziologie und Ökologie sind zunehmend Daten über das Nahrungsnetz und die Struktur menschlicher sozialer Netzwerke verfügbar. Aus diesen Gründen ist die Netzwerkanalyse zu einer sehr wichtigen Disziplin geworden. Die Bedrohungen für die menschliche Gesundheit durch neue

Infektionskrankheiten wie die asiatische Vogelgrippe und die Schweinegrippe in Verbindung mit modernen Reisemustern unterstreichen die Bedeutung dieser Fragen.

4.1.5 Gitter

Gitter sind regelmäßige Anordnungen von Atomen, Ionen oder Molekülen in einem kristallinen Festkörper. Ein Gittermodell in der Physik bezieht sich auf ein Modell, das nicht auf einem Kontinuum, sondern auf einem Gitter definiert ist. Gitter treten in vielen Bereichen der Zahlentheorie und Physik auf. Ein Grund für ihre allgegenwärtige Präsenz ist, dass das Gitter das grundlegende Gerüst für periodische Strukturen, sowohl geometrische als auch algebraische, ist. Sie sind wichtig, weil viele nichtperiodische Strukturen als irrationale Schnitte von Gittern in höheren Dimensionen beschrieben werden können. In Zusammenarbeit mit K. S. Viswanathan (einem ehemaligen Schüler von Sir C. V. Raman) begann der berühmte Kristallograf S. Ramaseshan mit der Untersuchung der Gitterdynamik und der Struktur von nichtkristallinen Materialien. Sie stellten den Zusammenbruch von Friedels Gesetz in der elastischen Neutronenstreuung fest.

4.1.6 Theoretische Physik

Ramanujans Arbeit hat auch im laufenden Jahrhundert weiterhin einen bedeutenden Einfluss auf die theoretische Physik, insbesondere im Bereich der schwarzen Quantenlöcher in der Stringtheorie. Seit der bahnbrechenden Arbeit von Stephen Hawking ist allgemein bekannt, dass schwarze Löcher thermodynamische Eigenschaften haben wie Entropie, die direkt proportional zur Fläche des Horizonts des schwarzen Lochs ist. Angesichts des gängigen Verständnisses der Thermodynamik liegt es nahe, sich zu fragen, welche mikroskopischen Zustände für diese Entropie verantwortlich sind.

Für spezielle Klassen von „supersymmetrischen"[3] schwarzen Löchern in der Stringtheorie wurde die Frage nach dem Ursprung dieser Entartung von Zuständen auf mikroskopischer Ebene beantwortet. Darüber hinaus wurde gezeigt, dass die Lösung eng mit der Mathematik der Mock-modularen Formen in folgender Weise verbunden ist: Die erzeugende Funktion, die für die Entartung der Zustände sol-

---

[3] *Supersymmetrie* ist ein Prinzip, das eine Beziehung zwischen zwei grundlegenden Klassen von Elementarteilchen vorschlägt: Bosonen, die einen ganzzahligen Spin haben, und Fermionen, die einen halbzahligen Spin haben. Obwohl es bisher keine experimentellen Beweise für Supersymmetrie gibt, bietet sie eine größere analytische Kontrolle und führt oft zu exakt lösbaren physikalischen Modellen.

cher schwarzer Löcher in der Stringtheorie verantwortlich ist, ist eine fast modulare Funktion, die Sprünge oder Diskontinuitäten entwickelt, wenn bestimmte Parameter des schwarzen Lochs variiert werden. Wie durch ein Wunder wurden genau solche Funktionen erstmals von Ramanujan in einem seiner letzten Briefe an Hardy im Jahr 1920 eingeführt, in dem er sie als Mock-Theta-Funktionen bezeichnete.

Obwohl Ramanujan in seinen Briefen an Hardy bis zu 17 Beispiele für diese Mock-Theta-Funktionen lieferte, hat er keine vollständige Definition gegeben; und erst in der Doktorarbeit von Sander Zwegers[4] wurden diese auf eine feste mathematische Grundlage gestellt. Aufbauend auf diesen Ergebnissen wurde von Dabholkar, Murthy und Zagier gezeigt, dass die Quantenentartungen von einfach zentrierten schwarzen Löchern in einer Klasse von supersymmetrischen Stringtheorien durch Fourier-Koeffizienten einer Mock-modularen Form gegeben sind.

4.2 Schlussbemerkungen

Neben den bemerkenswerten Beiträgen und dem stetigen Wachstum von Forschungsschulen zur Zahlentheorie in Indien im 20. Jahrhundert erscheint es lohnenswert, noch einige Dinge in diesem Zusammenhang zu erwähnen.

Auch im gegenwärtigen Jahrhundert führen die indischen Zahlentheoretiker wichtige Forschungsarbeiten durch, die international auf Anerkennung stoßen. Die praktischen Anwendungen der Zahlentheorie haben sich auch auf Bereiche wie Codierungstheorie, Kryptologie und Fragen der Cybersicherheit ausgeweitet. Auch in diesen Bereichen leisten indische Mathematiker wertvolle Beiträge.

Ein weiterer Punkt muss unbedingt erwähnt werden. Traditionell war es so, dass Fragen in der Zahlentheorie die Motivation für die Entwicklung großer Teile der Mathematik geliefert haben, und im Gegenzug hat die Zahlentheorie viele der Entwicklungen in verschiedenen Zweigen der Mathematik genutzt. Dieser Aspekt ist seit den 1960er-Jahren mit den Arbeiten von Weil, Grothendieck und Langlands noch wichtiger geworden. Der unersättliche Appetit der Zahlentheorie auf Mathematik hat dazu geführt, dass ein großer Teil der modernen Mathematik nun als Teil der Zahlentheorie betrachtet werden kann. Um die Arbeit von Gittern zu veranschaulichen, sind Lie-Gruppen grundlegend für das Studium von automorphen Formen; die Arbeit an Vektorbündeln war entscheidend für den Beweis des fundamentalen Lemmas von Ngo Bao Chau; die Arbeit an der Ergodentheorie im Kontext von homogenen Räumen hat unzählige arithmetische Anwendungen nach sich gezogen, und so weiter.

---

[4] Doktorarbeit mit dem Titel „Mock Theta Functions", Universität Utrecht, 2002.

Literatur

Kap. 1
Srinivasa Ramanujan (SR)

1. "Some properties of Bernoulli's numbers". *Journal of the Indian Mathematical Society*. 3, (1911), 219–234.
2. "Irregular numbers". *Journal of the Indian Mathematical Society*. 5, (1913), 105–106.
3. "Squaring the circle". *Journal of the Indian Mathematical Society*. 5, (1913), 132.
4. "Modular equations and approximations to π". *Quarterly Journal of Mathematics*. 45, (1914), 350–372.
5. "On the number of divisors of a number". *Journal of the Indian Mathematical Society*. 7, (1915), 131–133.
6. "On the sum of the square roots of the first n natural numbers". *Journal of the Indian Mathematical Society*. 7, (1915), 173–175.
7. "New expressions for Riemann's functions $\xi(s)$ and $\Xi(t)$". *Quarterly Journal of Mathematics*. 46, (1915), 253–260.
8. "Highly composite numbers". *Proceedings of the London Mathematical Society*, 2. 14, (1915), 347–409.
9. "Some formulae in the analytic theory of numbers". *Messenger of Mathematics*. 45, (1916), 81–84.
10. "On certain arithmetical functions". *Transactions of the Cambridge Philosophical Society*. Vol. 22, Nr. 9, (1916), 159–184.
11. "On the expression of a number in the form $ax^2 + by^2 + cz^2 + du^2$". *Proceedings of the Cambridge Philosophical Society*. 19, (1917), 11–21.
12. (with G. H. Hardy) "Une formulae asymptotique pour le nombre des partitions de n". *Comptes Rendus*. 2 January (1917).
13. (with G. H. Hardy) "Proof that almost all numbers n are composed of about log log n prime factors". *Proceedings of the London Mathematical Society*, 2. 16, (1917).
14. (with G. H. Hardy) "Asymptotic formulae in combinatory analysis". *Proceedings of the London Mathematical Society*, 2. 16, (1917).
15. (with G. H. Hardy) "Asymptotic formulae for the distribution of integers of various types". *Proceedings of the London Mathematical Society*, 2. 16, (1917), 112–132.
16. (with G. H. Hardy) "The normal number of prime factors of a number n". *Quarterly Journal of Mathematics*. 48, (1917), 76–92.
17. (with G. H. Hardy) "Asymptotic formulae in combinatory analysis". *Proceedings of the London Mathematical Society*, 2. 17, (1918), 75–115.
18. (with G. H. Hardy) "On the coefficients in the expansions of certain modular functions". *Proceedings of the Royal Society*, A. 95, (1918), 144–155.

19. "On certain trigonometrical sums and their applications in the theory of numbers". *Transactions of the Cambridge Philosophical Society*, 22. 13, (1918), 259–276.
20. "Some properties of $p(n)$, the number of partitions of n". *Proceedings of the Cambridge Philosophical Society*. 19, (1919), 207–210.
21. "Proof of certain identities in combinatory analysis". *Proceedings of the Cambridge Philosophical Society*. 19, (1919), 214–216.
22. "Congruence properties of partitions". *Proceedings of the London Mathematical Society*, 2. 18, (1920).
23. "Congruence properties of partitions". *Mathematische Zeitschrift*. (1921), 147–153.

K. Ananda Rau (KAR)

1. "The infinite product for $(s - 1)\zeta(s)$". *Mathematische Zeitschrift*. 20, (1924), 156–164.
2. "On the boundary behaviour of elliptic modular functions". *Acta Mathematica*. 52, (1929), 143–168.
3. "Additional note on the boundary behaviour of elliptic modular functions". *Acta Mathematica*. 53, (1929), 77–86.
4. "On the behaviour of elliptic theta functions near the line of singularities". *Journal of the Indian Mathematical Society*, 20, (1933), 148–156.
5. "On the representation of a number as the sum of an even number of squares". *Journal of Madras University*. B, 24, (1954), 61–89.
6. "On the summation of singular series associated with certain quadratic forms I". *Journal of the Indian Mathematical Society*. (N. S.) 23, (1959), 65–96.
7. "Application of modular equations to some quadratic forms". *Journal of the Indian Mathematical Society*. (N. S.) Jubilee Issue, 24, (1960), 77–130.
8. "Relation between sums of singular series associated with certain quadratic forms". *Journal of Madras University*. B, 31, (1961), 7–10.
9. "On the summation of singular series associated with certain quadratic forms II". *Journal of the Indian Mathematical Society*. (N. S.), 25, (1961), 173–195.

T. Vijayaraghavan (TV)

1. "Periodic simple continued fractions". *Proceedings of the London Mathematical Society*. 26, (1927), 403–414.
2. "A note on diophantine approximation". *Journal of the London Mathematical Society*. 2, (1927), 13–17.
3. "On the irrationality of a certain decimal", *Proceedings of the Indian Academy of Sciences*, A. 10, (1939), 341.
4. "On decimals of irrational numbers". *Proceedings of the Indian Academy of Sciences*, A. 12, (1940), 20.
5. "On the fractional parts of the powers of a number, I". *Journal of the London Mathematical Society*. 15, (1940), 159–160.

6. "On Jaina magic squares". *Mathematics Student*. 9, (1941), 97–102.
7. "On the fractional parts of the powers of a number, II". *Proceedings of the Cambridge Philosophical Society*. 37, (1941), 349–357.
8. "On the fractional parts of the powers of a number III". *Journal of the London Mathematical Society*. 17, (1942), 137–138.
9. (with S. Chowla) "The complex factorization (mod p) of the cyclotomic polynomial of order $p^2 - 1$". *Proceedings of the National Academy of Sciences, India*, A. 14, (1944), 101–105.
10. (with S. Chowla) "Short proofs of theorems of Bose and Singer". *Proceedings of the National Academy of Sciences, India*, A. 15, (1945), 194.
11. "On the largest prime divisors of numbers". *Journal of the Indian Mathematical Society*. 11, (1947), 31–37.
12. "On the fractional parts of the powers of a number, IV". *Journal of the Indian Mathematical Society*. 12, (1948), 33–39.
13. (with S. Chowla) "On complete residue sets". *Quarterly Journal of Mathematics*. Oxford, 19, (1948), 193–199.
14. "On a problem in elementary number theory". *Journal of the Indian Mathematical Society*. 15, (1951), 51–56.

S. S. Pillai (SSP)

1. "A test for groups of primes". *Journal of the Indian Mathematical Society*. 17, (1927–28), 85–88.
2. "On some empirical theorems of Scherk". *Journal of the Indian Mathematical Society*. 17, (1927–28), 164–171.
3. "On the representation of a number as the sum of two positive k-th powers". *Journal of the London Mathematical Society*. 3, (1928), 56–61.
4. "Corrigenda:on the representaion of a number as the sum of two positive k-th powers". *Journal of the London Mathematical Society*. 3, (1928), 83.
5. "On some functions connected with $\varphi(n)$". *Bulletin of the American Mathematical Society*. 35, (1929), 832–836.
6. "On a function connected with $\varphi(n)$". *Bulletin of the American Mathematical Society*. 35, (1929), 837–841.
7. "On the number of numbers which contain a fixed number of prime factors". *Mathematics Student*. 14, (1929), 250–251.
8. "A theorem concerning the primitive periods of integer matrices". *Journal of the London Mathematical Society*. 4, (1929), 250–251.
9. (with S. Chowla) "On the error terms in some asymptotic formulae in the theory of numbers I". *Journal of the London Mathematical Society*. 5, (1930), 95–101.
10. "On the numbers which contain no prime factors of the form $p(kp + 1)$". *Journal of the Indian Mathematical Society*, 18, (1930), 51–59.
11. (with S. Chowla)"On the error terms in some asymptotic formulae in the theory of numbers II". *Journal of the Indian Mathematical Society*. 18, (1930), 181–184.

12. "On a function analogues to $G(k)$". *Journal of the Indian Mathematical Society.* 18, (1930), 289–290.

13. "On some diophantine equations". *Journal of the Indian Mathematical Society.* 18, (1930), 291–295.

14. "On the inequality $0 < a^x - b^y < n$". *Journal of the Indian Mathematical Society.* 19, (1931), 1–11.

15. (with S. Chowla) "Periodic simple continued fractions". *Journal of the London Mathematical Society.* 6, (1931), 85–89.

16. "An order-result concerning φ-function". *Journal of the Indian Mathematical Society.* 19, (1931), 165–168.

17. "On the sum function of the number of prime factors of N". *Journal of the Indian Mathematical Society.* 20, (1932), 70–87.

18. "On the indeterminate equation $x^y - y^x = a$". *Journal, Annamalai University, I.* (1), (1932), 59–61.

19. "On an arithmetic function concerning primes". *Journal, Annamalai University, I.* (2), (1932), 159–167.

20. "On an arithmetic function". *Journal, Annamalai University, II.* (2), 242–248.

21. "Periodic simple continued fractions". *Journal, Annamalai University, IV.* (2), (1935), 216–225.

22. "On Waring's problem I". *Journal, Annamalai University, V.* (2), (1936), 145–166.

23. "On Waring's problem II". *Journal of the Indian Mathematical Society* (N. S.), II (1936), 16–44.

24. "On Waring's problem III". *Journal, Annamalai University, VI.* (1), (1936), 50–53.

25. "On Waring's problem IV". *Journal, Annamalai University, VI.* (1), (1936), 54–64.

26. "On the set of square-free numbers". *Journal of the Indian Mathematical Society* (N. S.), II (1936), 116–118.

27. "On Waring's problem V: on $g(6)$". *Journal of the Indian Mathematical Society* (N. S.), II. (1936), 213–214.

28. 'On $a^x - b^y = c$". *Journal of the Indian Mathematical Society* (N. S.), II. (1936), 119–122.

29. "Correction to the paper 'On $a^x - b^y = c$'". *Journal of the Indian Mathematical Society* (N. S.), II. (1936), 215.

30. (with S. Chowla) "Hypothesis K of Hardy and Littlewood". *Mathematische Zeitschrift*, 41, (1936), 537–540.

31. (with S. Chowla) "The number of representations of a number as a sum of n non-negative n-th powers". *Quarterly Journal of Mathematics*, Oxford, Ser. 7, (1936), 56–59.

32. "On Waring's problem VI". *Journal, Annamalai University, VII.* (1937), 171–197.

33. "Generalization of a theorem of Davenport on the addition of residue classes". *Proceedings of the Indian Academy of Sciences, Abschn. A.* VI, (1937), 179–180.

34. "On the addition of residue classes". *Proceedings of the Indian Academy of Sciences, Abschn. A.* VII, (1938), 1–4.
35. "On Waring's problem with powers of primes I". *Proceedings of the Indian Academy of Sciences, Abschn. A.* IX, (1939), Nr. 1, 29–34.
36. "On $v(k)$". *Proceedings of the Indian Academy of Sciences, Abschn. A.* IX, (1939), 175–176.
37. "On normal numbers I". *Proceedings of the Indian Academy of Sciences, Abschn. A.* X, (1939), 13–15.
38. "On the smallest prime of the form $km+1$". *Proceedings of the Indian Academy of Sciences, Abschn. A.* X, (1939), 388–389.
39. "A note on the paper of Sambasiva Rao". *Journal of the Indian Mathematical Society* (N. S.), III, (1939), 266–267.
40. "On the number of representations of a number as the sum of the square of a prime and square-free integer". *Proceedings of the Indian Academy of Sciences, Abschn. A.* X, (1939), 390–391.
41. "On numbers which are not multiples of any other in the set". *Proceedings of the Indian Academy of Sciences, Abschn. A.* X, (1939), 392–394.
42. "On Waring's problem VIII (with polynomial summonds)". *Journal of the Indian Mathematical Society* (N. S.), III, (1939), 205–220. [In the sequel, "On Waring's problem VII" is missing.]
43. "On Waring's problem IX (on universal Waring's problem with prime powers)". *Journal of the Indian Mathematical Society* (N. S.), III, (1939), 221–225.
44. "On Stirling's approximation". *Mathematics Student.* VII, (1939), 70–71.
45. "Symposium on Waring's problem—P. Chairman's address". *Mathematics Student.* VII, (1939), 165–168.
46. "On the converse of Fermat's theorem". *Mathematics Student.* VIII, (1940), 132–133.
47. "On $m$consecutive integers I". *Proceedings of the Indian Academy of Sciences, Abschn. A.* XI, (1940), 6–12.
48. "Generalisation of a theorem of Mangoldt". *Proceedings of the Indian Academy of Sciences, Abschn. A.* XI, (1940), 13–20.
49. "On $m$consecutive integers II". *Proceedings of the Indian Academy of Sciences, Abschn. A.* XI, (1940), 73–80.
50. "On Waring's problem $g(6)=73$". *Proceedings of the Indian Academy of Sciences, Abschn. A.* XII, (1940), 30–40.
51. "Waring's problem with indices $\geq n$". *Proceedings of the Indian Academy of Sciences, Abschn. A.* XII, (1940), 41–45.
52. "A note on Gupta's previous paper". *Proceedings of the Indian Academy of Sciences, Abschn. A.* XII, (1940), 63–64.
53. "On normal numbers II". *Proceedings of the Indian Academy of Sciences, Abschn. A.* XII, (1940), 179–184.

54. "On a linear diophantine equation". *Proceedings of the Indian Academy of Sciences, Abschn. A.* XII, (1940), 199–201.

55. "On Waring's problem with powers of primes II". *Proceedings of the Indian Academy of Sciences, Abschn. A.* XII, (1940), 202–204.

56. "On the sum function connected with primitive roots". *Proceedings of the Indian Academy of Sciences, Abschn. A.* XIII, (1941), 526–529.

57. "On m consecutive integers III". *Proceedings of the Indian Academy of Sciences, Abschn. A.* XIII, (1941), 530–533.

58. "On the definition of oscillation". *Mathematics Student.* IX, (1941), 165–167.

59. "On numbers of the form $2^a 3^b$–I". *Proceedings of the Indian Academy of Sciences, Abschn. A.* XV, (1942), 128–132.

60. (with George, A.) "On numbers of the form $2^a 3^b$–II". *Proceedings of the Indian Academy of Sciences, Abschn. A.* XV, (1942), 133–134.

61. "On algebraic irrationals". *Proceedings of the Indian Academy of Sciences, Abschn. A,* XV, (1942), 173–176.

62. "On a problem in diophantine approximation". *Proceedings of the Indian Academy of Sciences, Abschn. A,* XV, (1942), 177–189.

63. "On a congruence property of a divisor function". *Journal of the Indian Mathematical Society* (N. S.), VI, (1942), 118–119.

64. "On the divisors of $a^n + 1$". *Journal of the Indian Mathematical Society* (N. S.), VI, (1942), 120–121.

65. "*Lattice points in a right-angled triangle II*". *Proceedings of the Indian Academy of Sciences, Abschn. A.* XVII, (1943), 58–61.

66. "Lattice points in a right-angled triangle III". *Proceedings of the Indian Academy of Sciences, Abschn. A.* XVII, (1943), 62–65.

67. "On $\sigma_{-1}(n)$ and $\varphi(n)$". *Proceedings of the Indian Academy of Sciences, Abschn. A.* XVII, (1943), 67–70.

68. "Highly abundant numbers". *Bulletin of the Calcutta Mathematical Society.* 35, (1943), 141–156.

69. "On the smallest primitive root of a prime". *Journal of the Indian Mathematical Society* (N. S.). VIII, (1944), 14–17.

70. "On Waring's problem with powers of primes III". *Journal of the Indian Mathematical Society* (N. S.). VIII, (1944), 18–20.

71. "Highly composite numbers of the t-th order". *Journal of the Indian Mathematical Society* (N. S.). VIII, (1944), 61–74.

72. "Bertrand's postulate". *Bulletin of the Calcutta Mathematical Society.* 37, (1944), 97–99.

73. "On m consecutive integers IV". *Bulletin of the Calcutta Mathematical Society.* 37, (1944), 99–101.

74. "On the equation $2^x - 3^y = 2^X + 3^Y$". *Bulletin of the Calcutta Mathematical Society.* 37, (1945), 15–20.

Kap. 2
S. Chowla (SC)

[Lösungen von S. Chowla zu Problemen, die im *Journal of the Indian Mathematical Society* (1925–1931) veröffentlicht wurden].

S1. (With S. Audinaraniah, T. Totadri Aiyengar) "Solution of question no. 1252 (Sanjana)". *Journal of the Indian Mathematical Society* (*Notes and Questions*). 16, (1925), 54.

S2. "Solution of question no. 1298 (T. Iyengar)". *Journal of the IndianMathematical Society* (*Notes and Questions*). 16, (1925), 76.

S3. "Solution of question no. 1344 (Tiruvenkatacharya)". *Journal of the Indian Mathematical Society* (*Notes and Questions*). 16, (1925), 89.

S4. "Solution of question no. 1353 (Enquirer)". *Journal of the Indian Mathematical Society* (*Notes and Questions*). 16, (1925), 90–92.

S5. "Remarks on question no. 353 (Ramanujan)". *Journal of the Indian Mathematical Society* (*Notes and Questions*). 16, (1926), 119–120.

S6. (With N. B. Mitra, S. V. Venkataraya Sastri) "Solution of question no. 1070 (Ramanujan)". *Journal of the Indian Mathematical Society* (*Notes and Questions*). 16, (1926), 122–123.

S7. (With V. Tiruvenkatachariar) "Solutions of questions nos. 1084, 1085 and 1086 (Hemraj)". *Journal of the Indian Mathematical Society* (*Notes and Questions*). 16, (1926), 155–157.

S8. (With R. Srinivasav, H. R. Gupta, G. V. Krishnaswamy, M. V. Seshadri, V. A. Mahalingam, P. Kameswara Rao) "Solutions of question no. 1331 (Satyanarayana)". *Journal of the Indian Mathematical Society* (*Notes and Questions*). 17, (1927), 14–15.

S9. "Solution of question Nr. 1367 (Chowla)". *Journal of the Indian Mathematical Society* (*Notes and Questions*). 17, (1927), 15.

S10. (With P. Kameswara Rao, V. A. Mahalingam) "Solution of question no. 1332 (Satyanarayana)". *Journal of the Indian Mathematical Society* (*Notes and Questions*). 17, (1927), 46.

S11. "Solution of question no. 1007 (Trivedi)". *Journal of the Indian Mathematical Society* (*Notes and Questions*). 17, (1927), 58–59.

S12. "Solution of question no. 1385 (Thiruvenkatacharya)". *Journal of the Indian Mathematical Society* (*Notes and Questions*). 17, (1927), 93–94.

S13. (With T. R. Raghavasastri, T. Totadri Aiyengar, T. Vijayaraghavan) "Solution of question no. 1437 (Ananda Rau)". *Journal of the Indian Mathematical Society* (*Notes and Questions*). 17, (1928), 109.

S14. "Remarks on question no. 629 (Ramanujan)". *Journal of the Indian Mathematical Society* (*Notes and Questions*). 17, (1928), 136–137.

S15. (With S. Mahadevan, Kanwar Bahadur, T. Totadri Aiyengar) "Solution of question no. 1415 (Audinarayanan)". *Journal of the Indian Mathematical Society* (*Notes and Questions*). 17, (1928), 158.

S16. "Solution and remarks on question no. 770 (Ramanujan)". *Journal of the Indian Mathematical Society* (*Notes and Questions*). 17, (1928), 166–171.

S17. "Solution of question no. 1255 (Vijayaraghavan)". *Journal of the Indian Mathematical Society (Notes and Questions)*. 17, (1928), 186.

S18. "Remarks on question no. 1280 (Bheemasena Rao and Krishnamachari)". *Journal of the Indian Mathematical Society (Notes and Questions)*. 17, (1928), 187.

S19. (With S. Mahadevan) "Solution of question no. 1303 (Thiruvenkatacharya)". *Journal of the Indian Mathematical Society (Notes and Questions)*. 17, (1928), 188.

S20. (With M. V. Seshadri, S. Mahadevan, Kanwar Bahadur) "Solution of question no. 1391 (Thiruvenkatacharya)". *Journal of the Indian Mathematical Society (Notes and Questions)*. 17, (1928), 190.

S21. "Solution of question no. 1019 (Hemraj)". *Journal of the Indian Mathematical Society (Notes and Questions)*. 18, (1929), 41–42.

S22. "Solution of question no. 1143 (Ananda Rau)". *Journal of the Indian Mathematical Society (Notes and Questions)*. 18, (1929), 42–43.

S23. "Remarks on question no. 1348 (Chowla)". *Journal of the Indian Mathematical Society (Notes and Questions)*. 18, (1929), 44.

S24. "Solution of question no. 1390 (Chowla)". *Journal of the Indian Mathematical Society (Notes and Questions)*. 18, (1929), 61.

S25. "Solution and remarks on question no. 1402 (Chowla)". *Journal of the Indian Mathematical Society (Notes and Questions)*. 18, (1929), 63–65.

S26. "Remarks on question no. 1444". *Journal of the Indian Mathematical Society (Notes and Questions)*. 18, (1929), 94.

S27. "Solution of question no. 1489 (Pillai)". *Journal of the Indian Mathematical Society (Notes and Questions)*. 18, (1930), 222.

S28. "Remarks on question no. 1490 (Pillai)". *Journal of the Indian Mathematical Society (Notes and Questions)* 18, (1930), 223.

S29. "Solution of question no. 1488 (Malurkar)". *Journal of the Indian Mathematical Society (Notes and Questions)* 18, (1930).

S30. "Solution of question no. 1527 (Vaidyanathaswamy)". *Journal of the Indian Mathematical Society (Notes and Questions)*. 19, (1931), 52.

S31. (With P. Jagannathan) "Solution of question no. 1563 (Vaidyanathaswamy)". *Journal of the Indian Mathematical Society (Notes and Questions)*. 19, (1931), 54–55.

S32. (With S. Mahadevan) "Solution of question no. 1487 (Chowla)". *Journal of the Indian Mathematical Society (Notes and Questions)*. 19, (1931), 72–75.

S33. (With Budharam, Hukam Chand, K. V. Vedantham, N. P. Subramaniam, H. R. Gupta) "Solution of question no. 1500 (Narayana Aiyar)". *Journal of the Indian Mathematical Society (Notes and Questions)*. 19, (1931), 77.

(ii) Mathematische Abhandlungen und Notizen (1926–1949).

[Professor Chowla left India after the partition of the country. He settled down permanently in the USA. So, his publications till 1949 only have been listed.]

1. "Some results involving prime numbers". *Journal of the Indian Mathematical Society* (*Notes and Questions*). 16, (1926), 100–104.
2. "A new proof of Von Staudt's theorem". *Journal of the Indian Mathematical Society* (*Notes and Questions*). 16, (1926), 145–146.
3. "Gauss's formula and allied results". *Journal of the Indian Mathematical Society* (*Notes and Questions*). 17, (1927), 4–7.
4. "An elementary treatment of the modular equation of the third order". *Journal of the Indian Mathematical Society* (*Notes and Questions*). 17, (1927), 37–40.
5. "On the order of $d(n)$, the number of divisors of n". *Journal of the Indian Mathematical Society* (*Notes and Questions*). 17, (1927), 55–57.
6. "Some properties of Eulerian and prepared Bernoullian numbers". *Messenger of Mathematics*. 57, (1927), 121–126.
7. "Some applications of the Riemann zeta and allied functions". *Tohoku Mathematical Journal*. 30, (1928), 202–225.
8. "On some identities involving zeta-functions". *Journal of the Indian Mathematical Society*. 17, (1928), 153–163.
9. "On a formula due to T. Ono". *Journal of the Indian Mathematical Society* (*Notes and Questions*). 17, (1928), 113–115.
10. "On a certain limit connected with pairs of integers". *Journal of the Indian Mathematical Society*. 18, (1929), 13–15.
11. "Some properties of Eulerian numbers". *Tohoku Mathematical Journal*. 30, (1929), 324–327.
12. "Some identities in the theory of numbers". *Journal of the Indian Mathematical Society* (*Notes and Questions*). 18, (1929), 87–88.
13. "On the greatest prime factor of a certain product". *Journal of the Indian Mathematical Society*. 18, (1929), 135–137.
14. "An order result involving Euler's φ-function'. *Journal of the Indian Mathematical Society*. 18, (1929), 138–141.
15. "On the order of $N(R)$, the number of terms in the period of the continued fraction for $\sqrt{R}$". *Journal of the Indian Mathematical Society*. 18, (1929), 142–144.
16. "Expressions for the class number of binary quadratic forms". *Journal of the Indian Mathematical Society*. 18, (1929), 145–146.
17. "An elementary note on Waring's theorem on cubes". *Journal of the Indian Mathematical Society* (*Notes and Questions*). 18, (1929), 126–128.
18. "A property of positive odd integer". *Journal of the Indian Mathematical Society* (*Notes and Questions*). 18, (1929), 129–130.
19. (With S. S. Pillai) "On the error terms in some asymptotic formulae in the theory of numbers (I)". *Journal of the London Mathematical Society*. 5, (1930), 95–101.
20. (With S. S. Pillai)"On the error terms in some asymptotic formulae in the theory of numbers (II)". *Journal of the Indian Mathematical Society*. 18, (1930), 181–184.

21. "A congruence theorem". *Journal of the Indian Mathematical Society* (*Notes and Questions*). 18, (1930), 145–146.

22. "Remarks on Waring's theorem". *Journal of the London Mathematical Society*. 5, (1930), 155–158.

23. "A generalization of a theorem of Wolstenholme". *Journal of the London Mathematical Society*. 5, (1930), 158–160.

24. "Cauchy's criterion for the solvability of $x^p + y^p = z^p$ in integers prime to p". *Journal of the Indian Mathematical Society*. 18, (1930), 205–206.

25. "On a conjecture of Ramanujan". *Tohoku Mathematical Journal*. 32, (1930), 1–2.

26. "Some problems of Diophantine approximation (I)". *Mathematische Zeitschrift*. 33, (1931), 544–563.

27. (With S. S. Pillai) "Periodic simple continued fractions". *Journal of the London Mathematical Society*. 6, (1931), 85–89.

28. "Two problems in the theory of lattice points". *Journal of the Indian Mathematical Society*. 19, (1931), 97–108.

29. "Contributions to the analytic theory of numbers". *Mathematische* Zeitschrift. 35, (1932), 279–299.

30. "A theorem on characters (II)". *Journal of the Indian Mathematical Society*. 19, (1932), 279–284.

31. "Contributions to the analytic theory of numbers (II)". *Journal of the Indian Mathematical Society*. 20, (1933), 121–128.

32. "Notes on the theory of numbers (I): prime numbers". *Mathematics Student*. 1, (1933), 41–48.

33. (With A. Sreerama Sastri) "A proof of the theorem of Wolstenholme". *Mathematics Student*. 1, (1933), 106–107.

34. "A generalization of a theorem of Wolstenholme". *Mathematics Student*. 1, (1933), 140–141.

35. "Primes in arithmetical progression". *Mathematics Student*. 1, (1933), 147.

36. "On the k-analogue of a result in the theory of Riemann zeta-function". *Mathematische Zeitschrift*. 38, (1934), 483–487.

37. "A theorem on characters". *Tohoku Mathematical Journal*. 39, (1934), 248–252.

38. "On the least prime in an arithmetical progression". *Journal of the Indian Mathematical Society* (N. S.). 1, (1934), 1–3.

39. "On abundant numbers". *Journal of the Indian Mathematical Society* (N. S.). 1, (1934), 41–44.

40. "A theorem on irrational indefinite quadratic forms". *Journal of the London Mathematical Society*. 9, (1934), 162–163.

41. "A theorem in arithmetic". *Journal of the London Mathematical Society*. 9, (1934), 163.

42. "The rational solution of $ax^n - by^n = k$". *Indian Physico-Mathematical Journal*. 5, (1934), 5–6.

43. "Congruence properties of partitions". *Mathematics Student*. 2, (1934), 22.

44. "Notes on the theory of numbers (II): remarks on the preceding paper". *Mathematics Student*. 2, (1934), 23.

45. "The class-number of binary quadratic forms". *Quarterly Journal of Mathematics*. Oxford, Ser. 5, (1934), 302–303.

46. "Leudesdorf's generalization of Wolstenholme's theorem". *Journal of the London Mathematical Society*. 9, (1934), 246.

47. "Congruence properties of partitions". *Journal of the London Mathematical Society*. 9, (1934), 247.

48. "Some theorems in the analytic theory of numbers". *Indian Physico-Mathematical Journal*. 5, (1934), 7–8.

49. "Primes in an arithmetical progression". *Indian Physico-Mathematical Journal*. 5, (1934), 35–43.

50. "Heilbronn's class-number theorem". *Proceedings of the Indian Academy of Sciences, Abschn. A*. 1, (1934), 74–76.

51. "An extension of Heilbronn's class-number theorem". *Mathematics Student*. 2, (1934), 66.

52. "Heilbronn's class-number theorem". *Journal of the Indian Mathematical Society* (N. S.). 1, (1934), 66–68.

53. "An extension of Heilbronn's class-number theorem". *Journal of the Indian Mathematical Society* (N. S.). 1, (1934), 88–92.

54. "An extension of Heilbronn's class-number theorem". *Proceedings of the Indian Academy of Sciences, Abschn. A*, 1, (1934), 143–144.

55. "Heilbronn's class-number theorem (II)". *Proceedings of the Indian Academy of Sciences, Abschn. A*. 1, (1934), 145–146.

56. "An extension of Heilbronn's class-number theorem". *Quarterly Journal of Mathematics*. Oxford, Ser. 5, (1934), 304–307.

57. "An extension of Heilbronn's class-number theorem". *Indian Physico-Mathematical Journal*. 5, (1934), 53–57.

58. "The greatest prime factor of $x^2 - 1$". *Proceedings of the Indian Academy of Sciences, Abschn. A*. 1, (1934), 269–270.

59. "The greatest prime factor of $x^2 + 1$". *Proceedings of the Indian Academy of Sciences, Abschn. A*. 1, (1934), 271–273.

60. "The class-number theory of binary quadratic forms". *Proceedings of the Indian Academy of Sciences, Abschn. A*. 1, (1934), 387–389.

61. (With A. Walfisz) "Über eine Riemannsche Identität". *Acta Arithmetica*. 1, (1935), 87–112.

62. "Note on Dirichlet's *L*-functions". *Acta Arithmetica*. 1, (1935), 113–114.

63. "The representation of a number as a sum of four squares and a prime". *Acta Arithmetica*. 1, (1935), 115–122.

64. "The greatest prime factor of $x^2 + 1$". *Journal of the London Mathematical Society*. 10, (1935), 117–120.

65. "The representation of a large number as a sum of 'almost equal' cubes". *Quarterly Journal of Mathematics*. Oxford, Ser. 6, (1935), 146–148.

66. (With S. Sastry) "On sums of powers". *Proceedings of the Indian Academy of Sciences, Abschn. A*. 1, (1935), 534–535.

67. "The lattice points in a hypersphere". *Proceedings of the Indian Academy of Sciences, Abschn. A.* 1, (1935), 562–566.
68. "Proof that every large number is the sum of eight 'almost equal'cubes". *Indian Physico-Mathematical Journal.* 6, (1935), 1–2.
69. (With S. Sastry) "Note on hypothesis K of Hardy and Littlewood". *Indian Physico-Mathematical Journal.* 6, (1935), 3.
70. (With S. Sastry) "Note on hypothesis K of Hardy and Littlewood". *Mathematische Zeitschrift.* 40, (1935), 348.
71. "On sums of powers (II)". *Proceedings of the Indian Academy of Sciences, Abschn. A.* 1, (1935), 590–591.
72. "Note on hypothesis K of Hardy and Littlewood". *Proceedings of the Indian Academy of Sciences, Abschn. A.* 1, (1935), 592.
73. "An easier Waring's problem". *Indian Physico-Mathematical Journal.* 6, (1935), 5–7.
74. "A theorem on sums of powers with applications to the additive theory of numbers". *Proceedings of the Indian Academy of Sciences, Abschn. A.* 1, (1935), 698–700.
75. "A theorem on sums of powers with applications to the additive theory of numbers (II)". *Proceedings of the Indian Academy of Sciences, Abschn. A.* 1, (1935), 701–706.
76. "On a certain arithmetical function". *Proceedings of the Indian Academy of Sciences, Abschn. A.* 1, (1935), 772–774.
77. "Note on Euler's conjecture". *Mathematics Student.* 3, (1935), 72.
78. "A theorem on sums of powers with applications to the additive theory of numbers (III)". *Proceedings of the Indian Academy of Sciences, Abschn. A.* 1, (1935), 930.
79. "Irrational indefinite quadratic forms". *Proceedings of the Indian Academy of Sciences, Abschn. A.* 2, (1935), 176–177.
80. "A remarkable property of the 'singular series' in Waring's problem and its relation to hypothesis K of Hardy and Littlewood". *Proceedings of the Indian Academy of Sciences, Abschn. A.* 2, (1935), 397–401.
81. "The number of representations of a large number as a sum of n non-negative n-th powers". *Indian Physico-Mathematical Journal.* 6, (1935), 65–68.
82. (With S. S. Pillai) "Hypothesis K of Hardy and Littlewood". *Mathematische Zeitschrift.* 41, (1936), 537–540.
83. (With S. S. Pillai) "The number of representations of a number as a sum of n non-negative n-th powers". *Quarterly Journal of Mathematics.* Oxford, Ser. 7, (1936), 56–59.
84. "Pillai's exact formula for the number $g(n)$ in Waring's problem". *Proceedings of the Indian Academy of Sciences, Abschn. A.* 3, (1936), 339–340.
85. "Note on Waring's problem". *Proceedings of the Indian Academy of Sciences, Abschn. A.* 4, (1936), 173.
86. "Pillai's exact formula for the number $g(n)$ in Waring's problem". *Proceedings of the Indian Academy of Sciences, Abschn. A.* 4, (1936), 261.

87. "On a relation between two conjectures of the theory of numbers". *Proceedings of the Indian Academy of Sciences, Abschn. A.* 4, (1936), 652–653.

88. "A theorem of Erdos". *Proceedings of the Indian Academy of Sciences, Abschn. A.* 5, (1937), 37–39.

89. (With F. C. Auluck) "A property of numbers". *Proceedings of the Indian Academy of Sciences, Abschn. A.* 5, (1937), 510.

90. "On some arithmetical series involving arithmetical functions". *Proceedings of the Indian Academy of Sciences, Abschn. A.* 5, 511–513.

91. "On some arithmetical series involving arithmetical functions (II)". *Proceedings of the Indian Academy of Sciences, Abschn. A.* 5, 514–516.

92. "Auluck's generalization of the Simson line property". *Proceedings of the Indian Academy of Sciences, Abschn. A.* 6, (1937), 79–80.

93. (With F. C. Auluck) "The representation of a large number as a sum of 'almost equal' numbers". *Proceedings of the Indian Academy of Sciences, Abschn. A.* 6, (1937), 81–82.

94. "A remark on $g(n)$". *Proceedings of the Indian Academy of Sciences, Abschn. A.* 8, (1938), 237.

95. "A remark on $g(n)$". *Proceedings of the Indian Academy of Sciences, Abschn. A.* 9, (1939), 20–21.

96. (With F. C. Auluck) "An approximation connected with exp x". *Mathematics Student.* 8, (1940), 75–77.

97. (With F. C. Auluck) "On Weierstrass approximation theorem". *Mathematics Student.* 8, (1940), 78–79.

98. (With F. C. Auluck) "Some properties of a function considered by Ramanujan". *Journal of the Indian Mathematical Society* (N. S.). 4, (1940), 169–173.

99. (With F. C. Auluck and H. Gupta) "On the maximum value of the number of partitions of n into k parts". *Journal of the Indian Mathematical Society* (N. S.). 6, (1942), 105–112.

100. (With Y. Bhalotra) "Some theorems concerning quintics insoluble by radicals". *Mathematics Student.* 10, (1942), 110–112.

101. "On the k-analogue of a result in the theory of the Riemann zeta-function". *Proceedings of the Benares Mathematical Society* (N. S.). 5, (1943), 23–27.

102. "On the k-analogue of a result in the theory of the Riemann zeta-function". *Proceedings of the Lahore Philosophical Society.* 6, (1944), no. 1, 9–12.

103. "A new case of a 'complete l-m-n configuration'". *Proceedings of the Lahore Philosophical Society.* 6, (1944), no. 1, 13.

104. "Another case of a 'complete l-m-n configuration'". *Proceedings of the Lahore Philosophical Society.* 6, (1944), no. 1, 14.

105. "Solution of a problem of Erdös and Turan in additive-number theory". *Proceedings of the National Academy of Sciences, India, Abschn. A.* 14, (1944), 1–2.

106. (With A. M. Mian) "On the B_2 sequences of Sidon". *Proceedings of the National Academy of Sciences, India, Abschn. A.* 14, (1944), 3–4.

107. (With A. M. Mian) "On the differential equations satisfied by certain functions". *Journal of the Indian Mathematical Society* (N. S.), 8, (1944), 27–28.

108. (With A. M. Mian) "On the differential equations satisfied by certain functions". *Proceedings of the Lahore Philosophical Society*. 6, (1944), no. 2, 9–10.

109. "The cubic character of 2 (mod p)". *Proceedings of the Lahore Philosophical Society*. 6, (1944), no. 2, 12.

110. "Solution of a problem of Erdös and Turan in additive-number theory". *Proceedings of the Lahore Philosophical Society*. 6, (1944), no. 2, 13–14.

111. "There exists an infinity of S-combinations of primes in A. P.". *Proceedings of the Lahore Philosophical Society*. 6, (1944), no. 2, 15–16.

112. "On $g(k)$ in Waring's problem". *Proceedings of the Lahore Philosophical Society*. 6, (1944), no. 2, 16–17.

113. "A property of biquadratic residues". *Proceedings of the National Academy of Sciences, India, Abschn. A*. 14, (1944), 45–46.

114. (With T. Vijayaraghavan) "The complete factorization (mod p) of the cyclotomic polynomial of order $p^2 - 1$". *Proceedings of the National Academy of Sciences, India, Abschn. A*. 14, (1944), 101–105.

115. (With D. Singh) "A perfect difference set of order 18". *Mathematics Student*. 12, (1944), 85.

116. (With D. B. Lahiri, R. C. Bose and C. R. Rao) "On the integral order, (mod p) of quadratics $x^2 + ax + b$ with applications to the construction of minimum functions for GF(p^2) and to some number theory results". *Bulletin of the Calcutta Mathematical Society*. 36, (1944), 153–174.

117. "On the difference sets". *Journal of the Indian Mathematical Society* (N. S.), 9, (1945), 28–31.

118. (With R. C. Bose and C. R. Rao) "Minimum functions in Galois fields". *Proceedings of the National Academy of Sciences, India, Abschn. A*. 15, (1945), 191–192.

119. (With R. C. Bose and C. R. Rao) "On the roots of a well-known congruence". *Proceedings of the National Academy of Sciences, India, Abschn. A*. 15, (1945), 193.

120. (With T. Vijayaraghavan) "Short proofs of theorems of Bose and Singer". *Proceedings of the National Academy of Sciences, India, Abschn. A*. 15, (1945), 194.

121. (With D. Singh) "A perfect difference set of order 18". *Proceedings of the Lahore Philosophical Society*. 7, (1945), no. 1, 52.

122. (With R. C. Bose and C. R. Rao) "A chain of congruences". *Proceedings of the Lahore Philosophical Society*. 7, (1945), no. 1, 53.

123. (With R. C. Bose) "On a method of constructing a cyclic subgroup of order $p + 1$ of the group of linear fractional transformation mod p". *Proceedings of the Lahore Philosophical Society*. 7, (1945), no. 1, 53.

124. (With R. C. Bose) "On a method of constructing a cyclic subgroup of order $p + 1$ of the group of linear fractional transformation mod p". *Science and Culture*. 10, (1945), 558.

125. "On quintic equations soluble by radicals". *Mathematics Student*. 13, (1945), 84.

126. (With R. C. Bose) "On the construction of affine difference sets". *Bulletin of the Calcutta Mathematical Society*. 37, (1945), 107–112.

127. "Outline of a new method for proving results of elliptic function theory (such as identities of the Ramanujan-Rademacher-Zuckermanntype)". *Proceedings of the Lahore Philosophical Society*. 7, (1945), no. 2, 54–55.

128. "A formula similar to Jacobsthal's for the explicit value of x in $p = x^2 + y^2$ where p is a prime of the form $4k+1$". *Proceedings of the Lahore Philosophical Society*. 7, (1945), no. 2, 56–57.

129. "The cubic character of 2 (mod p)". *Proceedings of the Lahore Philosophical Society*. 7, (1945), no. 2, 58.

130. "A proof of Euler's result". *Proceedings of the Lahore Philosophical Society*. 7, (1945), no. 2, 59.

131. (With A. R. Nazir) "Numbers representable by a Ternary quadratic form II". *Mathematics Student*. 14, (1946), 23.

132. (With R. P. Bambah) "Some new congruence properties of Ramanujan's function $\tau(n)$". *Mathematics Student*. 14, (1946), 24–26.

133. (With R. P. Bambah) "On integer cube roots of the unit matrix". *Science and Culture*. 12, (1946), 105.

134. "A note on multiplicative functions". *Proceedings of the National Institute of Sciences, India*. 12, (1946), 429–439.

135. (With R. P. Bambah) "A congruence property of Ramanujan's function $\tau(n)$". *Mathematics Student*. 14, (1946), 431–432.

136. (With R. P. Bambah) "On a function of Ramanujan". *Proceedings of the National Institute of Sciences, India*. 12, (1946), 433.

137. (With R. P. Bambah) "A note on Ramanujan's function $\tau(n)$". *Quarterly Journal of Mathematics*. Oxford, Ser. 18, (1947), 122–123.

138. (With R. P. Bambah, H. Gupta and D. B. Lahiri) "Congruence properties of Ramanujan's function $\tau(n)$". *Quarterly Journal of Mathematics*. Oxford, Ser. 18, (1947), 143–146.

139. (With R. P. Bambah, H. Gupta) "A congruence property of Ramanujan's function $\tau(n)$". *Bulletin of the American Mathematical Society*. 53, (1947), 766–767.

140. (With R. P. Bambah) "A new congruence property of Ramanujan's function $\tau(n)$". *Bulletin of the American Mathematical Society*. 53, (1947), 768–769.

141. "Proof of a theorem of Lerch and P. Kesava Menon". *Mathematics Student*. 15, (1947), 4.

142. "A theorem in analytic number theory". *Proceedings of the National Institute of Sciences, India*. 13, (1947), 97–99.

143. "On a theorem of Walfisz". *Journal of the London Mathematical Society*. 22, (1947), 136–140.

144. (With R. P. Bambah) "The residue of Ramanujan's function $\tau(n)$ to the modulus 2^8". *Journal of the London Mathematical Society*. 22, (1947), 140–147.

145. (With R. P. Bambah) "On numbers which can be expressed as a sum of two squares". *Proceedings of the National Institute of Sciences, India*, 13, (1947), 101–103.

146. "Modular equations as solutions of algebraic differential equations of the sixth order". *Proceedings of the National Institute of Sciences, India*. 13, (1947), 169–170.

147. (With R. P. Bambah) "On the sign of the Gaussian sum". *Proceedings of the National Institute of Sciences, India*. 13, (1947), 175–176.

148. "On an unsuspected real zero of Epstein's seta function". *Proceedings of the National Institute of Sciences, India*. 13, (1947), 177.

149. "On the class-number of the corpus $P(\sqrt{-k})$". *Proceedings of the National Institute of Sciences, India*, 13, (1947), 197–200.

150. "On a problem of analytic number theory". *Proceedings of the National Institute of Sciences, India*. 13, (1947), 231–233.

151. (With R. P. Bambah) "On integer roots of the unit matrix". *Proceedings of the National Institute of Sciences, India*. 13, (1947), 241–246.

152. (With R. P. Bambah) "Congruence properties of Ramanujan's function $\tau(n)$". *Bulletin of the American Mathematical Society*. 53, (1947), 950–955.

153. (With T. Vijayaraghavan) "On the largest prime divisors of numbers". *Journal of the Indian Mathematical Society* (N. S.). 11, (1947), 31–37.

154. (With T. Vijayaraghavan) "On complete residue sets". *Quarterly Journal of Mathematics*. Oxford, Ser. 19, (1948), 193–199.

155. "An improvement of a theorem of Linnik and Walfisz". *Proceedings of the National Institute of Sciences, India*. 15, (1949), 81–84.

156. "Improvement of a theorem of Linnik and Walfisz". *Proceedings of the London Mathematical Society*. (2) 50, (1949), 423–429.

157. (With J. Todd) "The density of reducible integers". *Canadian Journal of Mathematics*. 1, (1949), 297–299.

158. "Prime numbers and allied topics". *Proceedings of the 36th Indian Science Congress (Allahabad, 1949), part II: Presidential Addresses*. 1–7, Indian Science Congress Association, Calcutta, 1949.

159. "On difference sets". *Proceedings of the National Academy of Sciences*. USA 35, (1949), 92–94.

160. "The last entry in Gauss's diary". *Proceedings of the National Academy of Sciences*. USA 35, (1949), 244–246.

161. (With A. Selberg) "On Epstein's seta-function (I)". *Proceedings of the National Academy of Sciences*. USA 35, (1949), 371–374.

162. (With N. C. Ankney) "The class number of the cyclotomic field". *Proceedings of the National Academy of Sciences*. USA 35, (1949), 529–532.

Hansraj Gupta (HG)

1. "Sum of products of the first n natural numbers taken r at a time". *Journal of the Indian Mathematical Society*. 19, (1931), 1–6.
2. "On numbers in medial progression". *Journal of the Indian Mathematical Society*. 19, (1932), 203–214.
3. "A problem in diophantine analysis". *American Journal of Mathematics*. 56, (1934), 269–274.
4. "A table of partitions". *Proceedings of the London Mathematical Society*. 39, (1935), 142–149.
5. "On G-functions in general". *Mathematics Student*. 3, (1935), 50–55.
6. "Congruence properties of G-functions". *Proceedings of the Edinburgh Mathematical Society*. Series 2, 4, (1935), 61–66.
7. "On a theorem of Gauss". *Proceedings of the Edinburgh Mathematical Society*. Series 2, 4, (1935), 118–120.
8. "A generalization of a theorem of Wolstenholme". *Mathematical Notes*. Edinburgh Mathematical Society, 29, (1935), xi–xiii.
9. "On the p-potency of $G(n, r)$". *Proceedings of the Indian Academy of Science, Abschn. A.* 1, (1935), 620–622.
10. "On the p-potency of $G(p^u - 1, r)$". *Proceedings of the Indian Academy of Science, Abschn. A.* 2, (1935), 199–202.
11. "Decompositions into squares of primes". *Proceedings of the Indian Academy of Science, Abschn. A.* 1, (1935), 789–794.
12. "Decompositions into cubes of primes". *Journal of the London Mathematical Society*. 10, (1935), 275.
13. "On a Brocard-Ramanujan problem". *Mathematics Student*. 3, (1935), 71.
14. "Two more perfect numbers". *American Mathematical Monthly*. 42, (1935), 163–174.
15. "On linear quotient sequences". *Mathematics Student*. 3, (1935), 132–137.
16. "On partitions of n". *Journal of the London Mathematical Society*. 11, (1936), 278–280.
17. "On the numbers of Ward and Bernoulli". *Proceedings of the Indian Academy of Science, Abschn. A.* 3, (1936), 193–200.
18. "On a conjecture of Ramanujan". *Proceedings of the Indian Academy of Science, Abschn. A.* 4, (1936), 625–629.
19. "Minimum partitions into specified parts". *American Journal of Mathematics*. 58, (1936), 573–576.
20. "Decompositions into cubes of primes (II)". *Proceedings of the Indian Academy of Science, Abschn. A.* 4, (1936), 216–221.
21. "On sums of powers". *Proceedings of the Indian Academy of Science, Abschn. A.* 4, (1936), 571–574.
22. "On the Diophantine equation $m^2 = n! + 1$". *American Mathematical Monthly*. 43, (1936), 32–34.
23. "A table of partitions (II)". *Proceedings of the London Mathematical Society*. 42, (1937), 546–549.
24. "A note on Wilson's quotient". *Mathematics Student*. 5, (1937), 176–177.

25. "On a conjecture of Chowla". *Proceedings of the Indian Academy of Science, Abschn. A.* 5, (1937), 381–384.
26. "Decompositions of primes into cubes". *Tohoku Mathematical Journal.* 43, (1937), 11–16.
27. "On squares in arithmetical progressions". *Mathematics Student.* 5, (1937), 111.
28. "A generalisation of Leudesdorf's theorem". *Proceedings of the Indian Academy of Science, Abschn. A.* 7, (1938), 390–392.
29. "On a property of self-sufficient sets". *Mathematics Student.* 6, (1938), 73–74.
30. "Waring's theorem for powers of primes". *Journal of the Indian Mathematical Society.* 3, (1938), 136–145.
31. "Congruence properties of self-contained balanced sets". *Proceedings of the Edinburgh Mathematical Society.* 6, (1938), 1–3.
32. "Note on Dirichlet's L-functions". *Journal of the Indian Mathematical Society.* 3, (1938), 198–199.
33. "Another generalisation of Leudesdorf's theorem". *Journal of the London Mathematical Society.* 14, (1939), 86–88.
34. "Analogues of Bauer's theorems". *Proceedings of the Indian Academy of Science, Abschn. A.* 9, (1939), 396–398.
35. "On a problem of arrangements". *Proceedings of the Indian Academy of Science, Abschn. A.* 9, (1939), 399–403.
36. "A note on some Diophantine equations". *Mathematics Student.* 7, (1939), 29–30.
37. "On a table of values of $L(n)$". *Proceedings of the Indian Academy of Science, Abschn. A.* 12, (1940), 407–409.
38. "Waring's problem for powers of primes II". *Journal of the Indian Mathematical Society.* 4, (1940), 71–79.
39. "On the absolute weight of an integer". *Proceedings of the Indian Academy of Science, Abschn. A.* 12, (1940), 60–62.
40. "A problem in combinations". *Mathematics Student.* 8, (1940), 131–132.
41. "On the extraction of the square-root of surds". *Proceedings of the Benares Mathematical Society* (N. S.). 2, (1940), 33–37.
42. "Some properties of generalised combinatory functions". *Journal of the Indian Mathematical Society* (N. S.). 5, (1941), 27–31.
43. "Some idiosyncratic numbers of Ramanujan". *Proceedings of the Indian Academy of Science, Abschn. A.* 13, (1941), 519–520.
44. "On numbers of the form $4^a(8b+7)$". *Journal of the Indian Mathematical Society* (N. S.). 5, (1941), 192–202.
45. "An important congruence". *Proceedings of the Indian Academy of Science, Abschn. A.* 13, (1941), 85–86.
46. (F. C. Auluck and S. Chowla) "On the maximum value of the number of partitions of n into k parts". *Journal of the Indian Mathematical Society* (N. S.). 6. (1942), 105–112.

47. "A formula in partitions". *Journal of the Indian Mathematical Society* (N. S.). 6. (1942), 115–117.

48. "On an asymptotic formula in partitions". *Proceedings of the Indian Academy of Science, Abschn. A.* 16, (1942), 101–102.

49. "An inequality in partitions". *Journal of Bombay University.* 11, (1942), 16–18.

50. "On the class-numbers in binary quadratic forms". *Univ. Nac. Tucuman Rivista A.* 3, (1942), 283–299.

51. "On the maximum values of $p_k(n)$ and $\pi_k(n)$". *Journal of the Indian Mathematical Society* (N. S.). 7, (1943), 72–75.

52. "On residue chains". *Mathematics Student.* 11, (1943), 54–55.

53. "Congruence properties of $\tau(n)$". *Proceedings of the Benares Mathematical Society* (N. S.). 5, (1943), 17–22.

54. "A formula for $L(n)$". *Journal of the Indian Mathematical Society* (N. S.). 7, (1943), 68–71.

55. "A congruence relation between $\tau(n)$ and $\sigma(n)$". *Journal of the Indian Mathematical Society* (N. S.). 9, (1945), 59–60.

56. "Congruence properties of $\sigma(n)$". *Mathematics Student.* 13, (1945), 25–29.

57. "A solution of the general quartic". *Mathematics Student.* 13, (1945), 31.

58. "A note on the parity of $p(n)$". *Journal of the Indian Mathematical Society* (N. S.). 10, (1946), 32–33.

59. "An asymptotic formula in partitions". *Journal of the Indian Mathematical Society* (N. S.). 10, (1946), 73–76.

60. "A congruence property of $\tau(n)$". *Proceedings of the Indian Academy of Science, Abschn. A.* 24, (1946), 441–442.

61. "On n-th power residues". *Quarterly Journal of Mathematics.* Oxford, 18, (1947), 253–256.

62. (With R. P. Bambah, S. Chowla and D. B. Lahiri) "Congruence properties of Ramanujan's function $\tau(n)$". *Quarterly Journal of Mathematics.* Oxford, 18, (1947), 143–146.

63. (With R. P. Bambah and S. Chowla) "A congruence property of Ramanujan's function $\tau(n)$". *Bulletin of the American Mathematical Society.* 53, (1947), 766–767.

64. "A table of values of $N_3(t)$". *Proceedings of the National Institute of Sciences, India.* 13, (1947), 35–63.

65. "A table of values of $\tau(n)$". *Proceedings of the National Institute of Sciences, India.* 13, (1947), 201–206.

66. "On Kemmer's identity in combinatory functions". *Mathematics Student.* 15, (1947), 93–95.

67. "The vanishing of Ramanujan's function $\tau(n)$". *Current Science.* 17, (1948), 180.

68. "On $N_q(r)$ in the Tarry-Escott problem". *Proceedings of the National Institute of Sciences, India.* 14, (1948), 335–336.

69. "On a conjecture of Miller". *Journal of the Indian Mathematical Society* (N. S.). 13, (1949), 85–90.

70. "A solution of the Tarry-Escott problem of degree r". *Proceedings of the National Institute of Sciences, India*. 15, (1949), 37–39.
71. "On $\tau(n)$ modulo 49". *Current Science*. 18, (1949), 119.
72. "Some conjectures in number theory". *Current Science*. 18, (1949), 241.
73. "Tables of distributions". *Research Bulletin Panjab University*. 2, (1950), 13–44.
74. "A table of values of Liouville's function $L(t)$". *Research Bulletin of Panjab University*. 3, (1950), 45–63.
75. "On a problem of Erdös". *American Mathematical Monthly*. 57, (1950), 326–329.
76. "A generalization of the partition function". *Proceedings of the National Institute of Sciences, India*, 17, (1951), 231–238.
77. "Analogues of some $\mu(n)$ theorems". *Mathematics Student*. 19, (1951), 19–24.
78. "A note on sums of powers". *Mathematics Student*. 19, (1951), 117.
79. "A table of values $N_2(t)$". *Research Bulletin of East Panjab University*. 20, (1952), 13–93.
80. "A generalization of the Möbius function". *Scripta Mathematica*. 19, (1953), 121–126.
81. "Non-cyclic sets of points". *Proceedings of the National Institute of Sciences, India*. 19, (1953), 315–316.
82. "On a generating function in partition theory". *Proceedings of the National Institute of Sciences, India, part A*. 20, (1954), 582–586.
83. (With M. S. Cheema and O. P. Gupta) "On Möbius means". *Research Bulletin of Panjab University*. 42, (1954), 1–17.
84. "A summation problem". *Mathematics Student*. 22, (1954), 105–107.
85. "On triangular numbers in arithmetical progression". *Mathematics Student*. 22, (1954), 141–143.
86. "Partitions into distinct primes". *Proceedings of the National Institute of Sciences, India, part A*. 21, (1955), 185–187.
87. "Partitions in general". *Research Bulletin of Panjab University*. 67, (1955), 31–38.
88. "Some properties of quadratic residues". *Mathematics Student*. 23, (1955), 105–107.
89. "Partitions in terms of combinatory functions". *Research Bulletin of Panjab University*. 94, (1956), 153–159.
90. "Certain averages connected with partitions". *Research Bulletin of Panjab University*. 124, (1957), 427–430.
91. "Partition of j-partite numbers into $k$summands". *Journal of the London Mathematical Society*. 33, (1958), 403–405.
92. "Partition of j-partite numbers". *Research Bulletin of Panjab University*. 146, (1958), 119–121.
93. "Graphic representation of a partition of a j-partite number". *Research Bulletin of Panjab University* (N. S.). 10, (1959), 189–196.

94. "On the partition of j-partite numbers". *Proceedings of the National Institute of Sciences, India, part A.* 27, (1961), 579–587.

95. "An inequality for $P(N_j, k)$". *Research Bulletin of Panjab University* (N. S.). 13, (1962), 173–178.

96. "Partition of j-partite numbers". *Mathematics Student.* 31, (1963), 179–186.

97. (With A. M. Vaidya) "The number of representations of a number as a sum of two squares". *American Mathematical Monthly.* 70, (1963), 1081–1082.

98. "On the coefficients of the powers of Dedekind's modular form". *Journal of the London Mathematical Society.* 39, (1964), 433–440.

99. "A congruence property of Euler's φ-function". *Journal of the London Mathematical Society.* 39, (1964), 303–306.

100. "On a problem in matrices". *Proceedings of the National Institute of Sciences, India, part A.* 30, (1964), 556–560.

101. "Classes of divisors modulo 24". *Proceedings of the National Institute of Sciences, India, part A.* 30, (1964), 758–766.

102. "An identity". *Research Bulletin of Panjab University* (N. S.). 15, (1964), 347–349.

103. "Partitions: a survey". *Mathematics Student.* 32, (1964), 1–19.

104. "On some problems suggested by mathematical tables". *Presidential Address at the Section of Mathematics.* Indian Science Congress, Calcutta, 1964–65, 9–22.

105. (With Harsh Anand and Vishwa Chander Dumir) "A combinatorial distribution problem". *Duke Mathematical Journal.* 33, (1966), 757–769.

106. "Pseudo-primitive-roots and indices". *Research Bulletin of Panjab University* (N. S.). 18, (1966), 251–252.

107. "A sum involving the Möbius function". *Proceedings of the American Mathematical Society.* 19, (1968), 445–447.

108. (With Cheema, M. S.) "The maxima of $P_r(n_1, n_2)$". *Mathematical Computations.* 22, (1968), 199–200.

109. "Number of topologies on a finite set". *Research Bulletin of Panjab University* (N. S.). 19, (1968), 231–241.

110. "An arithmetical sum". *Indian Journal of Mathematics.* 10, (1968), 83–86.

111. "Enumeration of symmetric matrices". *Duke Mathematical Journal.* 35, (1968), 653–659.

112. "On a problem in parity". *Indian Journal of Mathematics.* 11, (1969), 157–163.

113. "Highly restricted partitions". *Journal Res. National Bureau of Standards.* 73B, (1969), 329–350.

114. "Three combinatorial problems". *Research Bulletin of Panjab University* (N. S.). 20, (1969), 443–448 (1970)

115. "Partitions:asurvey". *Journal Res. National Bureau of Standards.* 74B, (1970), 1–29.

116. "Products of parts in partitions into primes". *Research Bulletin of Panjab University* (N. S.). 21, (1970), 251–253.

117. "Meanings of non-associative expressions". *Research Bulletin of Panjab University* (N. S.). 21, (1970), 255–256.

118. "Chains of quadratic residues". *Math. Comp.* 25, (1971), 379–382.

119. "Proof of the Churchhouse conjecture concerning binary partitions". *Proceedings of the Cambridge Philosophical Society.* 70, (1971), 53–56.

120. "On Sylvester's theorem in partitions". *Indian Journal of Pure and Applied Mathematics.* 2, (1971), 740–748.

121. "On partitions of n into k summands". *Proceedings of the Edinburgh Mathematical Society.* 17(2), (1970/71), 337–339.

122. "On the enumeration of symmetric matrices". *Duke Mathematical Journal.* 38, (1971), 709–710.

123. "Partial fractions in partition theory". *Research Bulletin of Panjab University* (N. S.). 22, (1971), 23–25.

124. "A combinatorial identity". *Indian Journal of Mathematics.* 13, (1971), 139–140.

125. "A problem in permutations and Stirling's numbers". *Mathematics Student.* 39, (1971), 341–345, (1972).

126. (With Srinivasan and Seshadri) "Cycles of quadratic congruences". *Research Bulletin of Panjab University* (N. S.). 22, (1971), 401–404 (1972).

127. (With Srinivasan and Seshadri) "The number of 3 by 3 magic matrices". *Research Bulletin of Panjab University* (N. S.). 22, (1971), 525–526 (1972).

128. "On m-ary partitions". *Proceedings of the Cambridge Philosophical Society.* 71, (1972), 343–345.

129. "The Legendre and Jacobi symbols for k-ic residues". *Journal of Number Theory.* 4, (1972), 219–222.

130. "Two theorems in partitions". *Indian Journal of Mathematics.* 14, (1972), 7–8.

131. "Restricted solid partitions". *Journal of Combinatorial Theory, Ser. A.* 13, (1972), 140–144.

132. "A simple proof of the Churchhouse conjecture concerning binary partitions". *Indian Journal of Pure and Applied Mathematics.* 3, (1972), 791–794.

133. "Partitions of j-partite numbers into twelve or a smaller number of parts". *Mathematics Student.* 40, (1972), 401–441 (1974).

134. "Product decomposition of complete residue sets". *Indian Journal of Mathematics.* 15, (1973), Nr. 3, 191–195.

135. "The combinatorial recurrence". *Indian Journal of Pure and Applied Mathematics.* 4, (1973), 529–532.

136. "A restricted Diophantine equation". *Journal of the Indian Mathematical Society* (N. S.). 37, (1973), 71–77, (1974).

137. "Frequency distribution of digits over the first N natural numbers". *Mathematics Student.* 41, (1973), 447–448 (1974).

138. (With Bhattacharjya, G.) "A sum involving the greatest integer function". *Research Bulletin of Panjab University* (N. S.). 24, (1973), 51–53, (1977).

139. "Ramanujan's ternary quadratic form $x^2+y^2+10z^2$". *Research Bulletin of Panjab University* (N. S.). 24, (1973), 57 (1977).

140. (With Nath, G. Baikunth) "Enumeration of stochastic cubes". *Indian Journal of Pure and Applied Mathematics*. 4, (1973), 545–567.

141. "A partition theorem of Subba Rao". *Canadian Mathematical Bulletin*. 17, (1974), 121–123.

142. "Primary factorizations of complete residue sets". *Indian Journal of Pure and Applied Mathematics*. 5, (1974), 1085–1092.

143. "Some sequences with distinct sums". *Indian Journal of Pure and Applied Mathematics*. 5, (1974), 1093–1109.

144. "On the Diophantine equation $x^n = y_1 y_2 \cdots y_m$". *Univ. Beograd. Publ. Elektronetehn. Fak. Ser. Mat. Fiz.* Nr. 461–Nr. 497 (1974), 139–142.

145. "Magic partitions". *Indian Journal of Pure and Applied Mathematics*. 6, (1975), 1159–1166.

146. "Partitions of n into divisors of m". *Indian Journal of Pure and Applied Mathematics*. 6, (1975), 1276–1286.

147. "Three-dimensional models of partitions of bipartite numbers". *Indian Journal of Pure and Applied Mathematics*. 6, (1975), 1287–1308.

148. "A technique in partitions". *Univ. Beograd. Publ. Elektronetehn. Fak. Ser. Mat. Fiz.* Nr. 498–Nr. 541 (1975), 73–76.

149. "An algorithm for finding the prime divisors of (k^n)". *Univ. Beograd. Publ. Elektronetehn. Fak. Ser. Mat. Fiz.* Nr. 498–Nr. 541 (1975), 77–83.

150. "A direct method of obtaining Farey-Fibonacci sequences". *Fibonacci Quarterly*. 14, (1976), 389–391.

151. "A direct proof of the Churchhouse conjecture concerning binary partitions". *Indian Journal of Mathematics*. 18, (1976), 1–5.

152. "Combinatorial proof of a theorem on partitions into an even or odd number of parts". *Journal of Combinatorial Theory*. Ser. A, 21, (1976), 100–103.

153. "Use of inverse function in summation". *Univ. Beograd. Publ. Elektronetehn. Fak. Ser. Mat. Fiz.* Nr. 544–576 (1976), 101–102.

154. (With Erdös, P. and Khare, S. P.) "On the number of distinct prime divisors of (k^n)". *Utilitus Math.* 10, (1976), 51–60.

155. "Partitions embedded in a rectangle". *Utilitus Math.* 10, (1976), 229–240.

156. "Magic partitions (I)". *Mathematics Student*. 45, (1977), 58–62.

157. (With Khare, S. P.) "On (k^{k2}) and the product of first $k$primes". *Univ. Beograd. Publ. Elektronetehn. Fak. Ser. Mat. Fiz.* Nr. 577–Nr. 598 (1977), 25–29.

158. "The rank vector of a partition". *Fibonacci Quarterly*. 16, (1978), 548–552.

159. "The Andrews formula for Fibonacci numbers". *Fibonacci Quarterly*. 16, (1978), 552–555.

160. "Finite differences of the partition function". *Math. Comp.* 32, (1978), Nr. 144, 1241–1243.

161. "A new look at the permutations of the first n natural numbers". *Indian Journal of Pure and Applied Mathematics*. 9, (1978), 600–631.

162. "Report on the solutions of the Diophantine equation". *Mathematics Student*. 46, (1978), 342–350.

163. "On sums of factors of m". *Mathematics Student*. 46, (1978), 379–391.

164. "Powers of 2 and sums of distinct powers of 3". *Univ. Beograd. Publ. Elektronetehn. Fak. Ser. Mat. Fiz.* Nr. 602–Nr. 633 (1978), 151–158 (1979).
165. (With Pleasants, P. A. B.) "Partitions into powers of m". *Indian Journal of Pure and Applied Mathematics.* 10, (1979), 655–694.
166. "Enumeration of incongruent cyclic k-gons". *Indian Journal of Pure and Applied Mathematics.* 10, (1979), 964–999.
167. (With Singh, Kuldip) "The largest r for which $(n+k)!/n!(k+r)!$ is an integer". *Indian Journal of Pure and Applied Mathematics.* 10, (1979), 1249–1265.
168. "A note on the Stein-Waterman sequences". *Indian Journal of Pure and Applied Mathematics.* 11, (1980), 147–148.
169. "On cycles of k integers". *Indian Journal of Pure and Applied Mathematics.* 11, (4), (1980), 527–545.
170. "Euler's totient function and its inverse". *Indian Journal of Pure and Applied Mathematics.* 12, (1981), 22–30.
171. "On permutation-generating strings and rosaries". *Combinatorics and Graph Theory.* Lecture Notes in Mathematics, 885, (1981), 272–275, Springer.
172. "On a partition-problem of Erdös". *Indian Journal of Pure and Applied Mathematics.* 12, (1981), 1293–1298.
173. "The binary system and distribution matrices". *Indian Journal of Pure and Applied Mathematics.* 12, (1981), 1408–1419.
174. "Multi-scalar systems and distribution matrices". *Indian Journal of Pure and Applied Mathematics.* 13, (1982), 127–147.
175. "Diophantine equations in partitions". *Math. Comp.* 42, (1984), 225–229.
176. "Generators of primary nasty numbers". *National Academy of Science, Letters.* 7, (1984), Nr. 9, 289–290.
177. "Two formulae for $L(n)$". *Indian Journal of Pure and Applied Mathematics.* 15, (9), (1984), 957–961.
178. (With Kuldip Singh) "On k-triad sequences". *International Journal of Mathematics and Mathematical Sciences.* 8, (1985), 799–804.

R. P. Bambah (RPB)

Es wurden nur Veröffentlichungen aus dem 20. Jahrhundert aufgeführt.

1. (With S. Chowla) "On integer roots of the unit matrix". *Science and Culture.* 12, (1946), 105.
2. "On the complete primitive residue sets". *Bulletin of the Calcutta Mathematical Society.* 38, (1946), 113–116.
3. "Two congruence properties of Ramanujan's function $\tau(n)$". *Journal of the London Mathematical Society.* 21, (1946), 91–93.
4. (With S. Chowla) "A congruence property of Ramanujan's function $\tau(n)$". *Proceedings of the National Institute of Sciences, India.* 12, (1946), 431–432.
5. (With S. Chowla) "On a function of Ramanujan". *Proceedings of the National Institute of Sciences, India.* 12, (1946), Nr. 8, 1.
6. (With S. Chowla) "On a function of Ramanujan". *Proceedings of the National Institute of Sciences, India.* 12, (1946), 433.

7. "On integer cube roots of the unit matrix". *Mathematics Student*. 14, (1946), 69–70 (1948)

8. (With S. Chowla) "Some new congruence properties of Ramanujan's function $\tau(n)$". *Mathematics Student*. 14, (1946), 24–26.

9. (With S. Chowla) "A note on Ramanujan's function $\tau(n)$". *Quarterly Journal of Mathematics*. Oxford, Ser. 18, (1947), 122–123.

10. (With S. Chowla) "Ramanujan's function: a congruence property". *Bulletin of the American Mathematical Society*. 53, (1947), 764–765.

11. (With S. Chowla and H. Gupta) "A congruence property of Ramanujan's function $\tau(n)$". *Bulletin of the American Mathematical Society*. 53, (1947), 766–767.

12. (With S. Chowla) "A new congruence property of Ramanujan's function $\tau(n)$". *Bulletin of the American Mathematical Society*. 53, (1947), 768–769.

13. (With S. Chowla, H. Gupta and D. B. Lahiri) "Congruence properties of Ramanujan's function". *Quarterly Journal of Mathematics*, Oxford, Ser. 18, (1947), 143–146.

14. (With S. Chowla) "Congruence properties of Ramanujan's function $\tau(n)$". *Bulletin of the American Mathematical Society*. 53, (1947), 950–955.

15. (With S. Chowla) "On numbers which can be expressed as a sum of two squares". *Proceedings of the National Institute of Science*. 13, (1947), 101–103.

16. (With S. Chowla) "On integer roots of the unit matrix". *Proceedings of the National Institute of Science*. 13, (1947), 241–246.

17. (With S. Chowla) "The residue of Ramanujan's function $\tau(n)$ to the modulus 2^8". *Journal of the London Mathematical Society*. 22, (1947), 140–147.

18. (With S. Chowla) "On the sign of the Gaussian sum". *Proceedings of the National Institute of Science*. 13, (1947), 175–176.

19. "On the geometry of numbers of non-convex star-regions with hexagonal symmetry". *Philosophical Transactions of the Royal Society*. London, Ser. A, 243, (1951), 431–462.

20. "Non-homogeneous binary cubic forms". *Proceedings of the Cambridge Philosophical Society*. 47, (1951), 457–460.

21. "Non-homogeneous binary quadratic forms I: two theorems of varnavides". *Acta Mathematica*. 86, (1951), 1–29.

22. "Non-homogeneous binary quadratic forms II: the second minimum of $(x+x_0)^2 - 7(y+y_0)^2$". *Acta Mathematica*. 86, (1951), 31–56.

23. (With C. A. Rogers) "Covering the planes with convex sets". *Journal of the London Mathematical Society*. 27, (1952), 304–314.

24. (With K. F. Roth) "A note on lattice coverings". *Journal of the Indian Mathematical Society* (N. S.). 16, (1952), 7–12.

25. (With H. Davenport) "The covering of n-dimensional space by spheres". *Journal of the London Mathematical Society*. 27, (1952), 224–229.

26. "On lattice coverings". *Proceedings of the National Institute of Sciences, India*. 19, (1953), 447–459.

27. "On polar reciprocal convex domains". *Proceedings of the National Institute of Sciences, India*. 20, (1954), 119–120.

28. "On lattice covering by spheres". *Proceedings of the National Institute of Sciences, India*. 20, (1954), 25–52.

29. "Lattice coverings with four-dimensional spheres". *Proceedings of the Cambridge Philosophical Society*. 50, (1954), 203–208.

30. "On polar reciprocal convex domains, addendum". *Proceedings of the National Institute of Sciences, India*. 20, (1954), 324–325.

31. "Four squares and a k-th power". *Quarterly Journal of Mathematics*. Oxford, Ser. (2) 5, (1954), 191–202.

32. (With K. Rogers) "An inhomogeneous minimum for non-convex star-regions with hexagonal symmetry". *Canadian Journal of Mathematics*. 7, (1955), 337–346.

33. "Polar reciprocal convex bodies". *Proceedings of the Cambridge Philosophical Society*. 51, (1955), 377–378.

34. "Divided cells". *Research Bulletin of Panjab University*. (1955), Nr. 81, 173–174.

35. "Maximal covering domains". *Proceedings of the National Institute of Sciences, India, part A*. 23, (1957), 540–543.

36. "An analogue of a problem of Mahler". *Research Bulletin of Panjab University*. 109, (1957), 299–302.

37. "Some transference theorems in the geometry of numbers". *Montash. Math.* 62, (1958), 243–249.

38. "Some problems in the geometry of numbers". *Journal of the Indian Mathematical Society* (N. S.). 24, (1960), 157–172 (1961).

39. (With D. D. Joshi and I. S. Luthar) "Some lower bounds on the number of code points in a minimum distance binary code, I, II". *Information and Control*. 4, (1961), 313–319, 320–323.

40. (With I. S. Luthar and M. L. Madan) "On the existence of a certain type of basis in a totally real field". *Research Bulletin of Panjab University*. 12, (1961), 135–137.

41. "A note on the equation $ax^2 - by^2 - cz^2 = 0$". *Indian Journal of Mathematics*. 4, (1962), 11–12.

42. (With Rogers, C. A.) "On coverings with convex domains". *Acta Arithmetica*. 9, (1964), 191–207.

43. (With Woods, Allan and Zassenhaus, Hans) "Three proofs of Minkowski's second inequality in the geometry of numbers". *Journal of the Australian Mathematical Society*. 5, (1965), 453–462.

44. (With Woods, A. C) "On the minimal density of maximal packings of the plane by convex bodies"*Acta Mathematica Academy Science Hungary*. 19, (1968), 103–116.

45. (With Woods, A. C.) "Convex bodies with a covering property". *Journal of the London Mathematical Society*. 43, (1968), 53–56.

46. (With Woods, A. C.) "The covering constant for a cylinder". *Montash. Math.* 72, (1968), 107–117.

47. (With Woods, A. C.) "On minimal density of plane covering by circles". *Acta Mathematica Academy Science Hungary*. 19, (1968), 337–343.

48. "Packing and covering". *Mathematics Student*. 38, (1970), 133–138.

49. (With Woods, A. C.) "On plane coverings with convex domains". *Mathematika*. 18, (1971), 321–336.

50. (With Woods, A. C.) "The thinnest double covering of three-spheres". *Acta Arithmetica*. 18, (1971), 321–336.

51. (With Woods, A. C.) "On a problem of Danzer". *Pacific Journal of Mathematics*. 37, (1971), 295–301.

52. "Geometry of numbers, packing and covering and discrete geometry". Volume dedicated to the memory of V. Ramaswami Aiyar. *Mathematics Student*. 39, (1971), 117–129 (1972).

53. (With Woods, A. C.) "On a theorem of Dyson". Collection of articles dedicated to K. Mahler on the occasion of his seventieth birthday. *Journal of Number Theory*. 6, (1974), 422–433.

54. (With Woods, A. C.) "On the product of tree inhomogeneous linear forms". *Number Theory and Algebra*. 7–18, Academic Press, New York, (1977).

55. (With Dumir, V. C. and Hans-Gill, R. J.) "Covering by star domains". *Indian Journal of Pure and Applied Mathematics*. 8, (1977), Nr. 3, 344–350.

56. (With Woods, A. C.) "Minkowski's conjecture for $n = 5$: a theorem of Skubenko". *Journal of Number Theory*. 12, (1980), Nr. 1, 27–48.

57. "Srinivasa Ramanujan medal lecture 1979: Number theory: many challenges, some achievements". *Proceedings of the Indian National Science Academy, part A*. 46, (1980), Nr. 2, 109–118.

58. (With Dumir, V. C. and Hans-Gill, R. J.) "Positive values of nonhomogeneous indefinite quadratic forms". *Topics in Classical Number Theory*. Vol. I, II (Budapest, 1981), 111–170.

59. (With Sloane, N. J. A.) "On a problem of Ryškov concerning lattice coverings". *Acta Arithmetica*. 42, (1982/83), Nr. 1, 107–109.

60. (With Dumir, V. C. and Hans-Gill, R. J.) "On a conjecture of Jackson on non-homogeneous qadratic forms". *Journal of Number Theory*. 16, (1983), Nr. 3, 403–419.

61. (With Dumir, V. C. and Hans-Gill, R. J.) "Positive values of Nonhomogeneous indefinite quadratic forms II". *Journal of Number Theory*, 18, (1984), Nr. 3, 313–341.

62. (With Dumir, V. C. and Hans-Gill, R. J.) "On an analogue of a problem of Mordell". *Studia Sci. Math. Hungar*. 21, (1986), Nr. 1–2, 135–142.

63. (With Woods, A. C.) "On a problem of G. Fejes Tóth". K. G. Ramanathan Memorial Issue. *Proceedings of the Indian Academy of Sciences, Mathematical Science*. 104, (1994), Nr. 1, 137–156.

64. "The conjectures of Minkowski, Watson and others". *Mathematics Student*. 65, (1996), Nr. 1–4, 176–178.

65. (With Dumir, V. C. and Hans-Gill, R. J.) "Diophantine inequalities". *Proceedings of the National Academy of Sciences, India, Abschn. A*. 68, (1998), Nr. 2, 101–114.

66. "Chowla, the mathematics man". *Mathematics Student.* 67, (1998), Nr. 1–4, 153–161.
67. "Packings and coverings". *Indian Journal of Pure and Applied Mathematics.* 30, (1999), Nr. 10, 1063–1072.

A. R. Rajwade (ARR)

Es wurden nur Veröffentlichungen aus dem 20. Jahrhundert aufgeführt.

1. "Arithmetic on curves with complex multiplication by $\sqrt{-2}$". *Proceedings of the Cambridge Philosophical Society.* 64, (1968), 659–672.
2. "Arithmetic on curves with complex multiplication by Eisentein integers". *Proceedings of the Cambridge Philosophical Society.* 65, (1969), 59–73.
3. "On rational primes p congruent to 1 (mod 3 or 5)". *Proceedings of the Cambridge Philosophical Society.* 66, (1969), 61–70.
4. "A note on the number of solutions N_p of the congruence $y^2 \equiv x^3 - Dx$ (modulo p)". *Proceedings of the Cambridge Philosophical Society.* 7, (1970), 603–605.
5. "On the congruence $y^2 \equiv x^5-a$ (mod p)". *Proceedings of the Cambridge Philosophical Society.* 74, (1973), 473–475.
6. "The number of solutions of the congruence $y^2 \equiv x^6-a$(mod p)". *Indian Journal of Pure and Applied Mathematics.* 4, (1973), 325–332.
7. (With Singh, Surjit) "The number of solutions of the congruence $y^2 \equiv x^4-a$ (mod p)". *L'Enseignement Mathematique.* 20, (1974), 265–273.
8. "Notes on the congruence $y^2 \equiv x^5-a$ (mod p)". *L'Enseignement Mathematique.* 21, (1975), 49–56.
9. "A note on stufe of qadratic fields". *Indian Journal of Pure and Applied Mathematics.* 6, (1975), 725–726.
10. "Note sur le theoreme destrios carres". *L'Enseignement Mathematique.* 22, (1976), 171–173.
11. "Some congruences in algebraic integers and rational integers". *Indian Journal of Pure and Applied Mathematics.* 7, (1976), 431–435.
12. (With Singh, Budh) "Determination of a unique solution of the quadratic partition for primes $p=1$ (mod 7)". *Pacific Journal of Mathematics.* 72, (1977), 513–521.
13. "Some formulae for elliptic curves with complex multiplications". *Indian Journal of Pure and Applied Mathematics.* 8, (1977), 379–387.
14. "The Diophantine equation $y^2=x(x^2+21\,Dx+112\,D^2)$ and the conjectures of Birch and Swinnerton-Dyer". *Journal of Australian Mathematical Society.* 24, (1977), Ser. A, 286–295.
15. (With Parnami, J. C. and Agrawal, M. K.) "The number of points on the curve $y^2 \equiv x^5+a$ in F_q and applications to local ζ-function". *The Mathematics Student.* 48, (1980), 205–211.

16. (With Parnami, J. C. and Agrawal, M. K.) "A new proof of the leonard and Williams criterion for 3 to be a 7th power". *Journal of the Indian Mathematical Society*, 45, (1981), 129–134.

17. (With Parnami, J. C. and Agrawal, M. K.) "A congruence relation between the coefficients of the Jacobi sum". *Indian Journal of Pure and Applied Mathematics*. 12, (1981), 804–806.

18. (With Parnami, J. C. and Agrawal, M. K.) "On the 4-power Stufe of a field". *Rendiconti del Circolo Mathematico di Palermo*, Serie II, 30, (1981), 245–254.

19. (With Parnami, J. C. and Agrawal, M. K.) "On some tigonometric Diophantine equations of the type $\sqrt{n} = c_1 \cos \pi d_1 + \cdots + c_2 \cos \pi d_2 + \cdots + c_1 \cos \pi d_1$". *Acta Mathematica Academiae Scientiarum Hungaricae*. 37 (4), (1981), 423–432.

20. (With Parnami, J. C. and Agrawal, M. K.) "On expressing $\sqrt{p}$ as a rational linear combination of cosines of angles which are rational multiples of π". *Annales Universitatis Scientiarum Budapestinensis de Ronaldo Eosvos nominatae, Sectio Mathematica*. 25, (1982), 31–40.

21. (With Parnami, J. C. and Agrawal, M. K.) "On expressing a quadratic irrational as a rational linear combination of roots of unity". *Annales Universitatis Scientiarum Budapestinensis de Ronaldo Eosvos nominatae, Sectio Mathematica*. 25, (1982), 41–51.

22. (With Parnami, J. C. and Agrawal, M. K.) "Triangles and cyclic quadrilaterals, with angles that are rational multiples of π and sides at most quadratic over the rationals". *The Mathematics Student*. 50, (1982), 79–93.

23. (With Parnami, J. C. and Agrawal, M. K.) "Jacobi sums and cyclotomic numbers for a finite field". *Acta Arithmetica*. 41, (1982), 1–13.

24. (With Parnami, J. C.) "A new cubic character sum". *Acta Arithmetica*. 40, (1982), 347–356.

25. (With Rishi, D. B. and Parnami, J. C.) "Complex multiplication by ½ $(1+\sqrt{-19})$". *Indian Journal of Pure and Applied Mathematics*. 14, (1983)", 630–634.

26. (With Katre, S. A.) "On the Jacobsthal sum $\varphi_9(a)$ and the related sum $\psi_9(a)$". *Maths. Scand.*, 53, (1983), 193–202.

27. (With Pal, S.) "Power stufe of Galois fields". *Bulletin de la Societe Mathematique de Belgique*. 35, (1983), 123–130.

28. (With Parnami, J. C. and Agrawal, M. K.) "Criterion for 2 to be an l-th power". *Acta Arithmetica*. 43, (1984), 361–365.

29. "Evaluation of a cubic character sum using the $\sqrt{-19}$ division points of the curve $y^2 = x^3 - 2^3 \cdot 19x + 2 \cdot 19^2$". *Journal Number Theory*. 2, 19, (1984), 184–194.

30. "On a conjecture of Williams". *Bulletin de la Societe Mathematique de Belgique*. 36, (1984), Ser. B, 1–4.

31. (With Rishi, D. B.) "On the integer property of the L-function for the elliptic curve with complex multiplication by the Gaussian integers". *Journal of the Indian Mathematical Society*. 48, (1984), 9–18.

32. (With Katre, S. A.) "Complete solution of the cyclotomic problem in F_q for any prime modulus l, $q = p^\alpha$, $p \equiv 1$ (mod l)". *Acta Arithmetica*. 45, (1985), 183–199.

33. (With Katre, S. A.) "Euler's criterion for quintic non-residues". *Canadian Journal of Mathematics*. 37, (1985), 1008–1024.

34. (With Katre, S. A.) "Unique determination of cyclotomic numbers of order five". *Manuscripta Math*. 53, (1985), 65–75.

35. (With Parnami, J. C. and Agrawal, M. K.) "On the fourth power stufe of p-adic completions of algebraic number fields". *Rend. Sem. Mat. Univers. Politcen. Torino*. 44, (1986), 141–153.

36. (With Katre, S. A.) "On the Jacobsthal sum $\varphi_4(a)$ and the related sum $\psi_8(a)$". *Annales Universitatis Scientiarum Budapestinensis de Rolando Eotovos Nominatae, Sectio Math*. 29, (1986), 3–7.

37. (With Katre, S. A.) "Jacobsthal sums of prime order". *Indian Journal of Pure and Applied Mathematics*. 17, (1986), 1345–1362.

38. (With Katre, S. A.) "Resolution of the sign ambiguity in the determination of the cyclotomic numbers of order four and the corresponding Jacobsthal sum". *Maths. Scanda*. 60, (1987), 52–62.

39. (With Parnami, J. C. and Agrawal, M. K.) "Some linear relations between certain binomial coefficients modulo a prime". *Bulletin de la Societe Mathematique de Belgique*. 41, (1989), 339–345.

40. (With Parnami, J. C. and Agrawal, M. K.) "Some identities involving character sums and their applications". *Journal of the Indian Mathematical Society*. 54, (1989), 125–132.

41. (With Parnami, J. C. and Agrawal, M. K.) "On the representation of −1 as a sum of fourth and sixth powers". *Annales Univ. Sci. Budapest*. 33, (1990), 43–47.

42. (With Parnami, J. C. and Agrawal, M. K.) "On the stufe of quartic fields". *Journal of Number Theory*. 38, (1991), 106–109.

43. "Pfister's work on sums of squares". *Number Theory*. Indian National Science Academy: Hindustan Book Agency. (1999), 325–349.

V. C. Dumir (VCD)

1. (With Hans-Gill, R. J.) "On positive values of non-homogeneous quarternary quadratic forms of type (1,3)". *Indian Journal of Pure and Applied Mathematics*. 12, (1981), 814–825.

2. (With Grover, V. K.) "Some asymmetric inequalities for non-homogeneous indefinite binary quadratic forms". *Journal of the Indian Mathematical Society* (N. S.). 50, (1986), 21–28.

3. (With Sehmi, R.) "Positive values of non-homogeneous indefinite quadratic forms of type (3,2)". *Indian Journal of Pure and Applied Mathematics*. 23, (1992), 812–853.

4. (With Sehmi, R.) "Positive values of non-homogeneous indefinite quadratic forms of signature 1". *Indian Journal of Pure and Applied Mathematics.* 23, (1992), 855–864.

5. (With Sehmi, R.) "Positive values of non-homogeneous indefinite quadratic forms of type (1, 4)". *Proceedings of the Indian Academy of Sciences, Mathematical Sciences.* 104, (1994), 557–579.

6. (With Hans-Gill, R. J. and Woods, A. C.) "Values of non-homogeneous indefinite quadratic forms". *Journal of Number Theory.* 47, (1994), 190–197.

7. (With Hans-Gill, R. J. and Sehmi, R.) "Positive values of non-homogeneous indefinite quadratic forms of type (2,4)". *Journal of Number Theory.* 55, (1995), 261–284.

8. (With Sehmi, R.) "Isolated minima of non-homogeneous indefinite quadratic forms of type (3,2) or (2,3)". *Journal of the Indian Mathematical Society* (N. S.). 61, (1995), 197–212.

9. (With Hans-Gill, R. J.) "The second minimum positive values of non-homogeneous ternary quadratic forms of type (1,2)". *Ranchi University Mathematical Journal.* 28, (1997), 65–75.

S. K. Khanduja (SKK)

Vor ihrer Heirat hieß sie S. K. Gogia. Es wurden nur Veröffentlichungen aus dem 20. Jahrhundert aufgeführt.

1. (With Luthar, I. S.) "Quadratic unramified extensions of $Q(\sqrt{d})$". *Journal Reine Angew. Math.* Band 298, (1978), 108–111.

2. (With Luthar, I. S.) "The Brauer-Siegel theorem for algebraic function fields". *Journal Reine Angew. Math.* Band 299/300, (1978), 28–37.

3. (With Luthar, I. S.) "Real characters of the ideal class group and the narrow ideal class group of $Q(\sqrt{d})$". *Colloq. Math.* 41, (1979), Nr. 1, 153–159.

4. (With Luthar, I. S.) "Norms from certain extensions of $F_q(T)$". *Acta Arithmetica.* 38, (1981), Nr. 4, 325–340.

5. "Certain quadratic unramified extensions of $F(T, \sqrt{D(T)})$ and theory of genera for quadratic extensions of $F_q(T)$". *Journal of the Indian Mathematical Society* (N. S.). 53, (1988), Nr. 1–4, 51–65.

6. (With Garg, U.) "On extensions of valuations to simple transcendental extensions". *Proceedings of the Edinburgh Mathematical Society.* 32, (1989), Nr. 1, 147–156.

7. (With Garg, U.) "Rank 2 valuations of $K(x)$". *Mathematika.* 37 (1990), Nr. 1, 97–105.

8. (With Garg, U.) "On rank extensions of valuations". *Colloq. Math.* 59, (1990), Nr. 1, 25–29.

9. "A note on a result of James Ax". *Journal Algebra.* 140 (1991), Nr. 2, 360–361.

10. "Value groups and simple transcendental extensions". *Mathematika.* 38 (1991), Nr. 2, 381–385.

11. "Prolongations of valuations to simple transcendental extensions with given residue field and value group". *Mathematika*. 38 (1991), Nr. 2, 386–390.

12. (With Garg, U.) "On residually generic prolongations of a valuation to a simple transcendental extension". *Journal of the Indian Mathematical Society* (N. S.). 57, (1991), Nr. 1–4, 101–108.

13. "On valuations of $K(x)$". *Proceedings of the Edinburgh Mathematical Society*. (2), 35, (1992), Nr. 3, 419–426.

14. (With Garg, U.) "Residue fields of valued function fields of conics". *Proceedings of the Edinburgh Mathematical Society*. 36, (1993), Nr. 3, 469–478.

15. (With Garg, U.) "Prolongations of a Krull valuation to a simple transcendental extension". *Journal of the Indian Mathematical Society* (N. S.). 59, (1993), Nr. 1–4, 13–21.

16. "A uniqueness problem in simple transcendental extensions of valued fields". *Proceedings of the Edinburgh Mathematical Society*. 37, (1994), Nr. 1, 13–23.

17. "On value groups and residue fields of some valued function fields". *Proceedings of the Edinburgh Mathematical Society*. 37, (1994), Nr. 3, 445–454.

18. "On a result of James Ax". *Journal Algebra*. 172, (1995), Nr. 1, 147–151.

19. (With Saha, J.) "A uniqueness problem in valued function fields of conics". *Bulletin of the London Mathematical Society*. 28, (1996), Nr. 5, 455–462.

20. "On residually transcendental valued function fields of conics". *Glasgow Mathematical Journal*. 38, (1996), Nr. 2, 137–145.

21. "A note on residually transcendental prolongations with uniqueness property". *Journal Mathematics*. Kyoto University, 36, (1996), Nr. 3, 553–556.

22. "On extensions of valuations with prescribed value groups and residue fields". *Journal of the Indian Mathematical Society* (N. S.). 62, (1996), Nr. 1–4, 57–60.

23. (With Saha, J.) "On a generalization of Einstein's irreducibility criterion". *Mathematika*. 44, (1997), Nr. 1, 37–41.

24. "An independent theorem in simple transcendental extensions of valued fields". *Journal of the Indian Mathematical Society* (N. S.). 64, (1997), Nr. 1–4, 243–248.

25. "Valued function fields with given genus and residue fields". *Journal of the Indian Mathematical Society* (N. S.). 64, (1997), Nr. 1–4, 115–121.

26. "Tame fields and tame extensions". *Journal Algebra*. 201, (1998), 647–655.

27. (With Saha, J.) "The prime maximal ideals in $R[X]$, R a one-dimensional prefer domain". *Indian Journal of Pure and Applied Mathematics*. 29, (1998), 12, 1275–1279.

28. (With Saha, J.) "On invariants of elements over a Henselian field". *Journal of the Indian Mathematical Society* (N. S.). 65, (1998), Nr. 1–4, 127–132.

29. "On Krasner's constant". *Journal Algebra*. 213, (1999), Nr. 1, 225–230.

30. (With Garg, U.) "On a query of Adrian Wadsworth". *Indian Journal of Pure and Applied Mathematics*. 30, (1999), Nr. 9, 945–949.

31. (With Saha, J.) "Generalized Hensel's lemma". *Proceedings of the Edinburgh Mathematical Society*. (2), 42, (1999), Nr. 3, 469–480.

32. (With Saha, J.) "A generalized fundamental principle". *Mathematika*. 46, (1999), Nr. 1, 83–92.

S. A. Katre (SAK)

Es wurden nur Veröffentlichungen aus dem 20. Jahrhundert aufgeführt.

1. (With A. R. Rajwade) "On the Jacobsthal sum $\varphi_9(a)$ and the related sum $\psi_9(a)$". *Math. Scand*. 53 (1983), 193–202.
2. (With A. R. Rajwade) "Euler's criterion for quintic nonresidues". *Canadian Journal of Mathematics*. 37, (1985), 1008–1024.
3. "Jacobsthal sums in terms of quadratic partitions of a prime". *Proceedings, Conference in Number Theory, Ootacamund, India, 1984. Lecture Notes in Mathematics*. Springer Verlag, 1122, (1985), 153–162.
4. (With A. R. Rajwade) "Unique determination of cyclotomic numbers of order five". *Manuscripta Math*. 53, (1985), 65–75.
5. (With A. R. Rajwade) "Complete solution of the cyclotomic problem in F_q for any prime modulus l, $q = p^\alpha$, $p \equiv 1$ (mod l)". *Acta Arithmetica*. 45, (1985), 183–199.
6. (With A. R. Rajwade) "On the Jacobsthal sum $\varphi_4(a)$ and the related sum $\psi_8(a)$". *Annales Universitatis Scientiarum Budapestinensis de Rolando Eotovos Nominatae, Sectio Math*. 29, (1986), 3–7.
7. (With A. R. Rajwade) "Jacobsthal sums of prime order". *Indian Journal of Pure and Applied Mathematics*. 17, (1986), 1345–1362.
8. (With A. R. Rajwade) "Resolution of the sign ambiguity in the determination of the cyclotomic numbers of order four and the corresponding Jacobsthal sum". *Maths. Scanda*. 60, (1987), 52–62.
9. "Cyclotomic numbers and a conjecture of Snapper". *Indian Journal of Pure and Applied Mathematics*. 20, (1989), 99–103.
10. (With Sangita A. Khule) "A discriminant criterion for matrices over orders in algebraic number fields to be sums of squares". *Proceedings, Symposium on Algebra and Number Theory*. Kochi, Kerala, (1990), 31–38.
11. "On numbers of solutions of equations over finite fields". *Proceedings, Instructional School, Algebraic Number Theory*. Mumbai University, (1995), 7.
12. (With V. V. Acharya) "Cyclotomic numbers of order 2l, l an odd prime". *Acta Arithmetica*. 69, (1995), 51–74.
13. (With Anuradha Narasimhan) "Explicit evaluation of cyclotomic numbers of prime order". *A. V. Prasad Memorial Volume of Ranchi University Mathematical Journal*. 28, (1997), 77–84.
14. (With Anuradha Narasimhan) "Number of points on the pojective curves $aY^l = bX^l + cZ^l$ and $aY^{2l} = bX^{2l} + cZ^{2l}$ defined over finite fields, l an odd prime". *Journal of Number Theory*. 77, Nr. 2, (1999), 288–313.

Madhu Raka (MR)

Es wurden nur Veröffentlichungen aus dem 20. Jahrhundert aufgeführt.

1. (With R. J. Hans-Gill) "An asymmetric inequality for non-homogeneous ternary quadratic forms". *Monatshefte. Maths.* (1979), 281–295.
2. (With R. J. Hans-Gill) "Inhomogeneous minimum of indefinite quadratic forms in five variables of type (3, 2) or (2, 3): a conjecture of Watson". *Monatshefte. Maths.* 88, (1979), 305–320.
3. (With R. J. Hans-Gill) "Positive values of inhomogeneous 5-ary quadratic forms of type (3, 2)". *Journal Australian Mathematical Society (Series A).* 29, (1980), 439–453.
4. (With R. J. Hans-Gill) "An inequality for indefinite ternary quadratic forms of type (2,1)". *Indian Journal of Pure and Applied Mathematics.* 11(2), (1980), 994–1006.
5. (With R. J. Hans-Gill) "Some inequalities for non-homogeneous quadratic forms". *Indian Journal of Pure and Applied Mathematics.* 11(1), January, (1980), 60–74.
6. (With R. J. Hans-Gill) "Inhomogeneous minimum of indefinite quadratic forms in five variables of type (4, 1) or (1, 4): a conjecture of Watson". *Indian Journal of Pure and Applied Mathematics.* 11(1), January, (1980), 75–91.
7. (With R. J. Hans-Gill) "An inequality for indefinite ternary quadratic forms of type (2, 1)". *Indian Journal of Pure and Applied Mathematics.* 11(8), August, (1980).
8. "Inhomogeneous minimum of indefinite quadratic forms of signature + 1 or −1". *Mathematics, Proceedings of the Cambridge Philosophical Society,* 89, (1981), 225–235.
9. (With R. J. Hans-Gill) "Positive values of inhomogeneous quinary quadratic forms of type (4, 1)". *Journal Australian Mathematical Society (Series A).* 31, (1981), 175–188.
10. "Inhomogeneous minimum of indefinite forms in six variables: a conjecture of Watson". *Mathematics, Proceedings of the Cambridge Philosophical Society.* 94, (1983), 1–8.
11. "On a conjecture of Watson". *Mathematics, Proceedings of the Cambridge Philosophical Society.* 94, (1983), 9–22.
12. (With V. K. Grover) "On inhomogeneous minimum of indefinite binary quadratic forms". *Acta Mathematica.* 167, (1991), 287–298.
13. "Inhomogeneous minimum of a class of ternary quadratic forms". *Journal Australian Mathematical Society, (Series A).* 55, (1993), 334–354.
14. (With Urmila Rani) "Positive values of non-homogeneous indefinite quadratic forms of type (3, 1)". *Österreich. Wiss. Math. Natur. KI Vienna.* 203, (1994–1995), 175–197.
15. (With Urmila Rani) "Positive values of non-homogeneous indefinite quadratic forms of signature +2 or −2". *Osterreich Wiss. Math. Natur. KI Vienna,* 203, (1994–1995), 198–213.

16. (With Urmila Rani) "Positive values of inhomogeneous indefinite quadratic forms of type (2, 1)". *Hokkaido Mathematical Journal*. Japan, Vol. 25, (1996), 215–230.

17. (With Urmila Rani) "Positive values of non-homogeneous indefinite quadratic forms of type (1, 4)". *Proceedings of the Indian Academy of Sciences (Mathematical Science)*. Vol. 107 (4), November, (1997), 329–361.

18. (With Urmila Rani) "Inhomogeneous minima of a class of quarternary quadratic forms of type (2, 2)". *Proceedings of the American Mathematical Society, CONM Math*. Vol. 210, (1998), 275–298.

19. (With Urmila Rani) "The second minimum of inhomogeneous quaternary quadratic forms of type (3, 1) or (1, 3)". *Ranchi University Mathematical Journal*. 28, (1997), 5–34 (Dr. A. V. Prasad Memorial Volume).

20. (With Urmila Rani) "Inhomogeneous minima of a class of quarternary quadratic forms of type (3, 1)". *Indian Journal of Pure and Applied Mathematics*. 29(9), September, 1998, 889–908.

Kap. 3

K. Chandrasekharan (KC)

1. (With Narasimhan, R.) "Sur l'ordre moyen de quelques fonctions arithmétiques". *C. R. Acad. Sci. Paris*. 251, (1960), 1333–1335.

2. (With Narasimhan, R.) "Hecke's functional equation and the average order of arithmetical functions". *Acta Arithmetica*. 6, (1960/1961), 487–503.

3. (With Narasimhan, R.) "On Hecke's functional equation". *Bulletin of the American Mathematical Society*. 67, (1961), 182–185.

4. (With Narasimhan, R.) "Hecke's functional equation and arithmetical identities". *Annals of Mathematics* (2). 74, (1961), 1–23.

5. (With Narasimhan, R.) "Functional equations with multiple gamma factors and the average order of arithmetical functions". *Annals of Mathematics* (2). 76, (1962), 93–136.

6. (With Narasimhan, R.) "The average order of arithmetical functions and the approximate functional equation for a class of Zeta-functions". *Rend. Mat. e Appl.* (5), 21, (1962), 354–363.

7. (With Narasimhan, R.) "The approximate functional equation for a class of Zeta-functions". *Mathematical Annals*. 152, (1963), 30–64.

8. (With Narasimhan, R.) "On the mean value of the error term for a class of arithmetical functions". *Acta Mathematica*. 112, (1964), 41–67.

9. (With Narasimhan, R.) "On lattice points in a random sphere". *Bulletin of the American Mathematical Society*. 73, (1967), 68–71.

10. (With Narasimhan, R.) "Zeta-functions of ideal classes in quadratic fields and their zeros on the critical line". *Comment. Math. Helv*. 43, (1968), 18–30.

11. (With Narasimhan, R.) "An approximate reciprocity formula for some exponential sums". *Comment. Math. Helv*. 43, (1968), 296–310.

12. (With Narasimhan, R.) "Sommes exponentielles associées á un corps de nombres algébriques". *C. R. Acad. Sci. Paris, Sér.* A-B, 287, (1978), no. 4, A 181–A 182.

K. G. Ramanathan (KGR)

1. "On demlo numbers". *Mathematics Student*. 9, (1941), 112–114.
2. "Congruence properties of $\sigma(n)$, the sum of divisors of n". *Mathematics Student*. 11, (1943), 33–35.
3. "Multiplicative arithmetic functions". *Journal of the Indian Mathematical Society*. 7, (1943), 111–116.
4. "On Ramanujan's trigonometrical sum $C_m(n)$". *Journal of Madras University*. Abschn. B, 15, (1943), 1–9.
5. "Congruence properties of Ramanujan's function $\tau(n)$". *Proceedings of the Indian Academy of Science*. Abschn. A 19, (1944), 146–148.
6. "Some applications of Ramanujan's trigonometrical sum $C_m(n)$". *Proceedings of the Indian Academy of Science*. Abschn. A 20, (1944), 62–69.
7. "Congruence properties of $\sigma_a(n)$". *Mathematics Student*. 13, (1945), 30.
8. "Congruence properties of Ramanujan's function $\tau(n)$, II". *Journal of the Indian Mathematical Society*. 9, (1945), 55–59.
9. "Congruence properties of $\sigma_a(N)$". *Proceedings of the Indian Academy of Science*. Abschn. A 25, (1947), 314–321.
10. "On the product of the elements in a finite Abelian group". *Journal of the Indian Mathematical Society*. 11, (1947), 44–48.
11. "Identities and congruences of the Ramanujan type". *Canadian Journal of Mathematics*. 2, (1950), 168–178.
12. "The theory of units of quadratic and Hermitian forms". *American Journal of Mathematics*. 73, (1951), 233–235.
13. "Abelian quadratic forms". *Canadian Journal of Mathematics*. 4, (1952), 352–368.
14. "Units of quadratic forms". *Annals of Mathematics*. 56, (1952), 1–10.
15. "A note on symplectic complements". *Journal of the Indian Mathematical Society*. 18, (1954), 115–125.
16. "The Riemann sphere in matrix spaces". *Journal of the Indian Mathematical Society*. 19, (1955), 121–125.
17. "Quadratic forms over involutorial division algebras". *Journal of the Indian Mathematical Society*. 20, (1956), 227–257.
18. "Units of fixed points in involutorial algebras". *Proceedings of International Symposium on Algebraic Number Theory*. Science Council of Japan, Tokyo, 1956, 103–106.
19. "On orthogonal groups". *Nachr. Akad. Wiss. Göttingen Math.-Phys. Kl. II*. (1957), 113–121.
20. "The zeta function and discriminant of division algebra". *Acta Arithmetica*. 5, (1959), 277–288.

21. "Quadratic forms over involutorial division algebras II". *Math. Ann.* 143 (1961), 293–332.
22. "Zeta functions of quadratic forms". *Acta Arithmetica.* 7, (1961), 39–69.
23. "Discontinuous groups". *Nachr. Akad. Wiss. Göttingen Math.-Phys. KI. II.* 1963, 293–323.
24. "Discontinuous groups II". *Nachr. Akad. Wiss. Göttingen Math.-Phys. KI. II.* 1964, 145–164.
25. (With S. Raghavan) "On a diophantine inequality concerning quadratic forms". *Nachr. Akad. Wiss. Göttingen Math.-Phys. KI. II.* 1968, 251–262.
26. "A converse theorem of Siegel". *Prof. Ananda-Rau Memorial Volume.* Publ. Ramanujan Institute, 1, Madras, (1969), 291–296.
27. (With S. Raghavan) "Values of quadratic forms". *Journal of the Indian Mathematical Society.* 34, (1970), 253–257.
28. (With S. Raghavan) "Solvability of a Diophantine inequality in algebraic number fields". *Acta Arithmetica.* 20, (1972), 299–315.
29. "On the analytic theory of quadratic forms". *Acta Arithmetica.* 21, (1972), 423–436.
30. "Theory of numbers". *Journal of Scientific and Industrial Research.* 31, (1972), 459.
31. "Srinivasa Ramanujan, mathematician extraordinary". *Science Today.* Decmeber, (1974).
32. "C. P. Ramanujam: A Tribute", Tata Institute of Fundamental Research, *Stud. Math..* 8, Springer, Berlin (1978), 1–7.
33. (With M. V. Subbarao) "Some generalizations of Ramanujan's sum". *Canadian Journal of Mathematics.* 32, (1980), 1250–1260.
34. "Ramanujan and the congruence properties of partitions". *Proceedings of the Indian Academy of Sciences, Mathematical Sciences.* 89, (1980), 133–157.
35. "The unpublished manuscripts of Srinivasa Ramanujan". *Current Science.* 50, (1981), 203–210.
36. "Remarks on some series considered by Srinivasa Ramanujan". *Journal of the Indian Mathematical Society.* 46, (1982), 107–136.
37. "On Ramanujan's continued fraction". *Acta Arithmetica.* 43, (1984), 209–226.
38. "On the Rogers-Ramanujan continued fraction". *Proceedings of the Indian Academy of Sciences, Mathematical Sciences.* 93, (1984), 67–77.
39. "Ramanujan's continued fraction". *Indian Journal of Pure and Applied Mathematics.* 16, (1985), 695–724.
40. "Srinivasa Ramanujan, 22 December 1887–26 April 1920". *Journal of the Indian Mathematical Society.* 51, (1987), 1–25.
41. "Some applications of Kronecker's limit formula". *Journal of the Indian Mathematical Society.* 52, (1987), 71–89.
42. "Ramanujan's notebooks". *Journal of the Indian Institute of Science.* (1987), Ramanujan Special Issue, 25–32.
43. "Hypergeometric series and continued fractions". *Proceedings of the Indian Academy of Sciences, Mathematical Sciences.* 277–296.

44. "Generalizations of some theorems of Ramanujan". *Journal of Number Theory*. 29, (1988), 118–137.
45. "On some theorems stated by Ramanujan: number theory and related topics, Tata Institute of Fundamental Research". *Stud. Math.* 12, Oxford University Press, 1989, 151–160.
46. "Ramanujan's modular equations". *Acta Arithmetica.* 53, (1990), 403–420.

Srinivasacharya Raghavan (SR)

1. "Modular forms of degree n and representation by quadratic forms". *Annals of Mathematics* (2). 70, (1959), 446–477.
2. "Modular forms of degree n and representation by quadratic forms". *1960 Contributions to Function Theory* (International Colloquium Function Theory, Bombay, 1960), 181–183, Tata Institute of Fundamental Research, Bombay.
3. "On representation by Hermitian forms". *Acta Arithmetica.* 8, (1962/1963), 33–96.
4. (With Rangachari, S. S. and Sunder Lal) "Algebraic number theory". *Mathematical Pamphlets*, 4. Tata Institute of Fundamental Research, Bombay, (1966).
5. (With Rangachari, S. S.) "On zeta functions of quadratic forms". *Annals of Mathematics.* (2), 85, (1967), 46–57.
6. (With Ramanathan, K. G.) "On a Diophantine inequality concerning quadratic forms". *Nachr. Akad. Wiss. Göttingen Math.-Phys. Kl. II.* (1968), 251–262.
7. (With Rangachari, S. S.) "On ternary quadratic forms and modular forms". *Journal of the Indian Mathematical Society* (N. S.). 33, (1969), 187–205.
8. (With Rangachari, S. S.) "On the Siegel formula for ternary skew-Hermitian forms". *Acta Arithmetica.* 16, (1969/1970), 327–345.
9. (With Ramanathan, K. G.) "Values of quadratic forms". *Journal of the Indian Mathematical Society* (N. S.). 34, (1970), no. 3–4, 253–257.
10. (With Ramanathan, K. G.) "Solvability of a Diophantine inequality in algebraic number fields". *Acta Arithmetica.* 20, (1972), 299–315.
11. "On Fourier coefficients of modular forms". *Abh. Math. Sem. Univ.* Hamburg, 38, (1972), 231–237.
12. "On a Diophantine inequality for forms of additive type". Collection of articles dedicated to Carl Ludwig Siegel on the occasion of his seventy-fifth birthday, V, *Acta Arithmetica.* 24, (1973/1974), 499–506.
13. "On an Eisenstein series of degree 3". *Journal of the Indian Mathematical Society* (N. S.). 39, (1975), 103–120.
14. "Bounds for minimal solutions of Diophantine equations". *Nachr. Akad. Wiss. Göttingen Math.-Phys. Kl. II.* (1975), no. 9, 109–114.
15. "Cusp forms of degree 2 and weight 3". *Mathematical Annals.* 224, (1976), no. 2, 149–156.
16. "Values of quadratic forms". *Comm. Pure Appl. Math.* 30, (1977), no. 3, 273–281.

17. "Singular modular forms of degree s: C. P. Ramanujam – a tribute". Tata Institute of Fundamental Research, *Studies in Mathematics.* 8, Springer, (1978), 263–272.
18. (With Rangachari, S. S.) "Poisson formulae of Hecke type". *Geometry and Analysis*, Indian Academy of Science, Bangalore, 129–149.
19. (With S. G. Dani) "Orbits of Euclidean frames under discrete linear groups". *Israel Journal of Mathematics.* 36, (1980), no. 3–4, 300–320.
20. "Values of indefinite quadratic forms". *Journal of the Indian Mathematical Society* (N. S.). 44, (1980), no. 1–4, 1–21.
21. "Estimates of coefficients of modular forms and generalized modular relations". Automorphic forms, representation theory and arithmetic (Bombay, 1979), 247–254, Tata Institute of Fundamental Research, *Studies in Mathematics.* 10, Springer, (1981).
22. (With Rangachari, S. S.) "Poisson formulae of Hecke type". *Proceedings of the Indian Academy of Sciences, Mathematical Science.* 90, (1981), no. 2, 129–149.
23. "On Ramanujan and Dirichlet series with Euler products". *Glasgow Mathematical Journal.* 25, (1984), no. 2, 203–206.
24. (With Cook, R. J.) "Indefinite quadratic polynomials of small signature". *Monatsh. Math.* 97, (1984), no. 3, 169–176.
25. "A duality for representation by quadratic forms". *Abh. Math. Sem. Univ.* Hamburg, 54, (1984), 83–90.
26. "On estimates for integral solutions of linear inequalities". *Proceedings of the Indian Academy of Sciences, Mathematical Science.* 93, (1984), no. 2–3, 147–160.
27. "On certain identities due to Ramanujan". *Quarterly Journal of Mathematics.* Oxford, Ser. (2), 37, (1986), no. 146, 221–229.
28. (With Cook, R. J.) "On positive definite quadratic polynomials". *Acta Arithmetica.* 45, (1986), no. 4, 319–328.
29. (With Cook, R. J.) "Positive values of indefinite quadratic forms". *Mathematika.* 33, (1986), no. 1, 164–169.
30. (With Cook, R. J.) "Small independent zeros of quadratic forms". *Mathematical Proceedings of the Cambridge Philosophical Society.* 102 (1987), no. 1, 5–16.
31. "Impact of Ramanujan's work on modern mathematics". Srinivasa Ramanujan Centenary 1987, *Journal Indian Institute of Science.* 1987, Special Issue, 45–53.
32. "On Ramanujan's modular identities". *Proceedings of the Indian Academy of Sciences, Mathematical Science.* 97, (1987), no. 1–3, 263–276, (1988).
33. "Estimation of Fourier coefficients of Siegel modular forms". *Journal of the Indian Mathematical Society* (N. S.). 52, (1987), 23–37, (1988).
34. (With Böcherer, S.) "On Fourier coefficients of Siegel modular forms". *J. Reine Angew. Math.* 384, (1988), 80–101.

35. "Euler products, modular identities and elliptic integrals in Ramanujan's manuscripts I". *Ramanujan Revisited* (Urbana-Champaign, III, 1987), 33, 345, Academic Press, Boston, MA, 1988.
36. (With R. Weissauer) "Estimates for Fourier coefficients of cusp forms". *Number Theory and Dynamical Systems* (York, 1987), 87–102, *London Mathematical Society Lecture Note Series*. 134, Cambridge University Press, Cambridge, (1989).
37. (With Rangachari, S. S.) "On Ramanujan's elliptic integrals and modular identities". *Number Theory and Related Topics* (Bombay 1988), 119–149, Tata Institute of Fundamental Research, *Studies in Mathematics*. 12, TIFR, Bombay, (1989).
38. (With J. Sengupta) "A Dirichlet series for Hermitian modular forms of degree 2". *Acta Arithmetica*. 58, (1991), no. 2, 181–201.
39. "Professor K. G. Ramanathan (1920–1992)". *Acta Arithmetica*. 64, (1993), no. 1, i, 1–6.
40. "A canonical anti-isomorphism of matrix Hecke rings". *Algebra i Analiz*. 5, (1993), no. 2, 211–217; Translation in *St. Petersberg Math. Journal*. 5, (1994), no. 2, 407–413.
41. (With J. Sengupta) "On Fourier coefficients of Maass cusp forms in 3-dimensional hyperbolic space". K. G. Ramanathan Memorial Issue. *Proceedings of the Indian Academy of Sciences, Mathematical Sciences*. 104, (1994), no. 1, 77–92.
42. (With J. Sengupta) "On Fourier coefficients of Maass cusp forms in 3-dimensional hyperbolic space". *Trudy Mat. Inst. Steklov*. 207 (1994), 275–282; Translation in *Proc. Steklov Inst. Math*. 1995, no. 6, (207), 251–257.
43. "The cakravāla method". *Current Science*. 71, (1996), no. 6, 490–493.
44. (With Chan, Wai-kiu and Kim, Myung-Hwan) "Ternary universal integral quadratic forms over real quadratic fields". *Japan Journal of Mathematics* (N. S.). 22, (1996), no. 2, 263–273.
45. (With Kim, B. M. and Kim, M-H) "2-universal positive definite integral quinary diagonal quadratic forms". International Symposium on Number Theory (Madras, 1996), *Ramanujan Journal 1*. (1997), no. 4, 333–337.
46. "Glimpses of Ramanujan's work". *Ramanujan Visiting Lectures*. 1–16, Technical Report, 4, Madurai-Kamraj University, Madurai, [1997].

K. Ramachandra (KR)

Es wurden nur Veröffentlichungen aus dem 20. Jahrhundert aufgeführt.

1. "Some applications of Kronecker's limit formula". *Annals of Mathematics* (2). 80. (1964), 104–148.
2. "On the units of cyclotomic fields". *Acta Arithmetica*. 12, (1966/1967), 165–173.
3. "Approximation of algebraic numbers". *Nachr. Akad. Wiss. Göttingen Math.-Phys. KI. II*. (1966), 45–52.

4. "Contributions to the theory of transcendental numbers I, II". *Acta Arithmetica.* 14, (1967/1968), 65–72; ibid. 14, (1967/1968), 73–88.

5. "A note on Baker's method". *Journal of the Australian Mathematical Society.* 10, (1969), 197–203.

6. "A note on numbers with a large prime factor". *Journal of the London Mathematical Society* (2). 1, (1969), 303–306.

7. "A lattice-point problem for norm forms in several variables". *Journal of Number Theory.* 1, (1969), 534–555.

8. "On the class of relative Abelian fields". *J. Reine Angew. Math.* 236, (1969), 1–10.

9. "Lectures on transcendental numbers". *The Ramanujan Institute Lecture Notes.* 1, The Ramanujan Institute, Madras, (1969), iii, 73.

10. "A note on numbers with a large prime factor, II". *Journal of the Indian Mathematical Society* (N. S.). 34, (1970), 39–48.

11. "A note on numbers with a large prime factor, III". *Acta Arithmetica.* 19, (1971), 49–62.

12. "A remark on numbers of the form $a^2 - 2b^4$". *Norske Vid. Selsk. Skr.* (Trondheim), (1971), no. 18, 2.

13. "On a discrete mean value theorem for $\zeta(s)$". *Journal of the Indian Mathematical Society* (N. S.). 36, (1972), 307–316.

14. (With T. N. Shorey) "On gaps between numbers with a large prime factor". Collection of articles dedicated to Carl Ludwig Siegel on the occasion of his seventy-fifth birthday, I. *Acta Arithmetica.* 24, (1973), 99–111.

15. "Largest prime factor of the product of k-consecutive integers". Proceedings of the International Conference on Number Theory (Moscow, 1971). *Trudy Mat. Inst. Steklov.* 132, (1973), 77–81.

16. "On the number of Goldbach numbers in small intervals". *Journal of the Indian Mathematical Society* (N. S.). 37, (1973), 157–170.

17. "Application of Baker's theory to two problems considered by Erdös and Selfridge". *Journal of the Indian Mathematical Society* (N. S.). 37, (1973), 25–34.

18. "On the frequency of Titchmarsh's phenomenon for $\zeta(s)$". *Journal of the London Mathematical Society* (2). 8, (1974), 683–690.

19. "A simple proof of the mean fourth power estimate for $\zeta(1/2+it)$ and $L(1/2+it, X)$". *Ann. Scuola Norm. Sup. Pisa CI, Sci.* (4), 1, (1974), 81–97.

20. (With Balasubramanian, R.) "Two remarks on a result of Ramachandra". *Journal of the Indian Mathematical Society* (N. S.). 38, (1974), no. 1–4, 395–397.

21. (With Shorey, T. N. and Tijdeman, R.) "On Grimm's problem relating to factorisation of a block of consecutive integers". *J. Reine Angew. Math.* 273, (1975), 109–124.

22. "On the zeros of a class of generalized Dirichlet series". *J. Reine Angew. Math.* 273, (1975), 31–40.

23. "Application of a theorem of Montgomery and Vaughan to the zeta-function". *Journal of the London Mathematical Society* (2). 10, (1975), no. 4, 482–486.

24. "On a theorem of Siegel". *Nachr. Akad. Wiss. Göttingen Math.-Phys. Kl. II.* (1975), no. 5, 43–47.

25. (With Sukthankar, Neela S.) "On Jutila numbers". *Journal of Pure Applied Algebra.* 6, (1975), no. 3, 219–222.

26. "Some new density estimates for the zeros of the Riemann zeta-function". *Ann. Acad. Sci. Fenn. Ser. A I Math.* 1, (1975), no. 1, 177–182.

27. (With Erdös, P. and Babu, G. Jogesh) "An asymptotic formula in additive number theory". *Acta Arithmetica.* 28, (1975/1976), no. 4, 405–412.

28. (With Balasubramanian, R.) "The place of an identity of Ramanujan in prime number theory". *Proceedings of the Indian Academy of Science.* Abschn. A, 83, (1976), no. 4, 156–165.

29. (With Huxley, M. N.) "A note on recent papers of Ramachandra and Huxley". *Journal of Number Theory.* 8, (1976), no. 3, 366–368.

30. "Some problems of analytic number theory". *Acta Arithmetica.* 31, (1976), no. 4, 313–324.

31. (With Shorey, T. N. and Tijdeman, R.) "On Grimm's problem relating to factorisation of a block of consecutive integers, II". *J. Reine Angew. Math.* 288, (1976), 192–201.

32. "On the zeros of a class of generalized Dirichlet series II". *J. Reine Angew. Math.* 289, (1977), 174–180.

33. "Two remarks in prime number theory". *Bull. Soc. Math.* France, 105, (1977), no. 4, 433–437,

34. "On the zeros of the Reimann zeta-function and *L*-series". *Acta Arithmetica.* 34, (1977/78), no. 3, 211–218.

35. (With Balasubramanian, R.) "On the zeros of a class of generalized Dirichlet series III". *Journal of the Indian Mathematical Society* (N. S.). 41, (1977), no. 3–4, 301–315.

36. "On the frequency of Titchmarsh's phenomenon for $\zeta(s)$, II". *Acta Math. Akad. Sci. Hungar.* 30, (1977), no. 1–2, 7–13.

37. (With Balasubramanian, R.) "On the frequency of Titchmarsh's phenomenon for $\zeta(s)$ III". *Proceedings of the Indian Academy of Science.* Abschn. A, 86, (1977), no. 4, 341–351.

38. (With Erdös, P. and Babu, G. Jogesh) "An asymptotic formula in additive number theory II". *Journal of the Indian Mathematical Society* (N. S.). 41, (1977), no. 3–4, 281–291.

39. (With Balasubramanian, R.) "On the zeros of a class of generalized Dirichlet series IV". *Journal of the Indian Mathematical Society* (N. S.). 42, (1978), no. 1–4, 135–142.

40. "On the zeros of a class of generalized Dirichlet series V". *J. Reine Angew. Math.* 303/304, (1978), 295–313.

41. "Some remarks on the mean value of the Riemann zeta-function and other Dirichlet series I". *Hardy-Ramanujan Journal.* 1, (1978), 15.

42. "Some current problems in multiplicative number theory". *Mathematics Student*. 46, (1978), no. 1, 1–13.

43. "Some remarks on a theorem of Montgomery and Vaughan". *Journal of Number Theory*. 11, (1979), no. 3, S. Chowla Anniversary Issue, 465–471.

44. (With Balasubramanian, R.) "Some problems of analytic number theory II". *Studia Sci. Math. Hungar.* 14, (1979), no. 1–3, 193–202.

45. (With Balasubramanian, R.) "Effective and non-effective results on certain arithmetical functions". *Journal of Number Theory*. 12, (1980), 10–19.

46. "Some remarks on the mean value of the Riemann zeta-function and other Dirichlet series II". *Hardy–Ramanujan Journal*. 3, (1980), 1–24.

47. "One more proof of Siegel's theorem". *Hardy-Ramanujan Journal*. 3, (1980), 25–40.

48. "Some remarks on the mean value of the Riemann zeta–function and other Dirichlet series III". *Ann. Acad, Sci. Fenn. Ser. A I Math.* 5, (1980), no. 1, 145–158.

49. (With M. J. Narlikar) "Contributions to the Erdös-Szemerédi theory of Sieved integers". *Acta Arithmetica*. 38, (1980/81), no. 2, 157–165.

50. "Progress towards a conjecture on the mean value of the Titchmarsh series". *Recent Progress in Analytic Number Theory*. Vol. 1, (Durham, 1979), 303–318, Academic Press, London-New York, (1981).

51. "Progress towards a conjecture on the mean value of the Titchmarsh Series II". *Hardy-Ramanujan Journal*. 4, (1981), 1–12.

52. (With Balasubramanian, R.) "Some problems of analytic number theory III". *Hardy-Ramanujan Journal*. 4, (1981), 13–40.

53. "On series integrals and continued fractions, I". *Hardy-Ramanujan Journal*. 4, (1981), Suppl., 1–11.

54. "Addendum and corrigendum to my paper: one more proof of Siegel's theorem". *Hardy-Ramanujan Journal*, 3, (1980), 25–40;*Hardy-Ramanujan Journal*. 4, (1981), Suppl. 12.

55. (With Balasubramanian, R.) "On the zeros of a class of generalized Dirichlet series VI". *Ark. Mat.* 19, (1981), no. 2, 239–250.

56. "Viggo Brun (13. 10. 1885 to 15. 8. 1978)". *Mathematics Student*. 49, (1981), no. 1, 87–95.

57. (With Alladi, K., Ram Murthy, M. and Sivaramakrishnan, R.) "Problem Session: number theory". (Mysore, 1981), 170–177. *Lecture Notes in Mathematics*. 938, Springer, 1982.

58. "Mean-value of the Riemann zeta-function and other remarks III". *Hardy-Ramanujan Journal*. 6, (1983), 1–21.

59. (With Srinivasan, S.) "A note to a paper: contributions to the theory of transcendental numbers I, II". [*Acta Arithmetica*, 14, (1967/1968), 65–72; ibid. 14, (1967/1968), 73–88]. By Ramachandra on "Transcendental Numbers". *Hardy-Ramanujan Journal*. 6, (1983), 37–44.

60. "Mean-value of the Riemann zeta-function and other remarks [II]". International Conference on Analytical Methods in Number Theory and Analysis (Moscow, 1981). *Trudy Mat. Inst. Steklov.* 163, (1984), 200–204.

61. "Mean-value of the Riemann zeta-function and other remarks I". *Topics in Classical Number Theory*. Vol. I, II (Budapest, 1981), 1317–1347, *Colloq. Math. Soc. János Bolyai*. 34, North-Holland, Amsterdam, (1984).

62. (With Balasubramanian, R.) "Mean-value of the Riemann zeta-function on the critical Line". *Proceedings of the Indian Academy of Sciences, Mathematical Sciences*. 93, (1984), no. 2–3, 101–107.

63. (With Balasubramanian, R.) "Transcendental numbers and a lemma in combinatorics". *Combinatorics and Applications* (Calcutta, 1982), 57–59, Indian Statistical Institute, Calcutta (1984).

64. (With Balasubramanian, R.) "A hybrid version of a theorem of Ingham number theory". (Ootacamund, 1984), 38–46, *Lecture Notes in Mathematics*. 1122, Springer, Berlin, (1985).

65. (With Balasubramanian, R.) "Progress towards a conjecture on the mean value of Titchmarsh series III". *Acta Arithmetica*. 45, (1986), no. 4, 309–318.

66. (With Balasubramanian, R.) "On an analytic continuation of $\zeta(s)$". *Indian Journal of Pure and Applied Mathematics*. 18, (1987), no. 9, 790–793.

67. (With Sankaranarayanan, A.) "A remark on $\zeta(2n)$". *Indian Journal of Pure and Applied Mathematics*. 18, (1987), no. 10, 891–895.

68. "Srinivasa Ramanujan: the inventor of the circle method". (22. 12. 1887 to 26. 4. 1920). *Journal Math. Phys. Sci.* 21, (1987), no. 6, 545–565.

69. "A remark on $\zeta(1+i)$". *Hardy-Ramanujan Journal*. 10, (1987), 2–8.

70. "Srinivasa Ramanujan: the inventor of the circle method". (22. 12. 1887 to 26. 4. 1920). Inaugural address. *Hardy-Ramanujan Journal*. 10, (1987), 9–24.

71. (With Balasubramanian, R.) "On the number of integers n such that nd $(n) <$ or $= x$". *Acta Arithmetica*. 49, (1988), no. 4, 313–322.

72. (With Balasubramanian, R. and Subbarao, M. V.) "On the error function in the asymptotic formula for the counting function of k-full numbers". *Acta Arithmetica*. 50, (1988), no. 2, 107–110.

73. (With Balasubramanian, R.) "On the frequency of Titchmarsh's phenomenon for $\zeta(s)$, V". *Ark. Mat.* 26, (1988), no. 1, 13–20.

74. (With Balasubramanian, R.) "On square-free numbers". Proceedings of the Ramanujan Centennial International Conference (Annamalainagar, 1987), 27–30, RMS Publ., 1. *Ramanujan Math. Soc.* Annamalainagar, (1988).

75. (With Balasubramanian, R.) "Some local convexity theorems for the zeta-function-like analytic functions". *Hardy-Ramanujan Journal*. 11, (1988), 1–12 (1989).

76. "On the frequency of Titchmarsh's phenomenon for $\zeta(s)$, VII". *Ann. Acad. Sci. Fenn. Ser. A I Math.* 14, (1989), no. 1, 27–40.

77. "An application of Borel-Carathéodory theorem". *Journal of the Ramanujan Mathematical Society*. 4, (1989), no. 1, 45–52.

78. (With Volovich, I. V.) "A generalization of the Riemann zeta-function". *Proceedings of the Indian Academy of Sciences, Mathematical Sciences*. 99, (1989), no. 2, 155–162.

79. (With Sankaranarayanan, A.) "Omega-theorems for the Hurwitz zeta-function". *Arch. Math.* (Basel), 53, (1989), no. 5, 469–481.

80. "Titchmarsh series". *Théorie des nombres* (Quebec, PQ, 1987), 811–814, de Gruyter, Berlin, (1989).

81. (With Balasubramanian, R.) "A lemma in complex function theory, I, II". *Hardy-Ramanujan Journal.* 12, (1989), 1–5, 6–13.

82. "A trivial remark on Goldbach conjecture". *Hardy-Ramanujan Journal.* 12, (1989), 14–19.

83. (With Balasubramanian, R.) "Titchmarsh's phenomenon for $\zeta(s)$". Number Theory and Related Topics (Bombay, 1988), 13–22, Tata Institute of Fundamental Research, *Studies in Mathematics.* 12, TIFR, Bombay, (1989).

84. (With Balasubramanian, R.) "On the frequency of Titchmarsh's phenomenon for $\zeta(s)$, VI". *Acta Arithmetica.* 53, (1990), no. 4, 325–331.

85. (With Balasubramanian, R.) "An alternative approach to a theorem of Tom Meurman". *Acta Arithmetica.* 55, (1990), no. 4, 351–364.

86. (With Balasubramanian, R.) "Proof of some conjectures on the mean-value of Titchmarsh series I". *Hardy-Ramanujan Journal.* 13, (1990), 1–20.

87. "Proof of some conjectures on the mean-value of Titchmarsh series with applications to Titchmarsh's phenomenon". *Hardy-Ramanujan Journal.* 13, (1990), 21–27.

88. "On the frequency of Titchmarsh's phenomenon for $\zeta(s)$ IX". *Hardy-Ramanujan Journal.* 13, (1990), 28–33.

89. "A simple proof of Siegel-Tatuzawa theorem". *Bulletin of the Calcutta Mathematical Society.* 82, (1990), no. 3, 222,

90. (With Balasubramanian, R.) "Proof of some conjectures on the mean-value of Titchmarsh series II". *Hardy-Ramanujan Journal.* 14, (1991), 1–20.

91. (With Balasubramanian, R.) "On the zeros of a class of generalized Dirichlet series, VIII, IX". *Hardy-Ramanujan Journal.* 14, 21–33, 34–42.

92. (With Sankaranarayanan, A.) "Note on a paper by H. L. Montgomery, II: extreme values of Riemann zeta-function". [*Comment. Math. Helv.* 52, (1977), no. 4, 511–518]. With an Appendix by the referee. *Acta Arithmetica.* 58, (1991), no. 4, 299–308.

93. (With Sankaranarayanan, A.) "On some theorems of Littlewood and Selberg, II, III". *Ann. Acad. Sci. Fenn. Ser. AI Math.* 16, (1991), no. 1, 131–137, 139–149.

94. "On the zeros of a class of generalized Dirichlet series, VII". *Ann. Acad. Sci. Fenn. Ser. AI Math.* 16, (1991), no. 2, 391–397.

95. (With Sankaranarayanan, A.) "Notes on the Riemann zeta-function". *Journal of the Indian Mathematical Society* (N. S.). 57, (1991), no. 1–4, 67–77.

96. (With Sankaranarayanan, A.) "Note on a paper by H. L. Montgomery" (Omega theorems for the Riemann zeta-function). "*Extreme values of Riemann zeta-function*". [*Comment. Math. Helv.* 52, (1977), no. 4, 511–518]. *Publ. Inst. Math.* (Beograd) (N. S.), 50(64), (1991), 51–59.

97. (With Sankaranarayanan, A.) "On the frequency of Titchmarsh's phenomenon for $\zeta(s)$, VIII". *Proceedings of the Indian Academy of Sciences, Mathematical Sciences.* 102, (1992), no. 1, 1–12.

98. (With Balasubramanian, R.) "The mean square of the Riemann zeta-function on the line $\sigma = 1$". *Enseign. Math.* (2), 38, (1992), no. 2, 13–25.

99. (With Balasubramanian, R.) "Proof of some conjectures on the mean-value of Titchmarsh series, III". *Proceedings of the Indian Academy of Sciences, Mathematical Sciences.* 102, (1992), no. 2, 83–91.

100. (With Balasubramanian, R.) "On the zeros of a class of generalized Dirichlet series, X". *Indag. Math.* (N. S.). 3, (1992), no. 4, 377–384.

101. "On Riemann zeta-function and allied questions". *Journées Arithmetiqués.* 1991 (Geneva), Astérisque Nr. 209, (1992), 57–72.

102. (With Balasubramanian, R.) "On the zeros of a class of generalized Dirichlet series, XI". *Proceedings of the Indian Academy of Sciences, Mathematical Sciences.* 102, (1992), no. 3, 225–233.

103. (With Balasubramanian, R.) "On the zeros of $\zeta(s)$ – a [XII]". *Acta Arithmetica.* 63, (1993), no. 2, 183–191.

104. (With Balasubramanian, R.) "On the zeros of $\zeta(s)$ – a [XII]". *Acta Arithmetica.* 63, (1993), no. 4, 359–366.

105. (With Sankaranarayanan, A.) "On some theorems of Littlewood and Selberg, I". *Journal of Number Theory.* 44, (1993), no. 3, 281–291.

106. (With Balasubramanian, R.) "An application of the Hooley-Huxley contour". *Acta Arithmetica.* 65, (1993), no. 1, 45–51.

107. "Application of a theorem of Montgomery and Vaughan to the zeta-function, II". *Journal of the Indian Mathematical Society* (N. S.). 59, (1993), no. 1–4, 1–11.

108. "A brief report on the zeros of a class of generalized Dirichlet series". *Interdisciplinary Studies on Number Theory* (Japanese) (Kyoto, 1992). *Surikaisekikenkyusho Kokyuroku.* Nr. 837, (1993), 48–56.

109. (With Balasubramanian, R.) "On the zeros of a class of generalized Dirichlet series, XIV". *K. G. Ramanathan Memorial Issue, Proceedings of the Indian Academy of Sciences, Mathematical Sciences.* 104, (1994), no. 1, 167–176.

110. (With Balasubramanian, R.) "On the zeros of a class of generalized Dirichlet series, XV". *Indag. Math.* (N. S.). 5, (1994), no. 2, 129–144.

111. "Some remarks on the mean-value of the Riemann zeta-function and other Dirichlet series, IV". *Journal of the Indian Mathematical Society* (N. S.). 60, (1994), no. 1–4, 107–122.

112. "When is $I_n = \log_{10}(2^n/n)$ close to an Integer?". *Current Science.* 67, (1994), no. 6, 454–456.

113. (With Sankaranarayanan, A.) "On the zeros of a class of generalized Dirichlet series, XVI". *Math. Scand.* 75, (1994), no. 2, 178–184.

114. "A large value theorem for $\zeta(s)$". *Hardy-Ramanujan Journal.* 18, (1995), 1–9.

115. (With Balasubramanian, R.) "On Riemann zeta-function and allied questions II". *Hardy-Ramanujan Journal.* 18, (1995), 10–22.

116. (With Sankaranarayanan, A.) "On some theorems of Littlewood and Selberg, IV". *Acta Arithmetica.* 70, (1995), no. 1, 79–84.

117. "On the mean-value and Omega-theorems for the Riemann zeta-function". *Tata Institute of Fundamental Research Lectures on Mathematics and Phy-*

sics. 85, Published for the Tata Institute of Fundamental Research, Bombay; by Springer, 1995.

118. "Simplest, quickest and self-contained proof that $\frac{1}{2} <$ or $= \theta <$ or $= 1$ (θ being the least upper bound of the real parts of the zeros of $\zeta(s)$". *Journal of the Indian Mathematical Society* (N. S.). 61, (1995), no. 1–2, 7–12.

119. (With Sankaranarayanan, A.) "A remark on Vinogradov's mean-value theorem". *Journal of Analysis.* 3, (1995), 111–129.

120. (With Sankaranarayanan, A. and Srinivas, K.) "Addendum to K. Ramachandra's paper: some problems of analytic number theory". [*Acta Arithmetica.* 31, (1976), no. 4, 313–324.] *Acta Arithmetica.* 73, (1995), no. 4, 367–371.

121. "On the zeros of $\zeta^{(1)}(s)$ – a (on the zeros of a class of generalized Dirichlet series XVII)". *Proceedings of the Indian Academy of Sciences, Mathematical Sciences.* 105, (1995), no. 3, 273–279.

122. "Little flowers to I. M. Vinogradov". *Trudy Mat. Inst. Steklov.* 207, (1994), 283–285; translation in *Proc. Steklov Inst. Math.* 1995, no. 6 (207), 259–261.

123. (With Sankaranarayanan, A. and Srinivas, K.) "Ramanujan's lattice point problem, prime number theory and other remarks". *Hardy-Ramanujan Journal.* 19, (1996), 2–56.

124. (With Sankaranarayanan, A. and Srinivas, K.) "Problems and results on $\alpha p - \beta q$". *Acta Arithmetica.* 75, (1996), no. 2, 119–131.

125. (With Sankaranarayanan, A.) "Hardy's theorem for zeta-functions of quadratic forms". *Proceedings of the Indian Academy of Sciences, Mathematical Sciences.* 106, (1996), no. 3, 217–226.

126. (With Balasubramanian, R.) "Some local convexity theorems for the zeta-function-like analytic functions, II". *Hardy-Ramanujan Journal.* 20, (1997), 2–11.

127. (With Balasubramanian, R. and Sankaranarayanan, A.) "On the zeros of a class of generalized Dirichlet series, XVIII (a few remarks on Littlewood's theorem and Titchmarsh points)". *Hardy-Ramanujan Journal.* 20, (1997), 12–28.

128. "On the zeros of a class of generalized Dirichlet series, XIX". *Hardy-Ramanujan Journal.* 20, (1997), 29–39.

129. "Professor Paul Erdös (1913–1996), an obituary". *Current Science.* 72, (1997), no. 1, 78–80.

130. "Fractional moments of the Riemann zeta-function". *Acta Arithmetica.* 78, (1997), no. 3, 255–265.

131. (With Sankaranarayanan, A.) "Vinogradov's threeprimes theorem". *Mathematics Student.* 66, (1997), no. 1–4, 27–72.

132. (With Balasubramanian, R.) "Two remarks on a paper: on the distribution of multiplicities of zeros of Riemann zeta-function" [*Czechoslovak Math. J.* 44 (119), (1994), no. 3, 385–404.] by J. Moser: *Bulletin of the Calcutta Mathematical Society.* 89, (1997), no. 3, 199–208.

133. (With Balasubramanian, R.) "Some local convexity theorems for the zeta-function-like analytic functions, III". *Number Theory* (Tiruchirapalli, 1996),

243–256, Contemp. Math., 210, *American Mathematical Society*. Providence, RI, (1998).

134. (With Balasubramanian, R.) "Some remarks on a lemma of A. E. Ingham". Dedicated to Professors Zoltàn Daróczy and Imre Kàtai. Publ. *Math. Debrecen*. 52, (1998), no. 3–4, 281–289.
135. "Many famous conjectures on primes: meagre but precious progress of a deep nature". *Proceedings of the Indian National Science Academy, part A*. 64, (1998), no. 5, 643–650.
136. "On a method of Davenport and Heilbronn, I". *Hardy-Ramanujan Journal*. 21, (1998), 15.
137. "A remark on Perron's formula". *Journal of the Indian Mathematical Society* (N. S.). 65, (1998), no. 1–4, 145–151.
138. "Many famous conjectures on primes: meagre but precious progress of a deep nature". *Mathematics Student*. 67, (1998), no. 1–4, 187–199.
139. "On the future of Riemann hypothesis". *Current Science*. 77, (1999), no. 7, 951–953.
140. (With Sankaranarayanan, A.) "Notes on the Riemann zeta-function, II". *Acta Arithmetica*. 91, (1999), no. 4, 351–365.
141. (With Balasubramanian, R. and Sankaranarayanan, A.) "Notes on the Riemann zeta-function, III, IV". *Hardy-Ramanujan Journal*. 22, (1999), 23–33, 34–41.

C. P. Ramanujam (CPR)

1. "Cubic forms over algebraic number fields". *Proceedings of the Cambridge Philosophical Society*. 59, (1963), 683–705.
2. "Sums of the m-th powers in p-adic rings". *Mathematika*. 10, (1963), 137–146.
3. "A note on automorphism groups of algebraic varieties". *Math. Ann*. 156, (1964), 25–33.
4. "On a certain purity theorem". *Journal of the Indian Mathematical Society* (N. S.). 34, (1970), 1–9.
5. "A topological characterization of the affine plane as an algebraic variety". *Ann. of Math*. (2), 94, (1971), 69–88.
6. "Remarks on the Kodaira Vanishing". *Journal of the Indian Mathematical Society* (N. S.). 36, (1972), 41–51.
7. "On geometric interpretation of multiplicity". *Invent. Math*. 22, (1973/74), 63–67.
8. "Supplement to the article 'Remarks on the Kodaira Vanishing'". *Journal of the Indian Mathematical Society* (N. S.). 36, (1972), 41–51." *Journal of the Indian Mathematical Society* (N. S.). 38, (1974), no. 1–4, 1–4.
9. "The invariance of Milnor's number implies the invariance of the topological type". *American Journal of Mathematics*. 98, (1976), no. 1, 67–68.

T. N. Shorey (TNS)

Professor Shorey hat viel mehr Forschungsarbeiten veröffentlicht als hier aufgeführt. Diejenigen, die im 21. Jahrhundert veröffentlicht wurden, wurden aufgrund des zeitlichen Rahmens des vorliegenden Buches nicht berücksichtigt.

1. "On a theorem of Ramachandra". *Acta Arithmetica.* 20, (1972), 215–221.
2. "Algebraic independence of certain numbers in the p-adic domain". *Indag. Math.* 34, (1972), 423–435.
3. "p-adic analogue of a theorem of Tijdeman and its applications". *Indag. Math.* 34, 1972, 436–442.
4. (With Ramachandra, K.) "On gaps between numbers with a large prime factor". *Acta Arithmetica.* 24, (1973), 99–111.
5. "On gaps between numbers with a large prime factor II". *Acta Arithmetica.* 25, (1974), 365–373.
6. "Linear forms in the logarithms of algebraic numbers with small coefficients I". *Journal of the Indian Mathematical Society.* 38, (1974), 271–284.
7. "Linear forms in the logarithms of algebraic numbers with small coefficients II". *Journal of the Indian Mathematical Society.* 38, (1974), 285–292.
8. (With Ramachandra, K. and Tijdeman, R.) "On Grimm's problem relating to factorisation of a block of consecutive integers". *Journal Reine Angew. Math.* 273, (1975), 109–124.
9. "Some applications of linear forms in logarithms". *Seminar Delange-Pisot Poitou.* 1975/76, Paris, Exp. 3.
10. "Some applications of linear forms in logarithms". *Seminar Delange-Pisot Poitou.* 1975/76, Paris, Exp. 28.
11. "On linear forms in the logarithms of algebraic numbers". *Acta Arithmetica.* 30, (1976), 27–42.
12. (With Erdös, P.) "On the greatest prime factor $2^p - 1$ and other expressions". *Acta Arithmetica.* 30, (1976), 257–265.
13. (With Tijdeman, R.) "On the greatest prime factors of polynomials at integer points". *Compositio Math.* Scand., 33, (1976), 187–195.
14. (With Tijdeman, R.) "New applications of Diophantine approximations to Diophantine equations". *Math. Scand.* 39, (1976), 5–18.
15. (With Ramachandra, K. and Tijdeman, R.) "On Grimm's problem relating to factorisation of a block of consecutive integers II". *Journal Reine Angew. Math.* 288, (1976), 192–201.
16. (With Van Der Poorten, A. J., Tijdeman, R. and Schinzel, A.) "Applications of the Gel'fond-Baker method to Diophantine equations". *Transcendence Theory: Advances and Applications.* Ed. A. Baker and D. W. Masser, Academic Press, London (1977), 59–77.
17. "On the greatest prime factor of $ax^m + by^n$". *Acta Arithmetica.* 36, (1980), 21–25.
18. (With Balasubramanian, R.) "On the equation $a(x^m - 1)/(x - 1) = b(y^n - 1)/(y - 1)$". *Math. Scand.* 46, (1980), no. 2, 177–182.

19. (With Stewart, C. L.) "On divisors of Fermat, Fibonacci, Lucas and Lehmar numbers II". *Journal of the London Mathematical Society.* (2), 23, (1981), 17–23.

20. "The equation $ax^m + by^m = cx^n + dy^n$". *Acta Arithmetica.* 41, (1982), 255–260.

21. (With Parnami, J. C.) "Subsequences of binary recursive sequences". *Acta Arithmetica.* 40, (1982), 193–196.

22. "On the greatest square free factor of members of a binary recursive sequence". *Hardy-Ramanujan Journal.* 6, (1983), 23–26.

23. "Divisors of convergents of a continued fraction". *Journal Number Theory.* 17, (1983), 127–133.

24. (With Stewart, C. L.) "On the equation $ax^{2t} + bx^t y + cy^2 = d$ and pure powers in recurrence sequences". *Math. Scand.* 52, (1983), 24–36.

25. "Applications of linear forms in logarithms to binary recursive sequences". Seminar on Number Theory, Paris 1981/82, *Progr. Math.*, Birkhauser, Boston, (1983), 287–301.

26. "Linear forms in members of a binary recursive sequence". *Acta Arithmetica.* 43, (1984), 317–331.

27. "On the equation $a(x^m - 1)/(x - 1) = b(y^n - 1)/(y - 1)$ II". *Hardy-Ramanujan Journal.* 7, (1984), 1–10.

28. "On the ratio of values of a polynomial". *Proceedings of the Indian Academy of Sciences, Mathematical Sciences.* 93, (1984), 109–116.

29. (With Mignotte, M. and Tijdeman, R.) "The distance between terms of an algebraic recurrence sequence". *Journal Reine Angew. Math.* 349 (1984), 63–76.

30. "Perfect powers in values of certain polynomials at integer points". *Mathematical Proceedings of the Cambridge Philosophical Society.* 99, (1986), 195–207.

31. "On the equation $z^q = (x^n - 1)/(x - 1)$". *Indag. Math.* 48, (1986), 345–351.

32. "On the equation $ax^m - by^n = k$". *Indag. Math.* 48, (1986), 353–358.

33. "Integer solutions of some equations". *Current Science.* 55, Nr. 17, (1986), 815–817.

34. "Perfect powers in products of integers from a block of consecutive integers". *Acta Arithmetica.* 49, (1987), 135–137.

35. "Ramanujan and binary recursive sequences". *Journal of the Indian Mathematical Society.* 52, (1987), 147–157.

36. (With Srinivasan, S.) "Metrical results on square free divisors of convergents of continued fractions". *Bulletin of the London Mathematical Society.* 19, (1987), 135–138.

37. (With Stewart, C. L.) "Pure powers in recurrence sequences and some related Diophantine equations". *Journal of Number Theory.* 27, (1987), 324–352.

38. (With Murty, Ram and Murty, Kumar) "Odd values of Ramanujan τ-function". *Bull. Soc. Math.* France, 115, (1987), 391–395.

39. (With Evertse, J. H., Györy, K. and Tijdeman, R.) "Equal values of binary forms at integral points". *Acta Arithmetica.* 48, (1987), 379–396.

40. (With Györy, K.) "On the denominators of equivalent algebraic numbers". *Indag. Math.* 50, (1988), 29–41.
41. (With Tijdeman, R.) "Perfect powers in arithmetical progression". *Journal of Madras University (Section B).* 51, (1988), 173–180.
42. "Some exponential Diophantine equations". *New Advances in Transcendence Theory.* Hrsg. A. Baker, Cambridge University Press (1988), 352–365.
43. "Some exponential Diophantine equations II". *Number Theory and Related Topics.* Hrsg. S. Raghavan, Tata Institute of Fundamental Research, Bombay (1988), 217–229.
44. "Integers with identical digits". *Acta Arithmetica.* 53, (1989), 81–99.
45. (With Tijdeman, R.) "On the number of prime factors of an arithmetical progression". *Journal Sichuan University.* 26, (1989), 72–74.
46. (With Balasubramanian, R. and Waldschmidt, M.) "On the maximal length of two sequences of consecutive integers with the same prime divisors". *Acta Mathematica Hungarica.* 54, (1989), 225–236.
47. (With Tijdeman, R.) "Perfect powers in products of terms in an arithmetical progression". *Compositio Math.* (1990), 307–344.
48. (With Saradha, N.) "On the ratio of two blocks of consecutive integers". *Proceedings of the Indian Academy of Sciences (Mathematical Sciences).* 100, (1990), 107–132.
49. (With Tijdeman, R.) "On the greatest prime factor of an arithmetical progression (II)". *Acta Arithmetica.* 53, (1990), 499–504.
50. (With Györy, K. and Mignotte, M.) "On some arithmetical properties of weighted sums of S-units". *Mathematica Pannonica* 1/2. (1990), 25–43.
51. (With Tijdeman, R.) "On the greatest prime factor of an arithmetical progression". *A Tribute to Paul Erdös.* Hrsg. A. Baker, B. Bollobas and A. Hajnal, Cambridge University Press, (1990), 25–43.
52. (With Saradha, N.) "The equations $(x+1)\cdots(x+k)=(y+1)\cdots(y+mk)$, $m=3$, 4". *Indag. Math.* N. S. 2, (1991), 489 $\cdots$ 510.
53. (With Saradha, N.) "On the equations $(x+1)\cdots(x+k)=(y+1)\cdots(y+mk)$". *Indag. Math.* N. S. 3, (1992), 79–90.
54. (With Saradha, N.) "On the equation $x(x+d)\cdots[x+(k-1)d]=y(y+d)\cdots[y+(mk-1)d]$". *Indag. Math.* N. S. 3, (1992), 237–242.
55. (With Tijdeman, R.) "Perfect powers in arithmetical progression (II)". *Compositio Math.* 82, (1992), 107–117.
56. (With Tijdeman, R.) "Perfect powers in products of terms in an arithmetical progression (II)". *Compositio Math.* 82, (1992), 119–136.
57. (With Tijdeman, R.) "Perfect powers in products of terms in an arithmetical progression (III)". *Acta Arithmetica,* 61, (1992), 391–398.
58. (With Tijdeman, R.) "On the number of prime factors of a finite arithmetical progression". *Acta Arithmetica.* 61, (1992), 375–390.
59. (With Tijdeman, R.) "On the greatest prime factor of an arithmetical progression (III)". *Diophantine Approximation and Transcendental Numbers.* Luminy 1990. Hrsg. Ph. Philippon, Walter de Gruyter, New York, (1992), 275–280.

60. "On the equation $x^l + y^l = 2z^l$ and related problems". *Seminar on Number Theory*. Caen 1992/1993, University of Caen, Exp. VI.

61. (With Balasubramanian, R.) "On the equation $f(x+1) \cdots f(x+k) = f(y+1) \cdots f(y+mk)$". *Indag. Math*. N. S. 4, (1993), 257–267.

62. (With Balasubramanian, R.) "Squares in products from a block of consecutive integers". *Acta Arithmetica*. 65, (1994), 213–220.

63. (With Saradha, N.) "On the equation $x(x+d_1) \cdots [x+(k-1)d_1] = y(y+d_2) \cdots [y+(mk-1)d_2]$". *Proceedings of the Indian Academy of Sciences (Mathematical Sciences)*. 104, (1994), 1–12.

64. (With Saradha, N. and Tijdeman, R.) "On arithmetic progressions with equal products". *Acta Arithmetica*. 68, (1994), 89–100.

65. "Applications of Baker's theory of linear forms in logarithms to exponential Diophantine Equations's (Analytic Number Theory), RIMS Kokyuroku, 886, (1994), 48–60, Kyoto University.

66. (With Saradha, N. and Tijdeman, R.) "On arithmetic progressions of equal lengths with equal products". *Mathematical Proceedings of the Cambridge Philosophical Society*. 117, (1995), 193–201.

67. (With Saradha, N. and Tijdeman, R.) "On the equation $x(x+1) \cdots (x+k-1) = y(y+d) \cdots [y+(mk-1)d]m = 1, 2$". *Acta Arithmetica*. 71, (1995), 181–196.

68. "On a conjecture that a product of k consecutive positive integers is never equal to a product of mk consecutive positive integers except for $8.9.10 = 6!$ and related problems". *Number Theory*. Paris 1992–1993, Hrsg. S. David, London Mathematical Society. *Lecture Note Series*. 215, (1995), 231–244.

69. (With Saradha, N. and Tijdeman, R.) "On values of a polynomial at arithmetic progressions with equal products". *Acta Arithmetica*, 72, (1995), 67–76.

70. "Perfect powers in products of arithmetical progressions with fixed initial term". *Indag. Math*. N. S. 7, (1996), 521–525.

71. (With Nesterenko, Yu. V.) "Perfect powers in poducts of integers from a block of consecutive integers II". *Acta Arithmetica*. 76, (1996). 191–198.

72. (With Mignotte, M.) "The equations $(x+1) \cdots (x+k) = (y+1) \cdots (y+mk)$, $m = 5, 6$". *Indag. Math*. N. S. 7, (1996), 215–225.

73. (With Balasubramanian, R., Langevin, M. and Waldschmidt, M.) "On the maximal length of two sequences of integers in arithmetic progressions with the same prime divisors". *Monatshefte für Mathematik*. 121, (1996), 295–307.

74. "Some applications of Diophantine approximations to Diophantine equations". *Number Theory*. Paris 1993–94, Hrsg. S. David. London Mathematical Society. *Lecture Note Series*. 235, (1996), 189–198.

75. (With Tijdeman, R.) "Some methods of Erdös applied to finite arithmetic progressions". *The Mathematics of Paul Erdös, Hrsg. Ronald L. Graham and Jaroslav Nešetřil*. Springer, (1997), 251–267.

76. (With Balasubramanian, R.) "Perfect powers in products of terms in an arithmetical progression (IV)". *Number Theory, Contemporary Mathematics*. 210, (1997), 257–263, American Mathematical Society.

77. (With Hirata-Kohono, Noriko) "On the equation $(x^m - 1)/(x - 1) = y^q$ with x power". *Analytic Number Theory*. Hrsg. Y. Motohashi, London Mathematical Society. *Lecture Note Series*. 247, (1997), 341–351.

78. (With Tijdeman, R.) "Irrationality criteria for numbers of Mahler's type". *Analytic Number Theory*. Hrsg. Y. Motohashi, London Mathematical Society. *Lecture Note Series*. 247, 341–351.

79. (With Nesterenko, Yu. V.) "On an equation of goormaghtigh". *Acta Arithmetica*. 83, (1998), 381–389.

80. "Integer solutions of exponential diophantine equations". *Bulletin of Bombay Mathematical Colloquium*. 13, (1998), 1–21.

81. (With Saradha, N.) "The equation $(x^n - 1)/(x - 1) = y^q$ with x square". *Mathematical Proceedings of the Cambridge Philosophical Society*. 125, (1999), 1–19.

82. (With Bugeaud, Mignotte, M. and Roy, Y.) "The equation $(x^n - 1)/(x - 1) = y^q$ has no solution with x square". *Mathematical Proceedings of the Cambridge Philosophical Society*. 127, (1999), 353–372.

83. "The equation $a(x^n - 1)/(x - 1) = by^q$ with $ab > 1$". *Number Theory in Progress*. Volume 1, (1999), Walter de Gruyter, Berlin, 473–485.

84. (With Beukers, F. and Tijdeman, R.) "Irreducibility of polynomials and arithmetic progressions with equal products of terms". *Number Theory in Progress*. Volume 1, (1999), Walter de Gruyter, Berlin, 473–485.

85. "Exponential Diophantine equations involving products of consecutive integers and related equations". *Number Theory*. Hrsg. R. P. Bambah, V. C. Dumir and R. J. Hans-Gill, Hindustan Book Agency, (1999), 463–495.

R. Balasubramanian (RB)

Aufgrund des Zeitrahmens dieses Buches wurden nur Veröffentlichungen aus dem 20. Jahrhundert aufgeführt.

1. (With Ramachandra, K.) "Two remarks on a result of Ramachandra". *Journal of the Indian Mathematical Society* (N. S.). 38, (1974), no. 1–4, 395–397.

2. (With Ramachandra, K.) "The place of an identity of Ramanujan in prime number theory". *Proceedings of the Indian Academy of Sciences, Abschn. A*. 83, (1976), no. 4, 156–165.

3. (With Ramachandra, K.) "On the zeros of a class of generalized Dirichlet series III". *Journal of the Indian Mathematical Society* (N. S.). 41, (1977), no. 3–4, 301–315.

4. (With Ramachandra, K.) "On the frequency of Titchmarsh's phenomenon for $\zeta(s)$, III". *Proceedings of the Indian Academy of Sciences, Abschn. A*. 86, (1977), no. 4, 341–351.

5. "An improvement on a theorem of Titchmarsh on the mean square of $|\zeta(1/2 + it)|$". *Proceedings of the London Mathematical Society*. (3) 36, (1978), no. 3, 540–576.

6. (With Ramachandra, K.) "On the zeros of a class of generalized Dirichlet series IV". *Journal of the Indian Mathematical Society* (N. S.). 42, (1978), no. 1–4, 135–142.

7. "A note on Hurwitz's zeta-function". *Ann. Acad. Sci. Fenn. Ser. A I Math.* 4, (1979), no. 1, 41–44.

8. "Analytic sufficiency conditions for Goldbach's conjecture". *Kyungpook Math. Journal.* 19, (1979), no. 1, 85–105.

9. "On Waring's problem: $g(4) \le 21$". *Hardy-Ramanujan Journal.* 2, (1979), 31.

10. (With Ramachandra, K.) "Some problems of analytic number theory II". *Studia Sci. Math. Hungar.* 14, (1979), no. 1–3, 193–202.

11. (With Ramachandra, K.) "Effective and non-effective results on certain arithmetical functions". *Journal of Number Theory.* 12, (1980), no. 1, 10–19.

12. (With Shorey, T. N.) "On the equation $a(x^m - 1)/(x - 1) = b(y^n - 1)/(y - 1)$". *Math. Scand.* 46, (1980), no. 2, 177–182.

13. "A note on Dirichlet's L-functions". *Acta Arithmetica.* 38, (1980/81), no. 3, 273–283.

14. (With Ramachandra, K.) "Some problems of analytic number theory III". *Hardy-Ramanujan Journal.* 4, (1981), 13–40.

15. (With Ramachandra, K.) "On the zeros of a class of generalized Dirichlet series VI". *Ark. Mat.* 19, (1981), no. 2, 239–250.

16. (With Murty, M. Ram) "An Ω-theorem for Ramanujan's τ-function". *Invent. Math.* 68, (1982), no. 2, 241–252.

17. (With Ramachandra, K.) "On the zeros of the Riemann zeta-function and L-series II". *Hardy-Ramanujan Journal.* 5, (1982), 1–30.

18. (With Mozzochi, C. J.) "Siegel zeros and the Goldbach problem". *Journal of Number Theory.* 16, (1983), no. 3, 311–332.

19. (With Mozzochi, C. J.) "An improved upper bound for $G(k)$ in Waring's problem for relatively small k". *Acta Arithmetica.* 43, (1984), no. 3, 283–285.

20. (With Ramachandra, K.) "Mean-value of the Riemann zeta-function on the critical line". *Proceedings of the Indian Academy of Sciences, Mathematical Sciences.* 93, (1984), no. 2–3, 101–107.

21. (With Ramachandra, K.) "Transcendental numbers and a lemma in combinatorics". *Combinatorics and Applications* (Calcutta 1982). Indian Statistical Institute, Calcutta, 1984.

22. (With Conrey, J. B. and Heath-Brown, D. R.) "Asymptotic mean square of the product of the Riemann zeta-function and a Dirichlet polynomial". *Journal Reine Angew. Math.* 357, (1985), 161–181.

23. (With Ramachandra, K.) "A hybrid version of a theorem of Ingham". *Number Theory* (Ootacamund, 1984), 38–46, *Lecture Notes in Mathematics.* 1122, Springer, Berlin, (1985).

24. "On Waring's problem: $g(4) \le 20$". *Hardy-Ramanujan Journal.* 8, (1985), 1–40.

25. (With Ramachandra, K.) "Progress towards a conjecture on the mean value of Titchmarsh series III". *Acta Arithmetica.* 45, (1986), no. 4, 309–318.

26. (With Deshouillers, Jean-Marc and Dress, François) "Problème de Waring pour les bicarrès. I. Schèma de la solution. [Waring's Problem for Biquadrates. I. Sketch of the Solution]". *C. R. Acad. Sci. Paris, Sèr. I. Math.* 303, (1986), no. 4, 85–88.

27. (With Deshouillers, Jean-Marc and Dress, François) "Problème de Waring pour les bicarrès. II. Rèsultats Auxiliaires pour le Thèoreme Asymptotique. [Waring's Problem for Biquadrates. II. Auxiliary Results for the Asymptotic Theorem]". *C. R. Acad. Sci. Paris, Sèr. I. Math.* 303, (1986), no. 5, 161–163.

28. "Number theory and primality testing". *Workshop on Mathematics of Computer Algorithms* (Madras, 1986), A. 5, IMS Rep., 111, Institute of Mathematical Sciences, Madras, 1986.

29. "On the frequency of Titchmarsh's phenomenon for $\zeta(s)$ IV". *Hardy-Ramanujan Journal.* 9, (1986), 10.

30. (With Ramachandra, K.) "On an analytic continuation of $\zeta(s)$". *Indian Journal of Pure and Applied Mathematics.* 18, (1987), no. 9, 790–796.

31. "A note on a result of Erdös, Sárközy and Sós". *Acta Arithmetica.* 49, (1987), no. 1, 45–53.

32. "The circle method and its implications, Srinivasa Ramanujan Centenary 1987". *Journal Indian Institute of Science.* (1987), Special Issue, 39–44.

33. (With Ramachandra, K.) "On the number of integers n such that $nd(n) \leq x$". *Acta Arithmetica.* 49, (1988), no. 4, 313–322.

34. "On the additive completion of squares". *Journal of Number Theory.* 29, (1988), no. 1, 10–12.

35. (With Ramachandra, K. and Subbarao, M. V.) "On the error function in the asymptotic formula for the counting function of k-full numbers". *Acta Arithmetica.* 50, (1988), no. 2, 107–118.

36. (With Ramachandra, K.) "On the frequency of Titchmarsh's phenomenon for $\zeta(s)$ V". *Ark. Mat.* 26, (1988), no. 1, 13–20.

37. (With Adhikari, S. D. and Sankaranarayanan, A.) "On an error term related to the greatest divisor of n, which is Prime to k". *Indian Journal of Pure and Applied Mathematics.* 19, (1988), no. 9, 830–841.

38. (With Ramachandra, K.) "On square-free numbers". *Proceedings of the Ramanujan Centennial International Conference* (Annamalainagar, 1987), 27–30. RMS Publ. 1. Ramanujan Mathematical Society, Annamalainagar, 1988.

39. (With Ramachandra, K.) "Some local convexity theorems for the zeta-function-like analytic functions". *Hardy-Ramanujan Journal.* 11, (1988), 1–12.

40. (With Shorey, T. N. and Waldschmidt, M.) "On the maximal length of two sequences of consecutive integers with the same prime divisors". *Acta Math. Hungar.* 54, (1989), no. 3–4, 225–236.

41. (With Ramachandra, K.) "A lemma in complex function theory I, II". *Hardy-Ramanujan Journal.* 12, (1989), 1–5, 6–13.

42. (With Adhikari, S. D. and Sankaranarayanan, A.) "An Ω-result related to $r_4(n)$". *Hardy-Ramanujan Journal.* 12, (1989), 20–30.

43. (With Ramachandra, K.) "Titchmarsh's phenomenon for $\zeta(s)$". *Number Theory and Related Topics* (Bombay, 1988). 13–22. Tata Institute of Fundamental Research Studies in Mathematics, 12, TIFR, Bombay, (1989).

44. (With Ramachandra, K.) "On the frequency of Titchmarsh's phenomenon for $\zeta(s)$ VI". *Acta Arithmetica.* 53, (1990), no. 4, 325–331.

45. (With Ramachandra, K.) "An alternative approach to a theorem of Tom Meurman". *Acta Arithmetica.* 55, (1990), no. 4, 351–364.

46. (With Ramachandra, K.) "Proof of some conjectures on the mean-value of Titchmarsh series I". *Hardy-Ramanujan Journal.* 13, (1990), 1–20.

47. (With Murty, M. Ram) "Elliptic pseudoprimes II: Sèminiaire de thèorie des nombres". Paris 1988–1989, 13–25, *Progr. Math.*, 91, Birkhauser, Boston, Boston, MA, 1990.

48. (With Adhikari, S. D.) "A note on a certain error-term". *Arch. Math.* (Basel), 56, (1991), no. 1, 37–40.

49. (With Ramachandra, K.) "Proof of some conjectures on the mean-value of Titchmarsh series II". *Hardy-Ramanujan Journal.* 14, (1991), 1–20.

50. (With Ramachandra, K.) "On the zeros of a class of generalized Dirichlet series, VIII, IX". *Hardy-Ramanujan Journal.* 14, (1991), 21–33, 34–42.

51. (With Soundararajan, K.) "On the additive completion of squares II". *Journal of Number Theory.* 40, (1992), no. 2, 127–129.

52. (With Ramachandra, K. and Sankaranarayanan, A.) "On the frequency of Titchmarsh's phenomenon for $\zeta(s)$, VIII". *Proceedings of the Indian Academy of Sciences, Mathematical Sciences.* 102, (1992), no. 1, 1–12.

53. (With Ivić, A. & Ramachandra, K.) "The mean square of the Riemann zeta-function on the line $\sigma = 1$". *Enseign. Math.* (2), 38, (1992), no. 1–2, 13–25.

54. (With Murty, V. Kumar) "Zeros of Dirichlet L-functions". *Ann. Sci. Ecole Norm. Sup.* (4), 25, (1992), no. 5, 567–615.

55. (With Ramachandra, K.) "On the zeros of a class of generalized Dirichlet series, X". *Indag. Math.* (N. S.), 3, (1992), no. 4, 377–384.

56. (With Ramachandra, K.) "On the zeros of a class of generalized Dirichlet series, XI". *Proceedings of the Indian Academy of Sciences, Mathematical Sciences.* 102, (1992), no. 3, 225–233.

57. (With Ramachandra, K.) "On the zeros of $\zeta(s) - a$, [XII]". *Acta Arithmetica.* 63, (1993), no. 2, 183–191.

58. (With Ramachandra, K.) "On the zeros of $\zeta(s) - a$, [XIII]". *Acta Arithmetica.* 63, (1993), no. 4, 359–366.

59. (With Karunakaran, V. and Ponnusamy, S.) "A proof of Hall's conjecture on starlike mappings". *Journal of the London Mathematical Society.* (2), 48 (1993), no. 2, 278–288.

60. (With Ivić, A. and Ramachandra, K.) "An application of the Hooley-Huxley contour". *Acta Arithmetica.* 65, (1993), no. 1, 45–51.

61. (With Shorey, T. N.) "On the equation $f(x+1) \ldots f(x+k)=f(y+1)\ldots f(y+k)$". *Indag. Math.* (N. S.), 4, (1993), no. 3, 257–267.

62. (With Shorey, T. N.) "Squares in products from a block of consecutive integers". *Acta Arithmetica.* 65, (1993), no. 3, 213–220.

63. (With Raman, Venkatesh and Srinivasaraghavan, G.) "The complexity of fin-
    ding certain trees in tournaments". *Algorithms and Data Structures* (Montreal,
    PQ, 1993), 142–150. *Lecture Notes in Computer Science*. 709, Springer, Ber-
    lin, 1993.

64. (With Ramachandra, K.) "On the zeros of a class of generalized Dirichlet
    series, XIV". K. G. Ramanathan Memorial Issue. *Proceedings of the Indian
    Academy of Sciences, Mathematical Sciences*. 104, (1994), no. 1, 167–176.

65. (With Ramachandra, K.) "On the zeros of a class of generalized Dirichlet se-
    ries, XV". *Indag. Math.* (N. S.), 5, (1994), no. 2, 129–144.

66. (With Ramachandra, K.) "On Riemann zeta-function and allied questions II".
    Hardy-Ramanujan Journal. 18, (1995), 10–22.

67. (With Soundararajan, K.) "Maximal sets of integers with distinct divisors".
    Electron. Journal Combin. Research Paper 22.

68. (With Agarwal, A. K.) "Generalized Gonal numbers and a new class of partiti-
    ons". *Journal of the Indian Mathematical Society*. (N. S.), 61, (1995), no. 3–4,
    153–160.

69. (With Raman, Venkatesh) "Path balance heuristic for self-adjusting binary
    search trees". Foundations of Software Technology and Theoretical Compu-
    ter Science (Bangalore, 1995). 338–348. *Lecture Notes in Computer Science*.
    1026, Springer, Berlin, 1995.

70. (With Soundararajan, K.) "On a conjecture of R. L. Graham". *Acta Arithme-
    tica*. 75, (1996), no. 1, 1–38.

71. (With Ponnusamy, S.) "An alternate proof of Hall's theorem on a conformal
    mapping inequality". *Bull. Belg. Math. Soc.* Simon Stevin, 3, (1996), no. 2,
    209–213.

72. (With Langevin, M, Shorey, T. N. and Waldschmidt, M.) "On the maximal
    length of two sequences of integers in arithmetic progressions with the same
    prime divisors". *Monatsh. Math.* 121, (1996), no. 4, 295–307.

73. (With Nagaraj, S. V.) "Perfect power testing". *Inform. Process. Lett.* 58,
    (1996), no. 2, 59–63.

74. (With Adhikari, S. D.) "On a question regarding visibility of lattice points".
    Mathematika. 43, (1996), no. 1, 155–158.

75. (With Ramachandra, K.) "Some local convexity theorems for the zeta-func-
    tion-like analytic functions, II". *Hardy-Ramanujan Journal*. 20, (1997), 2–11.

76. (With Ramachandra, K. and Sankaranarayanan, A.) "On the zeros of a class of
    generalized Dirichlet series, XVIII (A few remarks on Littlewood's theorem
    and Titchmarsh points)". *Hardy-Ramanujan Journal*. 20, (1997), 12–28.

77. (With Nagaraj, S. V.) "Density of Carmichael numbers with three prime fac-
    tors". *Math. Comp.* 66, (1997), no. 220, 1705–1708.

78. (With Raman, Venkatesh and Srinivasaraghavan, G.) "Finding scores in tour-
    naments". *Journal Algorithms*. 24, (1997), no. 2, 380–394.

79. (With Agarwal, A. K.) "n-colour partitions with weighted differences equal to
    minus two". *International Journal of Mathematics and Mathematical Scien-
    ces*. 20, (1997), no. 4, 759–768.

80. (With Ramachandra, K.) "Two remarks on a paper: 'On the distribution of multiplicities of zeros of Riemann zeta-function'. *Czechoslovak Math. Journal*, 44, (119), (1994), no. 3, 385–404". *Bulletin of the Calcutta Mathematical Society*. 89, (1997), no. 3, 199–208.

81. (With Ramachandra, K.) "Some local convexity theorems for the zeta-function-like analytic functions, III". *Number Theory*. Tiruchirapalli, 1996, 243–256. *Contemp. Math*. 210. American Mathematical Society, Providence, RI, (1998).

82. (With Shorey, T. N.) "Perfect powers in products of terms in an arithmetical progression IV". *Number Theory*. Tiruchirapalli, 1996. 257–263. *Contemp. Math*. 210. American Mathematical Society, Providence, RI, (1998).

83. (With Ponnusamy, S. and Vuorinen, M.) "Functional inequalities for the quotients of hypergeometric functions". *Journal of Mathematical Analysis and Applications*. 218, (1998), no. 1, 256–268.

84. (With Fellows, Michael R. and Raman, Venkatesh) "An improved fixed-parameter algorithm for vertex cover". *Inform. Process. Lett*. 65, (1998), no. 3, 163–168.

85. (With Koblitz, Neal) "The improbability that an elliptic curve has subexponential discrete log problem under the Menezes-Okamoto-Vanstone algorithm". *Journal Cryptology*. 11, (1998), no. 2, 141–145.

86. (With Ramachandra, K.) "Some remarks on a lemma of A. E. Ingham. Dedicated to Professors Zoltán Daróczy and Imre Kátai". *Publ. Math*. Debrecen. 52, (1998), no. 3–4, 281–289.

87. (With Ponnusamy, S.) "On Ramanujan asymptotic expansions and inequalities for hypergeometric functions". *Proceedings of the Indian Academy of Sciences, Mathematical Sciences*. 108, (1998), no. 2, 95–108.

88. (With Ramana, D. S.) "Atkin's theorem on pseudo-squares". *Publ. Inst. Math*. (Beograd) (N. S.), 63 (77), (1998), 21–25.

89. (With Arasu, K. T. and Evans, A. B.) "A new family of nested row-column designs". *J. Combin. Math. Combin. Comput*. 29, (1999), 139–144.

90. (With Ponnusamy, S.) "Applications of duality principle to integral transforms of analytic functions". *Complex Variables Theory Appl*. 38, (1999), no. 4, 289–305.

91. (With Ramachandra, K., Sankaranarayanan, A. and Srinivas, K.) "Notes on the Riemann zeta-function, III, IV". *Hardy-Ramanujan Journal*. 22, (1999), 23–33, 34–41.

A. Sankaranarayanan (AS)

Aufgrund des Zeitrahmens dieses Buches wurden nur Veröffentlichungen aus dem 20. Jahrhundert aufgeführt.

1. "An identity involving Riemann zeta-function". *Indian Journal of Pure and Applied Mathematics*. 18, (1987), 79–800.

2. (With Ramachandra, K.) "A remark on $\zeta(2n)$". *Indian Journal of Pure and Applied Mathematics*. 18, (1987), 891–895.

3. (With Adhikari, S. D. and Balasubramanian, R.) "On an error term related to the greatest divisor of n, which is prime to k". *Indian Journal of Pure and Applied Mathematics*. 19, (1988), 830–841.

4. (With Ramachandra, K.) "Omega-theorems for the Hurwitz zeta-function". *Arch. Math*. 53, (1989), 469–481.

5. (With Adhikari, S. D. and Balasubramanian, R.) "On an error term related to $r_4(n)$". *Hardy-Ramanujan Journal*. 12, (1989), 20–30.

6. (With Adhikari, S. D.) "On an error term related to the Jordan totient function $J_k(n)$". *Journal of Number Theory*. 34, (1990), 178–188.

7. (With Ramachandra, K.) "Notes on the Riemann zeta-function". *Journal of the Indian Mathematical Society*. 57, (1991), 67–77.

8. (With Ramachandra, K.) "Note on a paper by H. L. Montgomery – I". *Publ. Inst. Math*. 50 (64), (1991), 51–59.

9. (With Ramachandra, K.) "Note on a paper by H. L. Montgomery – II". *Acta Arithmetica*. 58, (1991), 299–308.

10. (With Ramachandra, K.) "On some theorems of Littlewood and Selberg – II". *Annales Acad. Sci. Fennicae*, Ser. *A1, Mathematica*. 16, (1991), 131–137.

11. (With Ramachandra, K.) "On some theorems of Littlewood and Selberg. III". *Annales Acad. Sci. Fennicae, Ser. A1, Mathematica*. 16, (1991), 139–149.

12. (With Srinivas, K.) "On the papers of Ramachandra and Katai". *Acta Arithmetica*. 62, (1992), 373–382.

13. (With Balasubramanian, R. and Ramachandra, K.) "Titchmarsh's Phenomenon for $\zeta(s)$ – VIII". *Proceedings of the Indian Academy of Sciences, (Mathematical Sciences)*. 102, (1992), 1–12.

14. (With Ramachandra, K.) "On some theorems of Littlewood and Selberg. I". *Journal of Number Theory*. 44, (1993), 281–291.

15. "On the sign changes in the Remainder term of an asymptotic formula for the number of square-free numbers". *Arch. Math*. 60, (1993).

16. (With Srinivas, K.) "Mean-value theorem of the Riemann zeta-function over shorter intervals". *Journal of Number Theory*. 45, (1993), 32–326.

17. (With Ramachandra, K.) "On the zeros of a class of generalised Dirichlet series – XVI". *Math. Scan*. 75, (1994), 178–184.

18. "Zeros of quadratic zeta-functions on the critical line". *Acta Arithmetica*. 69, (1995), 21–38.

19. (With Ramachandra, K.) "A remark on Vinogradov's mean-value theorem". *Journal of Analysis*. 3, (1995), 111–129.

20. (With Ramachandra, K.) "On some theorems of Littlewood and Selberg. IV". *Acta Arithmetica*. 70, (1995), 79–84.

21. (With Ramachandra, K. and Srinivas, K.) "Addendum to Ramachandra's paper, some problems of analytic number theory – 1". *Acta Arithmetica*. 73, (1995), 367–371.

22. (With Ramachandra, K. and Srinivas, K.) "Problems and results on $\alpha p - \beta q$". *Acta Arithmetica*. 75, (1995), 119–131.

23. "On a divisor problem related to Epstein zeta-function". *Arch. Math.* 65, (1995), 303–309.
24. (With Ramachandra, K.) "Hardy's theorem for zeta-functions of quadratic forms". *Proceedings of the Indian Academy of Sciences, (Mathematical Sciences)*. 106, (1996), 217–226.
25. (With Ramachandra, K. and Srinivas, K.) "Ramanujan's lattice point problem, prime number theory and other remarks". *Hardy-Ramanujan Journal.* 19, (1996), 2–56.
26. (With Ramachandra, K.) "Vinogradov's three prime theorem". *Mathematics Student.* 66, (1997), 27–72.
27. (With Srinivas, K.) "On a method of Ramachandra and Balasubramanian (on the Abelian group problem)". *Rend. Sem. Mat. Univ. Padova.* 97, (1997), 135–161.
28. (With Balasubramanian, R. and Ramachandra, K.) "On the zeros of a class of generalised Dirichlet series – XVIII". *Hardy-Ramanujan Journal.* 20, (1997), 12–28.
29. "Goldbach problem in polynomial values". *Rend. Circ. Mat. Palermo.* 48, (1999), 243–256.
30. (With Ramachandra, K.) "Notes on the Riemann zeta-function – II". *Acta Arithmetica.* 91, (1999), 351–365.

S. D. Adhikari (SDA)

1. (With Balasubramanian, R. and Sankaranarayanan, A.) "An Ω-result related to $r_4(n)$". *Hardy-Ramanujan Journal.* 12, (1989), 20–30.
2. (With Sankaranarayanan, A.) "On an error term related to the Jordan totient function $J_k(n)$". *Journal of Number Theory.* 34, (1990), 178–188.
3. (With Balasubramanian, R.) "A note on a certain error term". *Arch. Math.* (Basel), 56, (1991), 37–40.
4. "Omega-results for sums of Fourier coefficients of cusp forms". *Acta Arithmetica.* 57, no. 2, (1991), 83–92.
5. (With Petermann, Y. F. S.) "Lattice points in ellipsoids". *Acta Arithmetica.* 59, no. 4, (1991), 329–338.
6. "Towards the exact nature of a certain error term". *Arch. Math.* (Basel), 58, (1992), 257–264.
7. (With Soundararajan, K.) "Towards the exact nature of a certain error term – II'. *Arch. Math.* (Basel), 59, (1992), 442–449.
8. (With Balasubramanian, R.) "On a question regarding visibility of lattice points". *Mathematika.* 43, (1996), 155–158.
9. "A note on a question of Erdös". *Exposition Math.* 15, no. 4, (1997), 367–371.
10. (With Thangadurai, R.) "A note on sets having the Steinhaus property". *Note di Mathematica.* 16, (1996), no. 1, 77–80. (1998).
11. (With Yong-Gao Chen) "On a question regarding visibility of lattice points". *Acta Arithmetica.* 89, no. 3, (1999), 279–282.

Dipendra Prasad (DP)

1. "Trilinear Forms for Representations of GL (2) and local ε-factors.": Composito Mathematica, 75, (1990), no. 1, 1–46.
2. (With Gross, Benedict H.) "Test Vectors for Linear Forms.": Math. Ann., 291, (1991), 343–355.
3. (With Gross, Benedict H.) "On the decomposition of a representation of SO_n when restricted to SO_{n-1}". *Canadian Journal of Mathematics*. 44, (1992), no. 5, 974–1002.
4. "Invariant forms for representations of GL_2 over a local field". *American Journal of Mathematics*. 114, (1992), no. 6, 1317–1363.
5. "On the decomposition of a representation of GL(3) restricted to GL(2) over a p-adic field". *Duke Mathematical Journal*. 69, (1993), no. 1, 167–177.
6. "Weil representation, howe duality, and the theta correspondence: theta functions from the classical to the modern, 105–127. *CRM Proc. Lecture Notes*. 1, American Mathematical Society, Providence, RI, (1993).
7. "On the local how duality correspondence". *International Mathematical Research Notices*. (1993), no. 11, 279–287.
8. "Bèzout's theorem for Abelian varieties". *Exposition. Math.* 11, (1993), no. 5, 465–467.
9. (With Gross, Benedict H.) "On irreducible representations of $SO_{2n+1} \times SO_{2m}$". *Canadian Journal of Mathematics*. 46, (1994), no. 5, 930–950.
10. "On an extension of a theorem of Tunnell". *Composito Mathematica*. 94, (1994), no. 1, 19–28.
11. "Ribet's theorem: Shimura-Taniyama-Weil implies Fermat". Seminar on Fermat's Last Theorem (Toronto, ON, 1993–1994), 155–177. *CMS Conf. Proc.* 17, American Mathematical Society, Providence, RI, (1995).
12. (With Ramkrishnan, Dinakar) "Lifting orthogonal representations to spin groups and local root numbers". *Proceedings of the Indian Academy of Sciences (Mathematical Sciences)*. 105, (1995), no. 3, 259–267.
13. "Some applications of seesaw duality to branching laws". *Math. Ann.*, 304, (1996), no. 1, 1–20.
14. (With Khare, Chandrasekhar) ""Extending local representations to global representations". *J. Math. Kyoto Univ.* 36, (1996), no. 3, 471–480.
15. "A brief survey on the theta correspondence". Number Theory (Tiruchirapalli, 1996), 171–193. *Contemp. Math.* 210, American Mathematical Society, Providence, RI, 1998.
16. "On the self-dual representations of finite groups of Lie type". *Journal Algebra*. 210, (1998), no. 1, 298–310.
17. "Some remarks on representations of a division algebra and of the Galois group of a local field". *Journal of Number Theory*. 74, (1999), no. 1, 73–97.
18. "On the self-dual representation of a p-adic group". *International Mathematical Research Notices*. (1999), no. 8, 443–452.
19. (With Ramkrishnan, Dinakar) "On the global root numbers of $GL(n) \times GL(m)$". Automorphic Forms, Automorphic Representations and

Arithmetic (Fort Worth, TX, 1996), 311–330. *Proceedings of the Symposium on Pure Mathematics.* 66, part 2, American Mathematical Society, Providence, RI, 1999.
20. "Distinguished representations for quadratic extensions". *Composito Math.* 119, (1999), no. 3, 335–345.

Kap. 4

B. N. Seal (BNS)

1. "The equation of digits; being an elementary application of a principle of numerical grouping to the solution of numerical equation". *Bulletin of the Calcutta Mathematical Society.* 10, (1919), 99–123.

H. Datta (HD)

1. "On some properties of natural numbers". *Bulletin of the Calcutta Mathematical Society.* 10, (1919), 229–238.

S. C. Mitra (SCM)

1. "On the proof of a result given by Ramanujan about the complex multiplication of elliptic function". *Bulletin of the Calcutta Mathematical Society.* 24, (1932), 135–136.

D. P. Banerjee (DPB)

1. "On solution of the 'easier' waring problem". *Bulletin of the Calcutta Mathematical Society.* 34, (1942), 197–199.
2. "Congruence poperties of Ramanujan's function $\tau(n)$". *Journal of the London Mathematical Society.* 17, (1942), 144–145.
3. "On the new congruence properties of the arithmetic function $\tau(n)$". *Proceedings of the National Academy of Sciences, India, Section A.* 12, (1942), 149–150.
4. "On the rational solution of the Diophantine equation $ax^n - by^n = k$". *Proceedings of the Benares Mathematical Society* (N. S.). 5, (1943), 29–30.
5. "On some formulae in analytic theory of numbers". *Bulletin of the Calcutta Mathematical Society.* 36, (1944), 49–50.
6. "On some formulae in analytic theory of numbers II". *Bulletin of the Calcutta Mathematical Society.* 36, (1944), 107–108.
7. "On the application of the congruence property of Ramanujan's function to certain quaternary form". *Bulletin of the Calcutta Mathematical Society.* 37, (1945), 24–26.
8. "On a theorem in the theory of partition". *Bulletin of the Calcutta Mathematical Society.* 37, (1945), 113–114.

9. "On the divisors of numbers". *Bulletin of the Calcutta Mathematical Society.* 39, (1947), 57–58.
10. "On the self-inverse module". *The Mathematics Student.* 15, (1947), 17–18.
11. "On some identities in the theory of partitions". *Proceedings of the National Academy of Sciences, India, Section A.* 34, (1964), 68–73.

D. B. Lahiri (DBL)

1. "On Ramanujan's function $\tau(n)$ and the divisor function $\sigma_k(n)$ – I". *Bulletin of the Calcutta Mathematical Society.* 38, (1946), 193–206.
2. "On a type of series involving the partition function with applications to certain congruence relations". *Bulletin of the Calcutta Mathematical Society.* 38, (1946), 125–132.
3. "On Ramanujan's function $\tau(n)$ and the divisor function $\sigma_k(n)$ – II". *Bulletin of the Calcutta Mathematical Society.* 39, (1947), 33–52.
4. (With Bambah, R. P., Chowla, S. and Gupta, H.) "Congruence properties of Ramanujan's function $T(n)$". *Quarterly Journal of Mathematics.* Oxford, Ser. 18, (1947), 143–146.
5. "Some non-Ramanujan congruence properties of the partition function". *Proceedings of the National Institute of Sciences, India.* (1948), 337–338.
6. "Further non-Ramanujan congruence properties of the partition function". *Science and Culture.* 14, (1949), 336–337.
7. "Congruence for the Fourier coefficients of the modular invariant tau". *Proceedings of the National Institute of Sciences, India, part A.* 32, (1966), 95–103.
8. "Identities connecting the partition divisor and Ramanujan's functions". *Proceedings of the National Institute of Sciences, India, part A.* 34 Suppl. 1, (1968), 96–103.
9. "Identities connecting elementary divisor functions of different degrees and allied congruences". *Math. Scand.* 24, (1969), 102–110.
10. "Some arithmetical identities for Ramanujan's and divisor functions". *Bulletin of the Australian Mathematical Society, I.* (1969), 307–314.
11. "Some restricted partition functions: congruences modulo (7)". *Transactions of the American Mathematical Society.* 140, (1969), 475–484.
12. "Some restricted partition functions: congruences modulo (5)". *Journal of the Australian Mathematical Society.* 9, (1969), 424–432.
13. "Some congruences for the elementary divisor functions". *American Mathematical Monthly.* 76, (1969), 395–397.
14. "Some restricted partition functions: congruences modulo (3)". *Pacific Journal of Mathematics.* 28, (1969), 575–581.
15. "Some restricted partition functions: congruences modulo (2)". *Transactions of the American Mathematical Society.* 147, (1970), 271–278.
16. "Some restricted partition functions: congruences modulo (3)". *Journal of the Australian Mathematical Society.* 11, (1970), 82–90.

17. "Some restricted partition functions: congruences modulo (11)". *Pacific Journal of Mathematics.* 38, (1971), 103–116.
18. "Hypo-multiplicative number-theoretic functions". *Aequationes Math.* 9, (1973), 184–192.

L. G. Sathe (LGS)

1. "On a problem of Hardy (I)". *Journal of the Indian Mathematical Society* (N. S.). 17, (1954), 63–82.
2. "On a problem of Hardy (II)". *Journal of the Indian Mathematical Society* (N. S.). 17, (1954), 83–141.
3. "On a problem of Hardy (III)". *Journal of the Indian Mathematical Society* (N. S.). 18, (1954), 27–42.
4. "On a problem of Hardy (IV)". *Journal of the Indian Mathematical Society* (N. S.). 18, (1954), 43–81.

T. N. Sinha (TNS)

1. "Some systems of Diophantine equations of the Terry–Escott type". *Journal of the Indian Mathematical Society* (N. S.). 30 (1), (1966), 15–26.
2. "Integer solutions of the equations $a_i x_i = 0$". *The Mathematics Student.* 39, (1971), 376–378.

A. N. Sinha (ANS)

1. "On squaring the numbers". *The Mathematics Education.* 1 (4), (1967), 129–132.

M. R. Iyer (MRI)

1. "Identities involving generalized Fibonacci numbers". *Fibonacci Quarterly Journal.* 7 (1), (1969), 66–72.
2. "Sums involving fibonacci numbers". *Fibonacci Quarterly Journal.* 7 (1), (1969), 92–98.
3. "Some results on Fibonacci quaternions". *Fibonacci Quarterly Journal.* 7 (1), (1969), 201–210.

S. A. N. Moorthy (SANM)

1. "A theorem on properties of cubes of natural numbers". *The Mathematics Education.* 6 (3), (1972), 87.
2. "Some results associated with the unique representation of a positive integer as sum of different powers of two". *The Mathematics Education.* 9 (1), (1975), 9–12.

3. "On Primes and their Distribution". *The Mathematics Education*. 9 (2), (1975), 41.

D. N. Singh (DNS)

1. "A quadratic Diophantine equation". *Journal of the Bihar Mathematical Society*. 12, (1989), 115–116.
2. "Congruence considerations in Diophantine equations". *Journal of the Bihar Mathematical Society*. 13, (1990), 64–66.

J. Choubey (JC)

1. "On convolution in context of number theory". *The Mathematics Education*. 25 (3), (1991), 158–161.
2. "On ideal and non-ideal solutions of the Terry-Escott problem". *The Mathematics Education*. 25 (4), (1991), 246–250.
3. "Method of constructing special solutions of Diophantine equations". *The Mathematics Education*. 28 (1), (1994), 22–25.

Literatur

1. Alladi, K.: *Ramanujan's Place in the World of Mathematics: Essays Providing a Comparative Study.* Springer (2012).
2. Andrews, G. E.: *Ramanujan Revisited Proceedings of the Centenary Conference.* Academic Press (1988).
3. Burton, D. M.: *Elementary Number Theory.* McGraw Hill (1976).
4. Grosswald, E.: *Representations of Integers as Sum of Squares*, 3. Aufl., Springer, New York (1985).
5. Jones, G. A., Jones, J. M.: *Elementary Number Theory.* Springer Undergraduate Mathematics Series (2005).
6. Knopp, M. I.: *Modular Functions in Analytic Number Theory*, 2. Aufl., American Mathematical Society, Chelsea Publications (1993).
7. Murty, K. R., Murty, V. K.: *The Mathematical Legacy of Srinivasa Ramanujan.* Springer (2012).
8. Narkiewicz, W.: *Rational Number Theory in the 20th Century.* Springer (2012).
9. Rao, K. S.: *Srinivasa Ramanujan: A Mathematical Genius.* East West Books, Madras (2005).
10. Serre, J.-P.: *A Course in Arithmetic.* Springer, New York (1973).

Printed in the United States
by Baker & Taylor Publisher Services